STUDIEN ZUM KLIMAWANDEL
IN ÖSTERREICH

HERAUSGEGEBEN VON FRANZ PRETTENTHALER

BAND 9

ISBN 978-3-7001-7385-4
Copyright © 2013 by JOANNEUM RESEARCH Forschungsgesellschaft mbH
Vertrieb: Verlag der Österreichischen Akademie der Wissenschaften Wien
Satz/Layout: JR-POLICIES (Mag.ᵃ Claudia Winkler), JR-PRM (Elmar Veitlmeier)
Titelbild: Peter Ramspacher
Druck und Bindung: Medienfabrik Graz GmbH, 8020 Graz
http://hw.oeaw.ac.at
http://verlag.oeaw.ac.at

Franz Prettenthaler, Herbert Formayer (Hg.)

Weinbau und Klimawandel

Erste Analysen aus Österreich und führenden internationalen Weinbaugebieten

Mit Beiträgen von:

Valerie Bonnardot	Robert Goler	Helga Nefzger
Pablo Canziani	Nikolaus Groll	Franz Prettenthaler
Martín Cavagnaro	Otmar Harlfinger	Heinz Reitner
Alain Deloire	Maria Heinrich	Brigitte Schicho
Josef Eitzinger	Susanne Kraus Winkler	Gerhard Soja
Joachim Ewert	Helga Kromp-Kolb	Heide Spiegel
Herbert Formayer	Erwin Murer	Karl Storchmann
Jeremy Galbreath	Erich Mursch-Radlgruber	Nick Vink

Weinkultur von Winzer und Natur geprägt

Die erfolgreiche Entwicklung der österreichischen Weinwirtschaft haben die heimischen Winzer durch eine strikte Qualitätsorientierung sowie durch offensive und auch mutige Investitionen in die eigenen Betriebe erreicht. Einen großen Anteil am Erfolg – auch am zukünftigen – hat das DAC-Modell (Districtus Austriae Controllatus), mit dem wir konsequent auf die Bedeutung und die Aussagekraft der Herkunft eines Weines setzen. Das DAC-Konzept ist heute als Erfolgsfaktor nicht wegzudenken und für viele Weinbauern eine bedeutende Existenzgrundlage.

Wir investieren in eine sinnvolle, zukunftsorientierte Weinwirtschaft und stellen somit sicher, dass Österreich auch in Zukunft den Weg einer qualitativ hochwertigen Weinproduktion gehen wird. Aus österreichischer Sicht kann die Antwort auf die zukünftigen Herausforderungen nur in einem Zusammenspiel des Einsatzes modernster Technik und dem Bewahren einer traditionellen, vom Winzer und der Natur geprägten Weinkultur bestehen.

DI Niki Berlakovich
Bundesminister für Land- und Forstwirtschaft,
Umwelt und Wasserwirtschaft

Der Gelbe Muskateller ist eine der ältesten bekannten Rebsorten und eignet sich durch seine Frostempfindlichkeit eher zum Anbau in sehr warmen Lagen.
Foto: Peter Ramspacher

Wein ist Poesie in Flaschen

Wenn Gott verboten hätte, Wein zu trinken,
würde er dann diesen Wein so herrlich haben wachsen lassen?

Armand Jean du Plessis Richelieu (1585 - 1642)

Dass der steirische Wein zu den weltweit besten gehört, ist bekannt. Der Erfolg unseres Weines resultiert aus der hervorragenden Qualität, aus dem professionellen Marketing und der überragenden Arbeit unserer Weinbauern und Weinbäuerinnen, die voll und ganz hinter ihrem Produkt stehen. Ein schöner Wein braucht Wissen, Leidenschaft und Erneuerung.

In kaum einer anderen Region Europas findet sich auf so engem Raum eine so große Vielfalt bäuerlicher Spitzenprodukte wie in der Steiermark. Sie schaffen die Grundlage für eine ebenso bunte wie qualitätsvolle Gastronomie. Der steirische Wein ist untrennbar mit dieser Kulinarik verbunden. Die steirischen Winzerinnen und Winzer leisten als kompetente und vorbildliche „Botschafter" einen unverzichtbaren Dienst für den erfolgreichen steirischen Tourismus und für die herausragende Kulinarikdestination Steiermark.

Unsere beste Versicherung, unser Land in dieser Schönheit zu bewahren, ist der Griff zum regionalen Produkt und damit auch zum steirischen Wein! Hier gilt es, laufend das Vertrauen in die heimische Qualität und die höchsten steirischen Sicherheitsstandards zu stärken.

Ein steirisches Prosit!

Johann Seitinger
Landesrat für Land- und Forstwirtschaft, Steiermark

Entlang der Südsteirischen Weinstraße,
der ältesten und bekanntesten der acht
Steirischen Weinstraßen
Foto: Peter Ramspacher

Inhaltsverzeichnis

9 OBJEKTIVIERUNG DER GELÄNDEKLIMATISCHEN BEWERTUNG DER WEINBAULAGEN ÖSTERREICHS AM BEISPIEL RETZ 257

Herbert Formayer, Otmar Harlfinger, Erich Mursch-Radlgruber, Helga Nefzger, Nikolaus Groll, Helga Kromp-Kolb

10 DER WEINGARTEN ALS TOURISMUSRESORT: ROBUSTE STRATEGIEN DER EINKOMMENSSICHERUNG FÜR DIE ZUKUNFT 283

Susanne Kraus Winkler

0 Weinbau im Klimawandel: ein Anstoß

von Franz Prettenthaler*

„acetum habent, vinum dicunt"[1]

Wenige ökonomische Aktivitäten der Menschheit, die von Wetter und Klima abhängig sind, sind über die Jahrhunderte so gut dokumentiert wie der Weinbau. Wenn in spätmittelalterlichen Briefen etwa über den sauren steirischen Wein gespottet wird, so mag hier auch Kritik an einem damals mangelnden Niveau einer damals schon jahrhundertealten Kulturtechnik mitgeschwungen sein, in erster Linie können wir daraus aber auch die unterschiedlichen klimatischen Verhältnisse jener Zeit rekonstruieren.

Der Wert der österreichischen Weinexporte, der auch bei sinkenden Mengen stetig gestiegen ist und zuletzt etwa 130 Mio. € ausgemacht hat, zeigt jedoch, dass sich die österreichischen Winzer heute keinen Mangel in der Kunst der Vinifizierung mehr vorwerfen lassen müssen. Und nicht nur unter dem direkten Einfluss dieses wertvollen Produktes ist man geneigt, dieser Erfolgsgeschichte einer konsequenten Qualitätsorientierung möglichst ewigen Fortbestand zu wünschen. Die kulturelle Errungenschaft hoher Weinbauexpertise scheint also gesichert, wie sieht es aber mit der natürlichen Komponente und insbesondere der klimatischen Ausstattung der heutigen Weinbaugebiete aus? Wie wird sich die Qualität und damit auch der Preis der großen Weine durch den weltweiten Klimawandel verändern? Es gibt wenige Sektoren der wirtschaftsbezogenen Klimaimpactforschung, in welchen man mit derart ruhigem Gewissen die langfristige Perspektive, die der Klimaforschung nun einmal zu eigen ist, als für wirtschaftliche Fragestellungen adäquat anzusehen bereit ist wie beim Weinbau. Stabile Nachfrage, lange Investitionszyklen…

Denn so dramatisch auch die Aussagen über die Beschneiungsmöglichkeiten oder gar das Naturschneepotential auf unseren heutigen Schipisten für den Zeitraum gegen Ende des Jahrhunderts sein mögen: Die Präferenzen der Konsumenten und auch die technischen Möglichkeiten im Hinblick auf diese sehr spezielle, wenn auch offensichtlich attraktive Naturraumnutzung können sich in 90 Jahren so stark ändern, dass es sich kaum lohnt, über so viele Investitionszyklen hinweg etwa eine Vorausschau für die Tourismusbranche zu Ende des Jahrhunderts zu betreiben (was allerdings nicht die Notwendigkeit dieser Vorausschau für die mittlere Frist schmälern soll).

Anders beim Wein: Dass die heute Neugeborenen im dann bestimmt noch rüstigen Alter von 90 Jahren einen guten Rotwein zu schätzen wissen, erscheint fast mit Sicherheit vor unserem geistigen Auge, das sagt uns auch der anfangs beschworene Blick in die Vergangenheit, wo man sich eben auch nach dem Einen sehnte: nach gutem Wein. Die Beschäftigung mit Weinbau und Klimawandel ist also eine

---

[1] Diese abschätzige Äußerung über den steirischen Wein zur Mitte des 15. Jahrhunderts, der eigentlich Essig sei, Wein jedoch nur genannt würde, wird Enea Silvio Piccolomini, dem späteren Papst Pius II, während seiner Grazer Jahre zugeschrieben. Gesichert ist jedenfalls, dass er sich in seinen landeskundlich sehr interessanten Briefen mehrmals zum steirischen Wein äußerte, etwa auch über „rosa Essig" (Schilcher?), der ihm vorgesetzt worden sei.

---

* POLICIES – Zentrum für Wirtschafts- und Innovationsforschung, JOANNEUM RESEARCH Forschungsgesellschaft mbH

sichere Bank und auch wenn die ökonomische Bedeutung des Weinbaus in Österreich nicht annähernd an jene des Wintertourismus herankommt (der Wert der Exporte von Tourismusdienstleistungen übersteigt den Wert der Weinexporte rund um das 60-Fache[2]) legt es die Dynamik der österreichischen Weinwirtschaft dennoch nahe, sich mit dem Thema zu beschäftigen. Umso erstaunlicher ist es, dass zu diesem Thema bisher kaum größere Forschungsaufträge erteilt worden sind.

Solche Lücken auf dem Forschungsradar der heimischen Klimafolgenforschung aufzuzeigen, ist meiner Meinung nach eine der Aufgaben des **CCCA – Climate Change Centre Austria**, des Zusammenschlusses der österreichischen Klimaforschungsinstitutionen. Daher freut es mich besonders, dass eine einfache Einladung zur Einsendung auch kleinerer Forschungsergebnisse zu diesem Thema an unsere Kolleginnen und Kollegen bei der CCCA Vollversammlung im Juli 2012 genügte, um Ihnen, sehr geehrte Leserin, sehr geehrter Leser, diesen kleinen Band fast genau ein Jahr später vorlegen zu können. Ein wenig dünn wäre er zugegebenermaßen allerdings schon geraten, hätten wir uns nicht zusätzlich auf eine Reihe international renommierter Autorinnen und Autoren verlassen können, die sich ebenfalls bereit erklärt haben, uns hier ihre Forschungsergebnisse zur Verfügung zu stellen. Dass der weltweite Weinbau stark mit Europa verbunden geblieben ist, zeigt sich auch an den Namen all dieser Kolleginnen und Kollegen, die uns helfen, den Blick auf die ganze Welt zu weiten. Dass es darunter auch einige mit deutschsprachigen Wurzeln gibt, hat es ermöglicht, einigen dieser Artikel auch breitere Aufnahme im deutschsprachigen Raum durch autorisierte Übersetzungen zu bieten.

So geht beispielsweise der in New York wirkende *Karl Storchmann* den ökonomischen Aspekten des Klimawandels in Zusammenhang mit Weinbau nach, indem er die Einflüsse klimatischer Wachstumsbedingungen auf Weinerträge, -qualitäten, -preise und Gewinne analysiert. Während der Großteil der in den letzten Jahren erschienenen Untersuchungen für viele Agrarprodukte zum Schluss kommt, dass sich die globale Klimaerwärmung negativ auf Erträge, Qualitäten, Preise und Gewinne auswirkt, ist das für den Weinbau weniger eindeutig: Hier gibt es sowohl Verlierer (äquatornähere Gebiete) als auch Gewinner (kühlere Grenzlagen) einer weiteren Klimaerwärmung (Substitutionspotenzial durch den Anbau neuer Sorten etc.).

Jeremy Galbreath betrachtet neben den Auswirkungen des Klimawandels auf den Weinbau in Australien mittels Analyse der Klimabilanz der Weinindustrie auch den umgekehrten Zusammenhang sowie Maßnahmen zur Klimawandelanpassung dieser Branche. Für das Untersuchungsgebiet Australien wird deutlich, dass sich hier – aufgrund der Dimension – bereits innerhalb eines einzigen Landes einzelne Regionen unterschiedlichen Auswirkungen durch den Klimawandel gegenüber sehen (positiv sowie negativ).

Nick Vink, Alain Deloire, Valerie Bonnardot und Joachim Ewert sehen in den Auswirkungen des Klimawandels auf die Diversität des prosperierenden südafrikanischen Weinbaus einerseits eine Bedrohung der regionalen Weinindustrie, gleichzeitig aber auch – bei Ergreifen der richtigen Maßnahmen – eine Chance, positive Effekte zu nutzen und negative Effekte abzuschwächen (Expansion in gemäßigte und kühlere Gebiete, Veränderungen der Weinbaumethoden, Änderung der Weinsorten, Kompetenzsteigerung der Arbeitskräfte etc.). Die südafrikanische Weinindustrie bewies dabei bereits eine beachtliche Flexibilität, wobei jedoch letztlich die Auswirkungen des Bemühens um eine größere Diversität auf die Wettbewerbsfähigkeit davon abhängen werden, ob diese zu einer Qualitätssteigerung des Weines führen wird und die Region so ihre Abhängigkeit von der Produktion einfacher Weine und Massenware verringern kann.

---

[2] Rund 52 % Winteranteil an 14,7 Mrd € Leistungsbilanzbeitrag der ausländischen Touristen in Österreich 2012.

Einen Überblick über den Weinbau in Südamerika – sowohl aus historischer Perspektive als auch im Zusammenhang mit aktuellen Klimaszenarien für die Zukunft der Industrie – geben **Pablo Canziani und Martín Cavagnaro** und betonen vor allem die entscheidende Rolle der zukünftigen Wasserversorgung. Auch sie sehen Risiken sowie auch Chancen für den südamerikanischen Weinbau: Um genauere Aussagen – insbesondere auf regionaler Ebene – treffen zu können, sind aber noch spezifischere phänologische Daten und vor allem meteorologische Aufzeichnungen speziell für Weingebiete vonnöten.

Anschließend definieren **Herbert Formayer und Robert Goler** die klimatische Eignung von landwirtschaftlichen Flächen für den Weinbau anhand von Indikatoren, die ausschließlich von meteorologischen Kenngrößen abhängig sind, und stellen diese klimatische Eignung anhand von beobachteten meteorologischen Daten und Klimaszenarien (Mitte bzw. Ende 21. Jahrhundert) flächig dar – sowohl für Österreich als auch für Europa. Die Erwärmung der letzten Jahrzehnte hat demnach bereits zu deutlichen Auswirkungen auf die klimatologische Weinbaueignung geführt (in allen klassischen Weinbaugebieten hat es in etwa eine Verschiebung von zwei bis drei Huglinklassen hin zu wärmeliebenderen Weinsorten gegeben), für die Zukunft wird eine weitere Ausweitung der Weinbaugebiete nach Norden und Osten erwartet (sukzessive toskanische bzw. französische klimatische Bedingungen in Deutschland und Polen, klimatologische Eignung für den Weinbau in ganz Europa mit Ausnahme der Hochgebirge, Russlands und weiter Teile Skandinaviens).

Im Übergang von der großräumigeren auf die kleinräumigere Ebene stellt **Gerhard Soja** exemplarisch anhand des Weinbaugebietes Traisental die Vulnerabilität der lokalen Weinproduktion gegen veränderte Klimabedingungen vor, da es speziell im Weinbau von wesentlicher Bedeutung ist, optimale Anpassungsmöglichkeiten an den Klimawandel nicht nur regional, sondern bis zum Maßstab der Lagenspezifität zu analysieren. So kommt es etwa zu steigenden Temperaturen im Frühling und auch im Frühsommer, aber auch zu früheren Terminen des letzten Spätfrostes, wodurch die Gefahr der Frostschädigung weiterhin besteht, bzw. erhöhen der zunehmende Niederschlagstrend und die parallel steigende Luftfeuchtigkeit das Risiko für Pilzbefälle.

Der nächste Beitrag von **Brigitte Schicho** beschäftigt sich mit den Auswirkungen des Klimawandels auf den Weinbau in der Steiermark als nördliche Grenzlage und bildet neben der Beschreibung der naturräumlichen Voraussetzungen für den Weinbau in der Steiermark etwa die Qualität der steirischen Weine im Zusammenhang mit der Witterung über den Zeitverlauf ab. Weiters werden die zukünftige Entwicklung des Klimas in der Steiermark analysiert (Verfrühung aller phänologischen Stadien durch höhere Temperaturen, regionsuntypische Weincharakteristika entstehen) und in diesem Zusammenhang mögliche Anpassungsmaßnahmen für den steirischen Weinbau vorgestellt (geänderte Auswahl der Anbauflächen, Sorten und Unterlagen).

Maria Heinrich, Josef Eitzinger, Erwin Murer, Heinz Reitner und Heide Spiegel untersuchten Weingärten des Weinbaugebietes Carnuntum hinsichtlich ihrer natürlichen Voraussetzungen und weinbaulichen Funktionen für die Erfassung der physiogeographischen Eigenschaften der Region und der wichtigsten weinbaulichen Funktionen (klimatische Parameter, geologische und bodenkundliche Kartierungen mit detaillierter Beschreibung und Erfassung der quartären Bedeckung, hydrogeologische Untersuchungen und die umfangreiche Analytik von physikalischen und chemischen Bodenparametern). Insbesondere unter den Bedingungen des Klimawandels lassen sich durch die genaue Kenntnis des klimatischen Terroirs raum-zeitliche Verschiebungen für eine Bewertung von Anpassungsmaßnahmen besser abschätzen.

Ein weiteres untersuchtes Gebiet ist die Weinbauregion Retz mit ihrem dichten meteorologischen Messnetz, anhand dessen *Herbert Formayer, Otmar Harlfinger, Erich Mursch-Radlgruber, Helga Nefzger, Nikolaus Groll und Helga Kromp-Kolb* ein objektives Verfahren ableiten, mit dem die geländeklimatologische Eignung beliebiger Standorte in Österreich für den Weinbau bestimmt werden kann. Mit dem Temperatursummenverfahren nach Harlfinger kann dabei ein zuverlässiger Indikator für die topoklimatischen Bedingungen für den Weinbau zur Verfügung gestellt werden, wobei dieses Verfahren auch gut für die räumliche Interpolation geeignet ist und somit auch auf andere österreichische Weinbaugebiete übertragbar ist.

Der letzte Beitrag dieses Bandes schließt den anfangs angedeuteten Bogen zwischen Weinbau und Tourismus. Denn auch wenn der Klimawandel für den Weinbau in Österreich überwiegend positive Nachrichten bereithält, bleibt die starke Abhängigkeit des Weinbauern von jeder Art der Witterung. Diversifikation des eigenen wirtschaftlichen Portfolios ist hier also eine jener robusten Klimawandelanpassungsstrategien, die einer solchen Branche auch ohne Klimawandel geraten werden würde. Dem Thema Wein und Tourismus und vor allem dem Potenzial der Ausweitung des Weintourismus auf einen nachhaltigen Ganzjahrestourismus widmet sich *Susanne Kraus Winkler*. Neben der Entwicklung des Weintourismus in Österreich und einem Ausblick auf eine mögliche zukünftige Angebotsentwicklung werden auch Best-Practice-Beispiele aus internationalen Weinregionen, in denen sich der Weintourismus erfolgreich entwickelt, vorgestellt (La Rioja, Le Bordeaux, Mendoza). Und so zeigt sich, dass die ruhige, langfristige Perspektive die dem Thema Wein nun einmal innewohnt, auch der tendenziell besorgten und für Österreich so bedeutsamen Wintertourismusbranche neue Perspektiven zu geben vermag.

Neben dem großen Dank, der allen Autorinnen und Autoren auszusprechen ist, möchte ich mich besonders für die selbstverständliche Zuversicht meines Co-Herausgebers *Herbert Formayer* bedanken, der auf meine Frage: „Sollte man nicht so etwas einmal machen?" einfach mit „Sicher machen wir!" geantwortet hat und entscheidenden Anteil am Gelingen hatte. „Gemacht" haben dann aber auch viele andere und allen voran möchte ich besonders *Claudia Winkler* für Ihr Insistieren in der Kommunikation mit den Autorinnen und Autoren, das Layout und die allgemein geteilte Sorge um das Projekt ganz herzlich danken. Ohne sie hätten Sie dieses Buch (noch) nicht in Händen.

1 Weinbau und Klimawandel: Ökonomische Aspekte

von Karl Storchmann*

1.1 EINFÜHRUNG

Weine, insbesondere solche höchster Qualität, zeichnen sich durch einige Eigenschaften aus, die sie zu einem interessanten Forschungsobjekt für Ökonomen machen. Dieses gilt insbesondere im Zusammenhang mit Änderungen von Wetter und Klima. So können die Auktionspreise von Bordeaux Grands Crus eines Erzeugers und einer Lage, je nach den klimatischen Bedingungen des Jahrgangs, bis um das 20-fache schwanken (z.B. Ashenfelter, 2008). Edle Weine erzielen Preise, die weit über denen anderer Agrarprodukte liegen. So hat Christie's im Jahre 1985 eine Flasche Chateau Lafite vom Jahrgang 1787, die angeblich im Besitz des dritten amerikanischen Präsidenten Thomas Jefferson war, für £105.000 (ca. EUR 250.000, zu Preisen von 2012) versteigert. Die klimatischen Wachstumsbedingungen sind darüber hinaus entscheidende Determinanten für die Langlebigkeit eines Weins. Anders als andere Agrarprodukte können manche Weine sehr lange, ja mehrere Jahrzehnte, gelagert werden und dabei unter Umständen ihre Qualität verbessern. Diese Eigenschaft macht edle Weine zu einem begehrten Anlageobjekt, insbesondere im Hinblick auf Portfoliodiversifizierung (z.B. Sanning et al., 2008; Fogarty, 2010; Masset, 2010).

Sich ändernde klimatische Wachstumsbedingungen können sich nachteilig auf Weinerträge, -qualitäten, -preise und Gewinne auswirken. Obwohl Winzer verschiedene Anpassungsstrategien zur Abmilderung klimatischer Effekte verfolgen können, ist die ökonomische Anpassungsgeschwindigkeit für Reben wesentlich langsamer als für viele andere Agrarprodukte wie z.B. Weizen oder Mais. Reben sind mehrjährig und haben eine produktive Lebenserwartung von mehr als 25 Jahren; die erste volle Ernte wird in der Regel erst nach fünf oder sechs Jahren nach der Pflanzung erreicht (Cooper et al., 2012). Daraus resultiert, dass sich die Eignung einer spezifischen Weinbergslage oder Rebsorte im Laufe ihres produktiven Lebens ändern kann, was kurzfristige Verluste unvermeidlich macht. Darüber hinaus wachsen Reben oft auf Land, das aufgrund seiner Charakteristika (steinige Böden, Steillagen) nur bedingt oder gar nicht für den Anbau anderer Feldfrüchte geeignet ist, was mögliche Substitutionsoptionen deutlich einschränkt oder unmöglich macht (siehe z.B. Ashenfelter and Storchmann, 2010a) und damit die Anpassungskosten von Klimaänderungen weiter erhöht.

Die enge Beziehung zwischen Wetter und Klima zum einen und Wein zum anderen ist auch in die andere Richtung analysiert worden. Historische Klimaforscher benutzen Proxy-Variable um historische Klimas zu rekonstruieren. Neben der Analyse von Variablen wie Baumringen oder dem CO_2-Gehalt im Perma-Eis Grönlands, sind insbesondere auch Weinerntedaten sowie die Zeitpunkte verschiedener phänologischer Stadien, wie zum Beispiel der Anfang der Weinblüte, von großer Bedeutung (siehe z.B. Garcia de Cortázar-Atauri et al., 2010; Brázdil et al., 2005).

* New York University, Economics Department

Der Großteil der in den letzten Jahren erschienenen Untersuchungen zum Einfluss von Temperaturänderungen auf die existierende Agrarproduktion kommt zum Schluss, dass sich die globale Klimaerwärmung negativ auf Erträge, Qualitäten, Preise und Gewinne auswirkt. Für den Weinbau ist dies weniger eindeutig. Die existierende Literatur macht deutlich, dass es sowohl Verlierer als auch Gewinner einer weiteren Klimaerwärmung gibt.

Dieser Artikel bietet einen Überblick über die ökonomische Literatur zu Wein und globaler Klimaerwärmung. Kapitel 1.2 analysiert die Literatur zum Einfluss von Temperatur auf Weinqualität, Weinpreise, Produktionskosten und Gewinne. Kapitel 1.3 untersucht mögliche Anpassungsstrategien; Kapitel 1.4 fasst den Literaturüberblick zusammen und endet mit einem Ausblick.

1.2   ÖKONOMISCHE AUSWIRKUNGEN

1.2.1   Geographische Eignung zum Weinbau

Um die Weinbaueignung einer Region einzuschätzen, sind verschiedene Temperaturindices entwickelt worden. Der erste und immer noch gebräuchlichste Index ist der sogenannte Winkler-Index, der von Amerine und Winkler (1944) auf der Basis eines gigantischen Feldexperiments, das von 1935 bis 1941 durchgeführt wurde, entwickelt wurde. Im Laufe dieser sieben Jahre haben die Autoren über 3.000 rebsortenreine Weine produziert. Im Durchschnitt wurden von jeder der ca. 150 untersuchten Rebsorten etwa 25 Weine hergestellt; aus Trauben, die in verschiedenen Klimazonen Kaliforniens angebaut wurden. Um den Einfluss der verschiedenen Klimazonen (und Bodenzonen) auf das Endprodukt zu quantifizieren, sind alle Weine auf identische Weise hergestellt sowie anschließend chemisch und sensorisch analysiert worden. Diese Untersuchung lieferte die Basis zur Definition von fünf Temperatur-Gradtag Regionen[1], den sogenannten Winkler Regionen. Jede Winkler Region bietet optimale Wachstumsbedingen für bestimmte Rebsorten; Amerine und Winkler grenzen die Regionen wie folgt ab:

Region I   2,500 Gradtage oder weniger

Region II   2,501-3,000 Gradtage

Region III   3,001-3,500 Gradtage

Region IV   3,501-4,000 Gradtage

Region V   über 4,000 Gradtage

Im Laufe der letzten 20 Jahre sind verschiedene Modifikationen des Winkler-Index vorgeschlagen worden (z.B. Gladstones, 1992). Jones (2006) analysiert die regionale Weinbaueignung mithilfe eines einfachen Temperaturdurchschnitts während der Wachstumsperiode von April bis September.

Abbildung 1 zeigt die optimalen durchschnittlichen Wachstumstemperaturen für ausgewählte Rebsorten (siehe auch Jones et al., 2005). Für Rebsorten, die von Amerine und Winkler (1944) umfassend getestet wurden, haben wir außerdem die jeweilige Winkler Region angegeben.

---

[1] Berücksichtigt werden lediglich Gradtage über 10 °C.

Abbildung 1:   *Optimale Temperaturen während der Vegetationsperiode für ausgewählte Rebsorten in Grad Celsius*

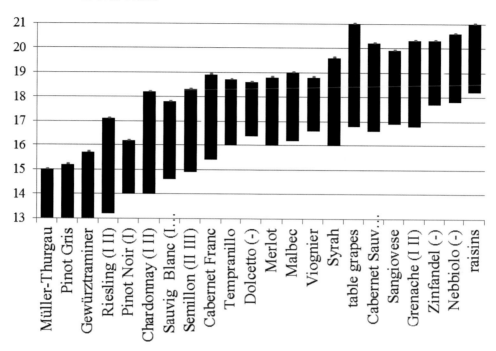

Optimale Wachstumstemperaturen für Qualitätsweine. Nördliche Hemisphäre Apr-Okt, Südliche Hemisphäre Okt-Apr. Winkler Regionen für komplett getestete Rebsorten in römischen Ziffern in Klammern. (-) kennzeichnet Rebsorten, die nur bedingt von Amerine und Winkler empfohlen werden. Alle anderen Rebsorten sind nur unvollständig getestet worden. Quelle: Jones et al., 2005; Amerine and Winkler (1944).

Die Abbildung zeigt eine Spannbreite zwischen 13 °C und 21 °C von „cool climate grapes" wie zum Beispiel Müller-Thurgau zu relativ hitzeresistenten Sorten wie Grenache, Zinfandel oder Nebbiolo. Es ist unmittelbar einsichtig, dass das mögliche Substitutionspotential entscheidend von den jeweiligen derzeitig vorherrschenden Temperaturen abhängt. Während einem Winzer, der in Deutschland Riesling anbaut, bei einer möglichen Klimaerwärmung noch die gesamte Rebsortenpalette zur Verfügung steht, sind die Möglichkeiten eines Grenache-Winzers in Südfrankreich schon jetzt nahezu erschöpft.

Nemani et al. (2001) haben die Temperaturänderungen in Kalifornien zwischen 1951 und 1997 untersucht und kommen zum Schluss, dass besonders die küstennahen Premium-Weinregionen Napa und Sonoma von den moderaten Temperaturerhöhungen profitiert haben. Dies ist maßgeblich auf asymmetrische Erwärmungstrends zurückzuführen: Der stärkste Temperaturanstieg war nachts sowie zu Beginn der Wachstumsperiode (April und Mai) zu verzeichnen gewesen. Erwärmungsperioden sind dabei mit starken Temperaturanstiegen des Oberflächenwassers im Ost-Pazifik sowie mit steigender atmosphärischer Verdunstung verbunden gewesen. Obwohl der trendbedingte Temperaturanstieg mit 1,13 °C in 47 Jahren eher moderat gewesen ist, haben Nemani et al. festgestellt, dass sich die Anzahl der Frosttage im Betrachtungszeitraum um 20 verringert und sich die frostfreie Wachstumsperiode um 65 Tage verlängert hat. Im Napa und Sonoma Valley haben wärmere Winter und Frühjahre die

Wachstumsperiode um 18 bis 24 Tage vorgezogen. Die höhere Luftfeuchtigkeit hat dabei die Verdunstungsrate der Reben, und damit deren Wasserbedarf, um 7 % reduziert.[2]

Die positiven Auswirkungen der Vergangenheit können jedoch ins Negative umschlagen, wenn der Erwärmungstrend weiter anhält. White et al. (2006) haben die Auswirkungen der weiteren erwarteten Erwärmung in den Vereinigten Staaten auf die Eignung zum Weinbau anhand von Winkler Regionen untersucht. Sie beziehen sich dabei auf kleinräumige Klimadaten von 1x1 km Zellen für die gesamten USA.

Für das IPCC (2000) A2 Szenario[3] und unter Bezugnahme auf Durchschnittstemperaturen während der Wachstumsperiode projektieren sie bis zum Jahre 2099 einen 14 %-igen Rückgang der Landfläche, die für die Erzeugung von Qualitätsweinen geeignet ist. Wenn man ferner Regionen mit Wachstumsperiodentemperaturen unter 13 °C und über 20 °C, sowie solche mit Extremwerten über 35 °C oder mit Tag-Nacht Fluktuationen von über 20 °C ausschließt, sagen White et al. (2006) einen Rückgang der potentiell geeigneten Qualitätsweinfläche von sogar 81 % voraus. Darüber hinaus wird die erwartete Klimaerwärmung die Qualitätsweinproduktion der USA nordwärts in den niederschlagsreichen Nordwesten bzw. luftfeuchten Nordosten drücken. Das damit einhergehende steigende Risiko von verschiedenen Pilzerkrankungen wird kostenträchtige Bearbeitungsmaßnahmen notwendig machen (White et al., 2006).

Da die Studie von White et al. (2006) statischer Natur ist und jegliche Anpassungsmaßnahmen von Seiten der Winzer vernachlässigt, sind die Ergebnisse jedoch relativ pessimistisch. Darüber hinaus scheint die Bezugnahme auf Durchschnittstemperaturen problematisch, da sie Extremwerte verstecken und verzerrte Ergebnisse liefern kann. So haben Schlenker und Roberts (2009) für Mais, Baumwolle und Sojabohnen gezeigt, dass der Temperatureinfluss auf Ernteerträge nicht-linear ist. Vergleichbare Untersuchungen für Trauben liegen nicht vor.

1.2.2   Erträge

Als eine der ersten haben Adams et al. (2003) den Einfluss von Temperaturen auf die spezifischen Erträge von Weintrauben (und anderen Feldfrüchten) in Kalifornien untersucht. Sie haben für den Zeitraum von 1972 bis 2000[4] Ernteerträge mit monatlichen Maximaltemperaturen und Niederschlägen während der Wachstumsperiode von März bis September regressiert; Minimalwerte sowie Temperaturen außerhalb der Wachstumsperiode wurden nicht berücksichtigt. Die Analyse umfasst vier Regionen[5] und 23 Feldfrüchte. Für einen angenommenen Temperaturanstieg um 3 °C (mit CO_2-Düngung) sagen Adams et al. (2003) für die Küstenregionen Kaliforniens, einschließlich Napa und Sonoma, einen Anstieg der spezifischen Traubenerträge per Hektar um 90 % im Jahre 2010 voraus. Unter Vernachlässigung des CO_2-Düngungseffekts wird der Anstieg immerhin noch 65 % betragen.

---

[2] Zu Studien, die den Zusammenhang zwischen Temperaturen und phänologischen Phasen für andere Regionen untersuchen, gehören Jones and Davis (2000) für Bordeaux, Urhausen et al. (2011) für die Obermosel, Kenny and Harrison (1992) für das gesamte Europa and Webb et al. (2008) für sechs australische Weinbauregionen. Die meisten Studien stellen fest, dass erhöhte Temperaturen die Traubenentwicklung im Jahresablauf zeitlich vorgezogen sowie die Vegetationsperiode verlängert haben. Dem hingegen berichten Webb et al. (2008), dass manche Regionen Australiens durch höhere Temperaturen negativ betroffen werden. Da die benötigten Ruheperioden während des Winters zu warm werden, prognostizieren Webb et al. für einige Regionen (z.B. Margaret River) spätere Austriebszeiten.

[3] Verglichen mit der Durchschnittstemperatur von 1980-1999, geht das IPCC A2 Szenario von einer Erwärmung um 3,4 °C bis zum Jahrzehnt 2090-2099 aus (IPCC, 2000).

[4] Weinertragsdaten stehen nur für die Jahre 1980 und später zur Verfügung.

[5] Sacramento und Delta Regionen, San Joaquin Valley and Wüstenregionen, Wüstenregionen, Nordosten und Bergregionen, Küstenregionen von Kalifornien.

Dieses Ergebnis steht im deutlichen Widerspruch zu den Ergebnissen von Lobell et al. (2006), die die spezifischen Erträge von Weintrauben, Tafeltrauben, Mandeln, Orangen, Walnüssen und Avocados in Kalifornien analysiert haben. Die Autoren beziehen sich auf ein Panel-Modell auf Basis von County-Daten von 1980 bis 2003 (siehe hierzu Lobell et al., 2007). Der entscheidende Unterschied zu Adams et al. (2003) besteht in der Berücksichtigung von nächtlichen Minimaltemperaturen.

Lobell et al. (2006) kommen zum Ergebnis, dass die projektierte Klimaerwärmung in Kalifornien negative Effekte insbesondere im Hinblick auf die Erträge von Mandeln, Walnüssen, Avocados und Tafeltrauben nach sich ziehen wird. Dem hingegen scheinen die Traubenerträge zur Weinerzeugung (des Median-Countys), auch ohne Berücksichtigung einer besseren CO_2-Düngung, relativ stabil zu bleiben.

Die unterschiedlichen Ergebnisse von Adams et al. (2003) und Lobell et al. (2006) deuten auf mögliche nicht-lineare Temperatureffekte auf Erträge hin.

Schlenker und Roberts (2009) haben ein flexibles Modell für Mais, Baumwolle und Sojabohnen entwickelt, das die jeweiligen Ertragsfunktionen auf Nicht-Linearitäten und abrupte Sprünge untersucht. Unter Verwendung kleinräumiger Wetterdaten, berechnen sie die Zeitdauer, die jede Feldfrucht bestimmten Grad-Celsius-Intervallen pro Tag ausgesetzt ist. Diese *degree days* werden dann für die gesamte Wachstumsperiode aufaddiert. Dementsprechend ergeben sich Variable wie zum Beispiel „Summe der Tage mit 30 Grad", „Summe der Tage mit 31 Grad" usw. Die Schlenker-Roberts Methode basiert daher nicht auf Durchschnittstemperaturen, die Extremwerte glätten und deren Effekt verstecken. Das heißt, wenn die Temperatur-Ertrag Beziehung nicht-linear ist, ist die Schlenker-Roberts Methode der Anwendung von Durchschnittstemperaturen vorzuziehen. Auf diese Weise kalkulieren Schlenker und Roberts Temperaturoptima für jede der untersuchten Feldfrüchte. Temperaturen jenseits dieser Optima üben stark negative Ertragseffekte aus. "The slope of the decline above the optimum is significantly steeper than the incline below it." (Schlenker und Roberts, 2009, 15594).

1.2.3   Qualität

Nur wenige Studien untersuchen den Einfluss von Klimaänderungen auf Weinqualitäten. Jones et al. (2005) analysieren den Temperatureinfluss auf die Weinjahrgänge von 1950 bis 1999 für alle bedeutenden Weinregionen weltweit. Die Autoren beziehen sich dabei auf die Vintage-Ratings von Sotheby's und regressieren für jede Region ein eigenes Zeitreihenmodell. Um nicht-lineare Einflüsse zu berücksichtigen, wird die Temperaturvariable dabei auch in ihrer quadratischen Form eingefügt. Es zeigt sich, dass es Gewinner und Verlierer der globalen Klimaerwärmung gibt. Während höhere Temperaturen in Weinbauregionen wie Nordfrankreich und Deutschland zu besseren Weinqualitäten führen, sind Regionen wie Spanien (Rioja), Kalifornien oder Süd-Australien (Barossa Valley) negativ von weiteren Klimaerwärmungen betroffen.

Storchmann (2005) untersucht die Qualitätsdeterminanten von Schloss Johannisberg Weinen aus dem deutschen Rheingau in einer Langfriststudie für den Zeitraum von 1700 bis 2003. Grundlage der Untersuchung sind historische Jahrgangsklassifizierungen des Weinguts (wie z.B. *sehr guter Jahrgang, guter Jahrgang, geringer Jahrgang, sauer*), die Storchmann zu fünf ordinalen Gruppen zusammenfasst. In einem ordered probit Modell werden diese Gruppen dann mit verschiedenen Wetterdaten regressiert. Da Zeitreihen mit gemessenen Wetterdaten in der Rheinregion erst im 19. Jahrhundert beginnen, zieht Storchmann unter anderem die sogenannten Manley Temperaturdaten für Mittelengland heran. Die Manley Reihe ist die längste bekannte gemessene Temperaturzeitreihe und beginnt im Jahr 1659. Im Ergebnis zeigt sich, dass (1) die englischen Wetterdaten relativ gute Proxyvariablen für das eigentliche Wetter im Johannisberger Weinberg sind[6], und dass (2) moderate Klimaerwärmungen sich positiv auf die Qualität der Rheingauweine auswirken.

Ein weiteres Qualitätsmerkmal kann der Alkoholgehalt des Weines sein, da dieser eng mit dem Zuckergehalt des Mostes korreliert ist. Im Allgemeinen liefern höhere Temperaturen süßeren Most und damit stärkere Weine et vice versa. Jedoch können extrem heiße Temperaturen den Metabolismus der Rebe behindern und damit auch das Weinaroma sowie seine Farbe nachteilig beeinflussen (Mira de Orduña, 2010).

Alston et al. (2011) haben den Alkoholgehalt kalifornischer Weine untersucht und einen signifikanten Anstieg des Mostzuckergehalt (gemessen in Brix) in den letzten 25 Jahren festgestellt. Von 1980 bis 2005 sind die Brixwerte im Durchschnitt um 0,23 % pro Jahr angestiegen. Dabei war dieser Anstieg für Rotweine doppelt so hoch wie für Weißweine. In ihrer ökonometrischen Analyse kommen Alston et al. (2011) zum Ergebnis, dass die höheren Brixgehalte teilweise auf steigende Temperaturen zurückzuführen sind; jedoch ist der Temperatureinfluss vergleichsweise gering. Die Mostzuckergehalte waren überdurchschnittlich hoch für rote Rebsorten sowie für Weine von Ultra-Premium- und Premiumregionen (z.B. Napa Valley), obgleich Nicht-Premiumregionen ähnliche Temperaturanstiege erfahren haben. Die Autoren konstatieren, dass „ the lowest price of wine grapes (under $500 per ton) had significantly lower average degrees Brix at crush compared with all other regions" (Alston et al., 2011, 158). Dies legt den Schluss nahe, dass der Großteil des Brixanstiegs auf Maßnahmen der Winzer im Weinberg zurückzuführen ist. So können Winzer den Zuckergehalt der Trauben zum Beispiel durch Rückschnitt[7], Laubarbeiten, Düngung, Selektion oder längere Hangzeiten beeinflussen.

Wie erwartet stellen Alston et al. (2011) darüber hinaus fest, dass mit steigenden Brixwerten auch steigende Weinalkoholwerte einhergegangen sind. Dabei ist der Informationsgehalt des Weinetiketts jedoch äußerst begrenzt. Der US-Gesetzgeber erlaubt die Alkoholangabe innerhalb einer Bandbreite von plus/minus 1,5 % für Weine mit einem Alkoholgehalt von 14 % und darunter und einer Bandbreite von plus/minus 1,0 % für Weine mit einem Alkoholgehalt von über 14 %.

Dem hingegen führt das kanadische Liquor Control Board of Ontario (LCBQ) eine chemische Analyse für jeden in Ontario verkauften Wein durch und veröffentlicht den „wahren" Alkoholgehalt auf dem rückseitigen Etikett der Flasche. Beim Vergleich mit den Angaben des vorderseitigen Etiketts stellen Alston et al. fest, dass kalifornische Winzer den Alkoholgehalt ihrer Weine systematisch zu tief deklarieren.

---

[6] Dieses Ergebnis wird in einer Analyse von Weinen der Bordeauxregion von Lecocq and Visser (2006) bestätigt. Sie vergleichen die Ergebnisse von Modellen, die auf zahlreichen lokalen Wetterdaten basieren, mit solchen, die auf Daten von nur einer Station basieren und folgern, dass sich die Erklärungsgüte des Modells nicht mit der Anzahl der Wetterstationen verbessert.
[7] Zu jedem gegebenen Zeitpunkt (jedoch nicht im Zeitablauf) besteht eine umgekehrt proportionale Beziehung zwischen Traubenertrag und Mostsüße (siehe z.B. Winkler et al., 1974).

1.2.4 Preise

Die ersten empirischen Untersuchungen zum Preiseffekt von Temperaturen wurden von Ashenfelter durchgeführt und im Newsletter *Liquid Assets* Ende der 1980er Jahre veröffentlicht (z.B. Ashenfelter, 1986, 1987a, 1987b, 1990). Besonderes Augenmerk richtet Ashenfelter dabei auf die *Grand Cru* Weine des Bordelais. In einem klassischen *wine economics paper*, veröffentlicht 1995 (Ashenfelter et al., 1995) und kürzlich aktualisiert (Ashenfelter, 2010), regressieren Ashenfelter und seine Koautoren Querschnittsdaten eines Bordeauxpreis-Indexes über verschiedene Wetterdaten sowie einer Weinaltersvariablen.

In Tabelle 1 ist Ashenfelter's sogenannte „Bordeaux Gleichung" dargestellt. Da die Gleichungen semi-logarithmisch spezifiziert sind, impliziert der Temperatur-Koeffizient von 0,616, dass ein Anstieg der durchschnittlichen Wachstumsperiodentemperatur (April – Oktober) um ein Grad Celsius zu einem Preisanstieg von 61,6 % führt. Da die tatsächlichen Temperaturwerte seit 1945 innerhalb einer Bandbreite von etwa 5 °C variiert haben (14,98 °C im Jahr 1972 und 19,83 °C im Jahr 2003) sind entsprechend große Preisvariationen wenig überraschend. Für die europäischen Weinbauregionen werden weitere Temperaturanstiege zwischen 1,5 °C und 5 °C bis zum Ende dieses Jahrhunderts vorausgesagt (z.B. IPCC, 2007; European Commission, 2009). Dieser Anstieg liegt durchaus im Rahmen der bisher beobachteten Jahr-zu-Jahr Variationen. Voraussagen zum Niederschlag sind weniger präzis und gehen allgemein von einem Anstieg in Skandinavien und größerer Trockenheit in Südeuropa aus. Die Richtung der Änderungen sowie deren Ausmaß für Mitteleuropa einschließlich der Weinbauregionen Frankreichs ist ungewiss (European Commission, 2009). Wenn man zukünftige Temperaturanstiege, aber keine Niederschlagsänderungen unterstellt, sagt Ashenfelter's Bordeaux Gleichung deutliche Preissteigerungen für Bordeaux *grands crus* voraus.

Tabelle 1:   *Bordeaux Weinpreise und Wetter*

Alter des Weins	0.0238 (0.00717)
Durchschnittliche Temperatur in der Vegetationsperiode (Apr-Sep)	0.616 (0.0952)
Niederschlag im August	-0.00386 (0.00081)
Niederschlag vor der Vegetationsperiode (Okt-Mär)	0.001173 (0.000482)
R2	0.828
Root mean squared error (RMSE)	0.287

Die abhängige Variable ist der natürliche Logarithmus des Preises eines Bordeaux grand cru Portfolios verschiedener Jahrgänge (basierend auf 1991 Londoner Auktionspreisen). Das Portfolio beinhaltet die Jahrgänge 1952–1980 außer 1954 und 1956. Die Gleichung enthält eine Konstante (hier nicht angeführt). Standardfehler in Klammern. Quelle: Ashenfelter (2010).

Jones und Storchmann (2001) bestätigen den positiven Einfluss von Temperaturanstiegen auf Bordeaux Weinpreise. Sie modellieren Wettereffekte auf Bordeaux Weinpreise mithilfe von separaten

Gleichungen für jedes von 21 ausgewählten *grands crus* Chateaux. Da der Wein eines jeden Chateau aus einem chateau-typischen Rebsortenmix besteht, der meistens von Cabernet Sauvignon oder Merlot dominiert wird[8], haben Jones und Storchmann zunächst den Wettereffekt auf den Zucker- und Säuregehalt dieser Traubensorten analysiert. Unter Bezugnahme des jeweiligen Rebsortenmixes haben sie im nächsten Schritt Preise als Funktion dieser Zucker- und Säuregehalte modelliert. Sie stellen fest, dass die Preise Merlot-dominierter Weine deutlich wettersensibler als diejenigen Cabernet-dominierter Weine sind. Das legt die Schlussfolgerung nahe, dass Merlot-dominierte Weine, wie zum Beispiel diejenigen von *Chateau Petrus*, überdurchschnittlich von globalen Klimaerwärmungen profitieren könnten.

Chevet et al. (2011) haben Preise und Erträge eines bekannten *premier cru* Bordeaux Chateau (Mouton Rothschild) mithilfe langer Zeitreihen von 1800 bis 2009 untersucht und folgern, dass sowohl Preise als auch Erträge pro Hektar positiv von hohen Temperaturen beeinflusst wurden. Während sich die Preis-Temperaturbeziehung im Laufe der Zeit intensiviert hat, scheinen sich die Erträge jedoch von Temperaturen abzukoppeln.[9] Augenscheinlich haben technologische Innovationen den Wettereinfluss auf Weinerträge vermindert. Daraus lässt sich wiederum ableiten, dass Preise nicht allein von Mengen bestimmt werden. Qualitätsverbesserungen sowie Nachfragesteigerungen müssen den preisreduzierenden Einfluss von temperaturbedingten Mengensteigerungen mehr als kompensiert haben.

Sämtliche oben angeführten Studien gehen von einem linearen Zusammenhang zwischen Temperatur und Weinpreis aus, das heißt, der Grenzertrag steigender Temperaturen wird implizit als konstant angenommen. Dies kann zutreffend sein für kühlere Weinbauregionen, wie Bordeaux oder Deutschland, oder für Datenreihen, die einen kühleren Zeitraum, wie die „Kleine Eiszeit" des frühen und mittleren 19. Jahrhunderts, abdecken. Für wärmere Weinbauregionen, besonders in der Neuen Welt, mögen nicht-lineare Spezifikationen eher geeignet sein.

So modellieren Byron und Ashenfelter (1995) die Preise des australischen Kultweins *Penfold's Grange* als eine quadratische Funktion von Temperaturen und stellen eine umgekehrt U-förmige Preis-Temperaturfunktion heraus. Preise steigen mit wärmeren Temperaturen, die Grenzrate ist jedoch fallend. Jenseits eines Optimalwertes haben weitere Erwärmungen Preisreduktionen zur Folge. Analog dazu haben Wood und Anderson (2006) Preisgleichungen für andere australische Kultweine spezifiziert. Haeger and Storchmann (2006) haben quadratische Modelle für nordamerikanischen Pinot Noir geschätzt und preismaximierende durchschnittliche Temperaturen für die Wachstumsperiode von ungefähr 22,2 °C errechnet.[10] Die Temperaturen zahlreicher U.S. Pinot Noir Regionen sind bereits jetzt höher als dieser Optimalwert (Salem, Oregon: 23,2 °C; Napa, California: 26,2 °C; Paso Robles, California: 30,3 °C). Weitere Klimaerwärmungen könnten daher negative Effekte nach sich ziehen. Dem hingegen ist anzunehmen, dass Pinot Noir Regionen wie Burgund (Dijon: 22,0 °C) oder die Deutsche Pfalz (Karlsruhe, Pfalz: 21,3 °C) von weiteren Erwärmungen in begrenztem Maße profitieren werden.

---

[8] Viele Chateaux fügen kleinere Mengen Cabernet Franc, Petit Verdot, Malbec und/oder Carménère hinzu. Die Weine von Chateau Cheval Blanc sind hingegen Cabernet Franc dominiert.

[9] Während der Ertragskoeffizient von 0,31 (1847-1900) auf 0,08 (1961-2009) gefallen ist, ist der Preiskoeffizient von 0,004 (1839-1900) auf 0,45 (1961-2009) angestiegen (Chevet et al., 2011).

[10] Von April bis September.

1.2.5   Einnahmen und Gewinne

Der Großteil der oben angeführten Untersuchungen ist statischer Natur und vernachlässigt den interdependenten Zusammenhang zwischen Menge und Preis. Mit Ausnahme der Studien von Webb (2006) und Ashenfelter und Storchmann (2010a) gibt es kaum Analysen, die klimatische Effekte auf Produktionskosten, Einnahmen und/oder Gewinne quantifizieren.

Webb (2006) untersucht die Bruttoeinnahmen australischer Weinproduzenten[11] in mehreren Schritten. Zunächst multipliziert sie rebsorten-spezifische Mostpreise mit den jeweiligen Erträgen für ganz Australien und generiert so rebsorten-spezifische Einnahmedaten für das Jahr 2002 (in $/Hektar); diese werden dann mit Wetterdaten regressiert. Obwohl sie eine quadratische Beziehung zwischen Einnahmen und Temperatur für Cabernet Sauvignon, Merlot, Shiraz, Chardonnay und Semillon festgestellt hat, rangieren die jeweiligen R2-Werte lediglich zwischen 0,23 und 0,45.

In einem zweiten Schritt bricht Webb ihre Ergebnisse durch Gewichtungen mit den jeweilig angepflanzten Rebsorten auf das regionale Niveau herunter. Das nationale Ergebnis resultiert dann als gewichtete Summe aller regionalen Einnahmen. In Abhängigkeit vom jeweiligen Erwärmungsszenario errechnet Webb Bruttoeinnahmeverluste von 9,5 bis 52 % für ganz Australien bis zum Jahre 2050. Da Webb jedoch weder mögliche Anpassungsmaßnahmen von Seiten der Winzer noch intra- oder interregionale Rebsortensubstitutionen berücksichtigt, sind diese Ergebnisse lediglich als „worst-case" oder "dumb farmer" Szenario zu interpretieren.[12]

Ashenfelter and Storchmann (2010a) analysieren den Wert von Weinbergen, d.h. die Summe abdiskontierter zukünftiger Einkommensströme, im deutschen Moseltal. In einem ersten von drei Modellen erklären sie die Preußische Weinbergslagenklassifikation von 1868, die, basierend auf Weinbergsnettogewinnen für den Zeitraum von 1837 bis 1860[13], sämtliche Weinberge des Gebiets in eine von acht Klassen einstuft; dabei erzielen Klasse 1 - Weinberge die höchsten und Klasse 8 - Weinberge die geringsten Gewinne. Die Klassifikation wurde nicht als Orientierung für Weinliebhaber durchgeführt, sondern diente in erster Linie als Basis einer gerechten Besteuerung.[14] Ashenfelter und Storchmann zeigen mithilfe eines *ordered probit* Modells, dass die Preußische Klassifikation, und damit die Wein- und letztlich die Weinbergspreise, durch Charakteristika wie Bodentyp und besonders die Fähigkeit, einstrahlende Solarenergie zu absorbieren, determiniert werden. Je dunkler der Gesteinstyp (besonders schwarzer Schiefer, der hervorragende Hitzespeicherfähigkeiten hat) und je höher die potentielle einstrahlende Solarenergie, desto besser die Einstufung des Weinbergs.

Die Fähigkeit einer Parzelle, potentielle Solarenergie zu absorbieren, lässt sich ähnlich wie bei einem Sonnenkollektor berechnen und hängt vom Breitengrad, der Ausrichtung (nord-süd) sowie dem Winkel des Weinbergs (steil-flach) ab; die jeweilige Wolkenbedeckung wird aufgrund der begrenzten Regionsgröße als identisch für alle Moselweinberge angesehen und dementsprechend durch die Konstante in der Gleichung absorbiert. Da die Mosel an der Nordgrenze des professionellen Weinbaus gelegen ist, wird die einstrahlende Solarenergie maximiert durch eine perfekte Südausrichtung sowie einen 45° Winkel des Weinbergs.

---

[11] Hier und im Folgenden soll der Begriff *Weinproduzent* in seiner weiten Interpretation verstanden werden. Er umfasst sowohl *winemaker* als auch *grape grower*.

[12] Das "dumb farmer" Szenario geht davon aus, dass Landwirte nicht auf wechselnde Umweltbedingungen reagieren. Der Begriff wurde populär durch Mendelsohn et al. (1994).

[13] Der Gewinn wurde als Produkt aus Weinpreis und -ertrag abzüglich der Produktionskosten berechnet (siehe auch Ashenfelter and Storchmann, 2010a). Interessanterweise hat Karl Marx 1843 einen kritischen Artikel zur Kalkulationsmethode veröffentlicht (Marx, 1843).

[14] Im 19. Jahrhundert hatte die Einkommensteuer nicht die herausragende Bedeutung, die sie heute hat.

Im nächsten Schritt ziehen Ashenfelter und Storchmann die Boltzmann-Gleichung heran, um eine mathematische Verbindung zwischen einstrahlender Solarenergie und Temperatur herzustellen. Höhere Temperaturen benötigen mehr Energie. Höhere Energiewerte werden ihrerseits die Wahrscheinlichkeit einer Parzelle erhöhen, in einer besseren Qualitätsklasse eingestuft zu werden. Im Ergebnis werden zukünftige Klimaerwärmungen daher die gesamte Qualitätsklassenverteilung der Moselweinberge positiv beeinflussen. Im Gefolge werden die Weinpreise und damit auch die Landpreise ansteigen. Ein Temperaturanstieg von 3 °C wird daher zu einem Anstieg der Weinbergspreise um ca. 100 % führen.

Dieses Ergebnis vergleichen Ashenfelter and Storchmann (2010a) mit zwei verschiedenen Zeitreihenmodellen. In einem ersten Modell analysieren sie die Wettersensibilität von Buchführungsdaten von Weinproduzenten verschiedener westdeutscher Weinbauregionen. Tabelle 2 zeigt marginale Temperatureffekte auf Gewinne (ohne Subventionen, Spalte 1) von 0,309. Klimaerwärmungen von 3 °C führen zu einem Gewinnanstieg von ca. 150 % (Abbildung 2). Interessanterweise scheinen Produktionskosten nicht von Temperaturen beeinflusst zu werden; die jeweiligen Koeffizienten in Spalte (3) sind sämtlich insignifikant. Das heißt, dass Einnahmen und Gewinne sich quasi proportional zu einander entwickeln.

Tabelle 2:   *Wettereinfluss auf Gewinne, Subventionen und Kosten deutscher Weingüter*

	(1) ln(Gewinn-Subvention)	(2) ln(Gewinn inkl. Subvention)	(3) ln(Kosten)
Durchschnittl. Temperatur Vegetationsperiode[a]	0.309*** (5.17)[5.25]	0.305*** (4.71)[5.11]	0.026 (0.18)[0.19]
Niederschlag Winter[b]	-0.0034*** (-9.77)[-9.90]	-0.0031*** (-3.23)[-8.51]	-0.0003 (-0.29)[-0.29]
Niederschlag Vegetationsperiode[c]	-0.0009*** (-4.62)[-4.68]	-0.0009*** (-1.75)[-5.67]	-0.0001 (-0.51)[-0.52]
Trend	-0.074*** (-8.79)[-8.91]	-0.072*** (-8.37)[-7.98]	-0.029 (-1.40)[-1.42]
Fixed Effects			
Mosel	8.09	8.14	10.33
Rheinhessen	7.55	7.52	10.14
Rheingau	8.28	8.14	10.35
Pfalz	7.79	7.75	9.86
Baden-Württemberg	8.48	8.43	10.18
Franken	8.11	8.10	10.41
R2	0.663	0.644	0.538
F statistic	9.17	11.25	8.26
N	52	52	57

Alle abhängigen Variablen sind in realen Euro pro Hektar. a) Februar bis Oktober, in Grad Celsius, b) Dezember bis Februar vor Wachstumsperiode in ml c) April bis Oktober in ml; d) die Wetterdaten beziehen sich auf die Wetterstation Trier (Mosel); Signifikanz-niveau 1 % (***), 2 % (**), 5 % (*), 6.6 % (+); Newey-West robuste t-Werte in Klammern; t-Werte basieren auf year-clustered Standardfehlern in eckigen Klammern. Quelle: Ashenfelter and Storchmann (2010a).

Abbildung 2:   Temperaturänderungen und Weinbergspreise

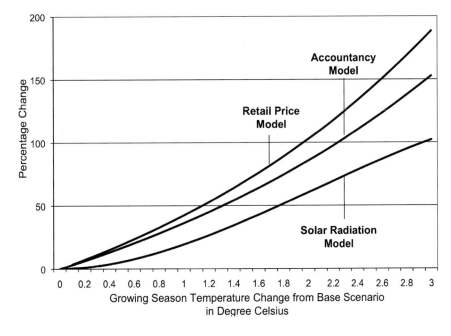

Quelle: Ashenfelter und Storchmann (2010a).

In einem dritten Modell regressieren Ashenfelter and Storchmann (2010a) daher Moselweineinnahmen über Temperaturen. Es zeigt sich, dass sowohl Hektarerträge als auch Preise positiv von Temperaturen beeinflusst werden. Die Modellergebnisse lassen den Schluss zu, dass eine Erwärmung von 3 °C die Einnahmen um ungefähr 180 % ansteigen lässt. Abbildung 2 zeigt die Temperaturreagibilitäten aller drei Modelle. Obwohl die Natur der drei Modelle grundverschieden ist, sind die Ergebnisse erstaunlich konsistent.

In einer anderen Untersuchung zeigen Ashenfelter and Storchmann (2010b), dass die Temperatursensibilität von Weinpreisen je nach zugrundeliegendem Datensatz stark variieren kann. Sie vergleichen Auktionspreise, Einzelhandelspreise und Großhandelspreise und stellen fest, dass Auktionspreise durch die höchste und Großhandelspreise durch die geringste Temperatursensibilität gekennzeichnet sind. Dementsprechend zeigen die auf Basis dieser Preise generierten Einnahmedaten eine weite Spannbreite auf. Da jedoch nur ein verschwindend kleiner Teil aller Weine über Auktionen verkauft wird (d.h. lediglich Weine höchster Qualität), wird die Bezugnahme auf Auktionspreise mögliche Klimaeffekte auf Einnahmen und Gewinne deutlich überschätzen.

Analog zum zweiten Model von Ashenfelter und Storchmann (2010a) beziehen sich Antoy et al. (2010) auf Buchführungsdaten, um Klimaeffekte auf verschiedene ökonomische Variablen europäischer Weinproduzenten zu analysieren. Sie gründen ihre Untersuchung auf das Farm Accounting Data Network (FADN) der Europäischen Union (EU), welches sich auf eine Stichprobe von ca. 3 % aller Weinproduzenten in allen Mitgliedsstaaten der EU bezieht. Die weinrelevanten Daten umfassen 85 europäische Regionen (Verwaltungsbezirke) und den Zeitraum von 1989 bis 2009; einige Zeitreihen, besonders diejenigen für Osteuropa, beginnen jedoch deutlich später als 1989. Antoy et al. (2010) verwenden Wetterdaten von regionalen Wetterstationen. Für vergleichsweise kleinräumig definierte Bezirke, wie z.B. Luxemburg, mögen diese Wetterdaten die eigentliche Lage im Weinberg relativ gut abbilden. Für größer definierte Regionen, wie z.B. Österreich, könnten diese Daten hingegen problematisch sein. Dies gilt insbesondere im Hinblick auf Niederschläge, die oft ein lokales Ereignis darstellen.

Abbildung 3 zeigt die Netto-Wertschöpfung pro Hektar für ausgewählte Weinbauregionen im Jahre 2009. Die Werte sind durch eine außerordentliche Spannbreite gekennzeichnet und reichen von € 378 in Yugozapaden (Bulgarien) bis zu € 42.396 in der Champagne (Frankreich). Zudem zeigt sich, dass sich die meisten Regionen geringer Wertschöpfung in Süd- und Osteuropa befinden, während sich Regionen hoher Wertschöpfung nahe der Nordgrenze des professionellen Weinbaus oder in Alpennähe befinden. Dieses regionale Muster ist noch deutlicher ausgeprägt für Steuerzahlungen pro Hektar (hier nicht abgebildet). Weinbaubetriebe in lediglich acht Regionen sind Nettozahler, während Weinbaubetriebe in allen anderen Regionen im Durchschnitt Nettoempfänger sind.[15] Weinproduzenten in der Champagne haben im Jahre 2009 durchschnittliche Nettosteuerzahlungen von € 761 pro Hektar geleistet, während solche in Ipiros-Peloponissos (Griechenland) € 2.022 pro Hektar erhalten haben.

Abbildung 3:   *Nettowertschöpfung in ausgewählten europäischen Weinbauregionen im Jahre 2009 in 1.000 EUR/Hektar*

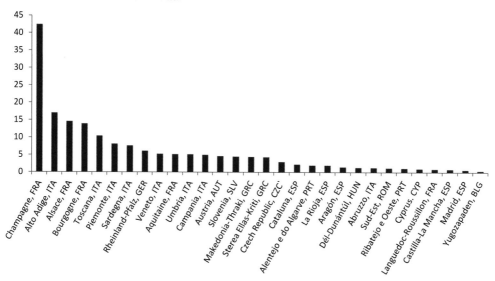

Quelle: Antoy et al. (2010).

In Tabelle 3 sind die Ergebnisse von vier Panel Modellen dargestellt, in denen als abhängige Variablen die natürlichen Logarithmen von Einnahmen, Kosten, Subventionen sowie Wertschöpfung über verschiedene Wettervariablen einschließlich der quadratischen Form der Temperaturvariablen regressiert werden; alle vier Gleichungen beinhalten dabei auch regionskonstante Effekte („region-fixed effects"). Es zeigt sich, dass Einnahmen und Wertschöpfung maßgeblich von den Temperaturvariablen bestimmt werden. Dem hingegen sind Kosten und Subventionen überwiegend trendbestimmt. Wie erwartet sind die Niederschlagsdaten der jeweiligen Wetterstationen insignifikant. Im Gegensatz zur Temperatur stellen Regenfälle ein überwiegend lokales Ereignis dar.

---

[15] Die FADN Daten beziehen sich auf Unternehmenssteuern ohne Einkommensteuern.

Tabelle 3:   *Wetter und ausgewählte Wirtschaftsdaten für Weinbaubetriebe in der Europäischen Union in nominalen EUR pro Hektar*

	ln(Einnahmen)	ln(Produktions-kosten)	ln(Subventionen)	ln(Nettowert-schöpfung)
Temperatur Vegetationsperiode	0.211*** (2.59)	-0.066 (-1.08)	-0.436 (-0.64)	0.270** (2.06)
(Temperatur Vegetationsperiode)^2	-0.006*** (-2.66)	0.002 (1.21)	0.012 (0.64)	-0.007** (-2.12)
Niederschlag Winter[a)	0.0001 (1.34)	0.0001 (1.07)	0.001 (1.23)	0.0002 (1.19)
Niederschlag Vegetationsperiode[b)	-0.000 (-0.10)	-0.00001 (-0.29)	0.0001 (0.08)	0.00002 (0.17)
Niederschlag Herbst	-0.00001 (-0.15)	0.0001 (0.38)	0.003* (1.76)	0.0002 (0.35)
Trend	0.017*** (7.74)	0.027*** (27.15)	0.118*** (7.59)	0.016*** (4.52)
Konstante	6.674*** (8.25)	8.514*** (16.02)	7.391 (1.12)	5.535*** (4.07)
R2	0.942	0.971	0.704	0.895
F(6,18)	13.09***	276.11***	20.59***	4.54***
N	618	618	406	611
Temp$_{opt}$	18.62			18.85

Alle Gleichungen sind mit „region-fixed effects" geschätzt; a) März-Oktober, in Grad Celsius, b) Dezember-Februar vor der Vegetationsperiode in ml c) März-August in ml; robuste t-Werte basierend auf year-clustered Standardfehlern. Signifikanzniveau 2 %(***), 5 %(**), 10 %(*).

Basierend auf den jeweiligen Temperaturkoeffizienten lässt sich das jeweilige optimale Temperaturniveau mathematisch bestimmen. Antoy et al. (2010) geben die einnahme- bzw. wertschöpfungsmaximierenden durchschnittlichen Temperaturen während der Vegetationsperiode mit 18.62 °C bzw. 18.85 °C an. Abbildung 4 zeigt die tatsächlichen Temperaturentwicklungen ausgewählter Regionen von 1987 bis 2009 im Vergleich zu dem berechneten Optimum. Die Grafik lässt einige interessante Schlussfolgerungen zu.

Abbildung 4:   Durchschnittliche Temperaturen während der Vegetationsperiode in ausgewählten Weinbauregionen, 1987-2009

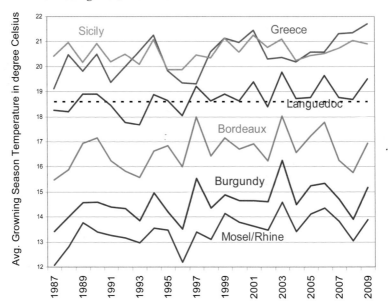

Quelle: Antoy et al. (2010).

Zunächst zeigt sich, dass die Temperaturentwicklung in allen westeuropäischen Regionen überwiegend parallel verlaufen ist, lediglich das Niveau war unterschiedlich. Während die Jahre 1987 und 1996 in ganz Westeuropa vergleichsweise kühl waren, war 2003 in allen Regionen das wärmste Jahr. Da Niveaueffekte in der ökonometrischen Gleichung durch die „region-fixed effects" abgedeckt werden, legt dies den Schluss nahe, dass Temperaturdaten von jeder Wetterstation in Westeuropa als Proxyvariable für die tatsächlichen Temperaturen im jeweiligen Weinberg herangezogen werden können. Lecocq and Visser (2006) sowie Haeger und Storchmann (2006) haben bereits für die Bordeauxregion bzw. für Kalifornien gezeigt, dass Daten von nur einer Station nicht zu schlechteren Ergebnissen führen als die Bezugnahme auf zahlreiche lokale Daten.

Es sei darauf hingewiesen, dass die Differenz zwischen optimaler und tatsächlicher Temperatur in Abbildung 4 nicht unbedingt ein Gewinn- oder Verlustindikator ist. Vielmehr bildet dieser zeitkonstante regionale Faktoren, wie z.B. Rebsorte, angewandte Technologie oder den Unterschied zwischen Wetterstations- und tatsächlichem Weinbergswetter, ab. Jedoch sind die Abstände zur Optimaltemperatur Indikatoren für den jeweiligen Anpassungsdruck.

Der Weinbau an Rhein und Mosel wird durch die globalen Klimaerwärmungen näher an den Optimalwert herangeführt, was den in der Vergangenheit oft üblichen Zuckerzusatz zum Weinmost zusehends überflüssig macht. Da Mosel und Rhein darüber hinaus überwiegend durch die Rebsorte Riesling charakterisiert sind, steht im Falle weiterer zukünftiger Erwärmungen noch nahezu das gesamte Rebsortensortiment zur Substitution bereit (siehe auch Abbildung 1).[16] Dem hingegen sind zukünftige Substitutionsmöglichkeiten in Griechenland, wo der Großteil der Traubenproduktion bereits jetzt zu Rosinen verarbeitet wird, eng begrenzt – falls überhaupt vorhanden.

---

[16] Es sei angemerkt, dass die Wachstumstemperaturen von Tabelle 3 und Abbildung 1 nicht direkt vergleichbar sind. Während Tabelle 3 sich auf April-Oktober-Temperaturen bezieht, sind dies März-August-Temperaturen in Abbildung 1.

1.3 ANPASSUNGSMAßNAHMEN

Reben sind über Jahrtausende kultiviert worden und Winzer haben ihre Anpassungsfähigkeit während zahlreicher klimatischer und wirtschaftlicher Herausforderungen unter Beweis gestellt. Anpassungsmaßnahmen können vielfältig sein und z.B. in der zeitlichen Verschiebung bestimmter Weinbergsarbeiten (z.B. der Ernte), der Einführung innovativer Produktionstechnologien oder der Anpflanzung neuartiger Rebsorten bestehen.

Die Temperaturen in Abbildung 5 basieren auf Daten der längsten existierenden instrumental gemessenen Zeitreihe, der sogenannten Manley-Reihe für Mittelengland; die Manley-Reihe beginnt im Jahre 1659 und ist bis zur Gegenwart aktualisiert worden (Met Office Hadley Centre, 2012). Storchmanns (2005) Rheinweinanalyse sowie die Studie von Antoy et al. (2010) legen die Schlussfolgerung nahe, dass die Manley-Reihe als ausreichend gute Proxyvariable für alle westeuropäischen Weinbauregionen herangezogen werden kann. Für den gleitenden Durchschnitt über 20 Jahre zeigt sich ein langfristiger Aufwärtstrend, der insbesondere nach 1970 besonders ausgeprägt ist.[17]

Abbildung 5:   Temperaturen während der Vegetationsperiode von 1659 bis 2011 (Manley Series für Mittelengland)

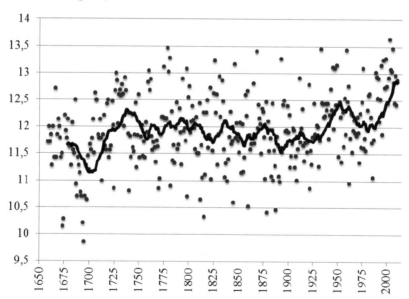

Durchschnittstemperatur während der Wachstumsperiode, März bis August, in Grad Celsius. Die durchgehende Linie bildet den gleitenden Durchschnitt über 20 Jahre ab. Quelle: Met Office Hadley Centre (2012).

1.3.1   Erntetermine

Zu den am direktesten und üblicherweise praktizierten Anpassungsmaßnahmen gehört die Synchronisierung verschiedener Weinbergsarbeiten mit den jeweiligen phänologischen Phasen der Rebe. In der Regel werden Arbeiten wie Rebschnitt, Binden, Spritzungen oder Traubenernte nicht an

---

[17] Interessanterweise zeigt sich für die Manley-Serie eine umgekehrt proportionale Beziehung zwischen dem Temperaturniveau und dessen Varianz; warme Klimaphasen sind durch geringere Schwankungen von Jahrgang zu Jahrgang gekennzeichnet.

festgelegten Kalendertagen durchgeführt, sondern nach den klimatischen Umständen und den Bedürfnissen der Rebe ausgerichtet.

Zu den am besten dokumentierten Weinbergsarbeiten gehört die Weinlese. Le Roy Ladurie und Baulant (1981) haben Traubenlesedaten für das Burgund von 1659 bis 1879 zusammengestellt (siehe Abbildung 6). An der y-Achse finden sich die jeweiligen Erntetermine, gemessen in Tagen nach dem 31. August, an der x-Achse sind die jeweiligen Manley-Temperaturen während der Vegetationsperiode dargestellt. Eine einfache Regressionslinie zeigt, dass wärmere Temperaturen die Weinlese zeitlich vorziehen und vice versa.

Abbildung 6:   *Temperaturen und Weinlesetermine im Burgund von 1659 bis 1879 (Grad Celsius während der Vegetationsperiode und Lesebeginn in Tagen nach 31. August)*

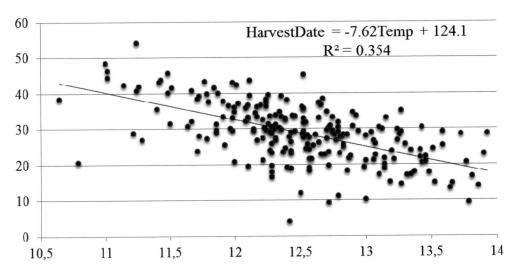

Quelle: Weinlesedaten von Le Roy Ladurie und Baulant (1981). Temperaturdaten gelten für die Vegetationsperiode März bis August, und basieren auf der Manley-Reihe für Mittelengland (Met Office Hadley Centre, 2012).

1.3.2   Nordwanderung des Weinbaus

Für europäische Weinbauern sind klimatische Veränderungen kein neues Phänomen. Historische Temperaturrekonstruktionen, basierend auf Proxydaten, wie zum Beispiel Baumringen, legen die Annahmen nahe, dass Europa in den letzten zwei Jahrtausenden mehrere klimatische Veränderungen erfahren hat. In Abbildung 7 sind durchschnittliche Jahrestemperaturen in der nördlichen Hemisphäre als Abweichung vom 1961-1990 – Durchschnitt für den Zeitraum von Jahr 1 bis 1979 dargestellt (Moberg et al., 2005). Ähnlich wie zahlreiche andere Untersuchungen (z.B. Mann und Jones, 2004; Mann et al., 1999, Pfister, 1988), zeigen die Moberg-Daten die Evidenz einer *Mittelalterlichen Warmperiode* (etwa von 950 bis 1200) sowie einer *Kleinen Eiszeit* (etwa von 1600 bis 1850).

Abbildung 7: 2000 Jahre Temperaturen in der nördlichen Hemisphäre, Rekonstruktion basierend auf Proxy-Daten von 1 bis 1979 (Abweichung vom 1961-1990 – Durchschnitt in Grad Celsius)

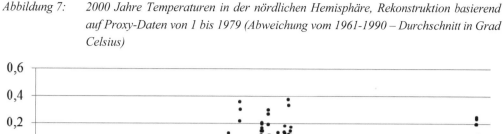

Der gleitende Durchschnitt über 20 Jahre wird durch die durchgehende schwarze Linie dargestellt. Quelle: Moberg et al. (2005).

Es gibt Belege dafür, dass die Nordgrenze des professionellen Weinbaus während der *Mittelalterlichen Warmperiode* bis in den Norden Deutschlands sowie in den Ostseeraum reichte. Waldau (1977) und besonders Weber (1980) liefern Details zu den regionalen Verschiebungen des Weinbaus in Europa in den letzten 900 Jahren. Inwieweit diese Verschiebungen ganz oder teilweise klimatisch motiviert waren, ist jedoch ungeklärt.

Im Hinblick auf zukünftige Erwärmungen muss man davon ausgehen, dass sich der professionelle Weinbau polwärts bewegt; für Europa bedeutet dies, dass zukünftige Weinberge in nördlichere Regionen, die gegenwärtig kaum oder keinen Weinbau vorzuweisen haben, wandern. Entsprechend könnten Weinberge in Südeuropa anderen Nutzungen zugeführt werden. Solange diesen regionalen Substitutionen keine Regulierungen im Wege stehen, kann man davon ausgehen, dass der Marktmechanismus die optimale regionale Weinbergs-Allokation gewährleistet.

Im Gegensatz zu den meisten anderen Weinbauregionen der Welt setzt die Europäische Union, der weltweit größte Weinerzeuger[18], für jede Neuanpflanzung von Weinbergsanlagen den Besitz von Pflanzungsrechten voraus. Da Neuanpflanzungen ohne Pflanzungsrecht illegal sind, kann die Pflanzregulierung im Ergebnis die Nordwanderung des Weinbaus behindern.

Für bereits existierende Weinberge im Süden werden die klimatischen Bedingungen zu ungünstig, geeignetes Gelände im Norden kann nicht in Weinland umgewandelt werden.

---

[18] Im Jahre 2011 entfielen ca. 60 % der weltweiten Weinproduktion auf die Europäische Union (OIV, 2013).

Die Pflanzrechtsregelungen sind 1976, ursprünglich als temporäre Maßnahme, eingeführt worden, um die europäische Weinbergsfläche und damit die Erträge zu begrenzen. Die Ertragslimitierung galt vorrangig Weinen vom Süden Europas, wo in erster Linie Massen- und Fassweine produziert werden (European Commission, 2012). Da Pflanzrechte an die jeweiligen Mitgliedsstaaten vergeben werden und sich die entsprechenden Quoten am Staus quo bereits existierender Weinberge orientieren, gewähren Pflanzrechte ihren Besitzern Monopolmacht.

Zur Wettbewerbsbelebung im Weinsektor hat die Europäische Union im Jahre 2007 entschieden, die Pflanzungsrechtregelung im Jahre 2015 abzuschaffen und Neuanpflanzungen in allen Mitgliedsstaaten restriktionslos zu erlauben.

Naturgemäß haben Weinproduzenten in allen europäischen Weinbauregionen gegen diese Liberalisierung protestiert und gegen sie mobil gemacht.[19] Die Protestaktionen waren so erfolgreich, dass es zur Zeit fraglich erscheint, ob die geplante Deregulierung in ihrer ursprünglichen Form oder überhaupt realisiert werden kann. Ein gegenwärtig diskutierter Kompromissvorschlag sieht vor, die alte Pflanzrechtsregelung beizubehalten, jedoch Ausnahmen für Belgien, Dänemark, Estland, Finnland, Irland, Litauen, die Niederlande, Polen, Großbritannien sowie Schweden zu gewähren. Dies schlösse weitere Weinbergsneuanpflanzungen in Weinbergsländern mit marginalem Klima, wie zum Beispiel Deutschland, Österreich oder der Tschechischen Republik, aus.

1.3.3   Neue Rebsorten und Rebunterlagen

Wie bereits oben erwähnt, werden weitere Klimaerwärmungen Rebsortensubstitutionen innerhalb des zur Verfügung stehenden Spektrums, in Abbildung 1 von links nach rechts, notwendig machen. Es ist unmittelbar einsichtig, dass das Substitutionspotential umso größer ist, je weiter die jeweiligen tatsächlich kultivierten Rebsorten einer Weinbauregion vom rechten Rand von Abbildung 1 entfernt sind. Die Substitutionsoptionen werden zudem stetig erweitert. So haben Wissenschaftler mit neuen, genetisch modifizierten Rebsorten (siehe z.B. Webb et al., 2011; Duchêne et al., 2010) sowie mit dürreresistenten Rebunterlagen (Wurzelstöcke, auf denen die eigentlich Rebe gepfropft wird) (siehe auch Walker und Clingeleffer, 2009) experimentiert.

In vielen europäischen Weinbauregionen sind der Rebsortensubstitution jedoch rechtliche Grenzen gesetzt. Dies ist insbesondere auf die Regelungen zur geographischen Herkunft eines Weines (*appellation d'origine*), die nur bestimmte Rebsorten für ein spezifisches *terroir*[20] erlauben, zurückzuführen. Beispielsweise erlaubt INAO (Institut National d'Origine et de la Qualité), welches das Appellation d'Origine Contrôlée (AOC) System in Frankreich reguliert, nur bestimmte Rebsorten und Weinbau- und Vinifizierungspraktiken für jede ihrer über 300 geographisch definierten Appellationen. So werden für das Burgund nur vier Rebsorten akzeptiert (Pinot Noir, Gamay, Chardonnay, Aligoté); für die Champagne sind dies sogar nur drei (Pinot Noir, Pinot Meunier, Chardonnay). Wärmere Temperaturen werden substanzielle Änderungen dieser Appellations-

---

[19] Interessanterweise sind die Pflanzrechtsregulierungen von Weinerzeugern in einigen südeuropäischen Ländern nachhaltig ignoriert worden. Einem Bericht der EU zufolge sind 120.507 Hektar Weinbergsland ohne rechtliche Grundlage gepflanzt worden; dies ist mehr als die Weinbergsfläche von Deutschland und dem Elsass zusammen. Die überwiegende Mehrheit dieser illegalen Weinberge finden sich in Spanien (55.088 ha), Italien (52.604 ha) und Griechenland (12,268 ha). Für Griechenland heißt dies, dass 18 % aller griechischen Weinberge rechtswidrig angepflanzt wurden. Die EU hat jedoch nahezu alle unrechtmäßigen Pflanzungen rückwirkend legalisiert (Commission of the European Communities, 2007).

[20] Der französische Ausdruck *terroir* beschreibt die spezifische Geographie, Geologie sowie die klimatischen Besonderheiten einer Weinbergslage.

Regelungen notwendig machen. Die enge Verbindung zwischen Rebsorte und geographischem Standort (*terroir*) muss daher überdacht und neu definiert werden.

1.3.4　Produktionstechnologien

Einen exzellenten Einblick in mögliche Anpassungsmaßnahmen im Weinberg liefert die Publikation von Webb et al. (2009), die australische Winzer zu ihren Reaktion auf die dortige Hitzewelle von 2009 befragt haben. Es haben sich zwei maßgebliche Problemfelder herausgestellt, die auch für den europäischen Weinbau von Bedeutung sind: Bewässerung und Schäden durch einstrahlende Sonnenenergie.

Webb et al. (2009) betonen, dass eine volle Bewässerung bis an die Kapazitätsgrenze der Rebe vor und während der Hitzewelle Schäden signifikant mindern kann. Der Wasserbedarf von ertragreichen Rebsorten war dabei außerordentlich hoch, während Rebsorten, die auf dürreresistente Rebunterlagen gepfropft sind, deutlich weniger Wasser benötigen.

Während künstliche Rebbewässerungen in den meisten Weinbergen der Neuen Welt zur üblichen Praxis gehören, gilt in fast ganz Europe lediglich natürlicher Niederschlag als einzig akzeptable Wasserressource. Die künstliche Bewässerung gilt als zu beeinflussend und verwässernd auf die Charakteristika des jeweiligen *terroirs* und ist in der Europäischen Union grundsätzlich verboten. Im Jahre 1996 ist dieses Verbot jedoch in Spanien gelockert worden. Das Bewässerungsverbot in Frankreich wird gegenwärtig von der INAO untersucht. Es ist unmittelbar einsichtig, dass der globale Klimawandel ein grundsätzliches Umdenken, insbesondere im vergleichsweise stark regulierten europäischen Weinbau, notwendig macht.

Weiter betonen Webb et al. (2009), dass gutes Laubwachstum sowie das Hochbinden herunterwachsender Triebe die Beeren von direkter Sonneneinstrahlung und damit vor Sonnenbrand schützen. Ein ähnlicher Effekt kann durch eine Änderung der Reihenorientierung von Nord-Süd auf Ost-West erreicht werden. Zudem lässt sich die Wärmereflektion des Bodens durch die Begrünung der Zwischenreihen minimieren.

1.4　ZUSAMMENFASSUNG

Diese Untersuchung liefert einen Überblick über die ökonomische Literatur zum Thema Weinbau und globaler Klimawandel. Beginnend mit den frühen Untersuchungen des Zusammenhangs zwischen Bordeauxweinpreisen und Wetter von Ashenfelter und Koautoren (Ashenfelter, 1986; 1987a; 1987b; 1990; 2010; Ashenfelter et al., 1995) hat sich ein eigenes, dynamisch wachsendes Forschungsfeld entwickelt. Zahlreiche Publikationen haben den Zusammenhang zwischen Wettervariablen auf der einen Seite sowie Weinpreis und -qualität, Ertrag, Einnahmen, Gewinn oder Weinbergspreis auf der anderen Seite für eine Vielzahl von Regionen und Rebsorten analysiert. Es zeigt sich, dass steigende Temperaturen sowohl positive als auch negative Auswirkung auf die verschiedenen Variablen des Weinbaus haben können. Dementsprechend wird es Gewinner und Verlierer des globalen Klimawandels geben. Im Allgemeinen lässt sich sagen, dass Regionen, die sich am nördlichen Rande (bzw. am südlichen Rande in der südlichen Hemisphäre) des professionellen Weinbaus befinden, von weiteren Erwärmungen profitieren, während der Weinbau in äquatornäheren Gebieten wachsenden Problemen entgegensieht.

Die überwiegende Zahl der bisher veröffentlichten Studien ist jedoch aus drei Gründen nur bedingt geeignet, ein realistisches Bild der Folgen des Klimawandels für den Weinbau zu zeichnen. (1) Die meisten Untersuchungen beziehen sich auf Durchschnittstemperaturen und sind, aufgrund des glättenden Charakters von Durchschnitten, nicht in der Lage, den Einfluss von Extremwerten abzubilden. (2) Viele Analysen sind lediglich partial-analytisch und vernachlässigen den interdependenten Zusammenhang zwischen Quantität, Qualität und Preis. (3) Rein physikalische Betrachtungen, wie z.B. solche zwischen verschiedenen Wettervariablen und Hektarertrag, unterstellen ein „Dumb Farmer Scenario" und ignorieren, dass Weinproduzenten sich sich ändernden Umweltbedingungen, zumindest in begrenztem Maße, anpassen können. Insofern werden wetter- und klimainduzierte Effekte oft überschätzt.

1.5   LITERATUR

Adams, R.M., Wu, J. and Houston, L.L. (2003). The effects of climate change on yields and water use of major California crops. Appendix IX to *Climate Change and California*, California Energy Commission, Public Interest Energy Research (PIER), Sacramento, CA. http://www.energy.ca.gov/reports/500-03-058/2003-10-31_500-03-058CF_A09.PDF

Alston, J.M., Fuller, K.B., Lapsley, J.T. and Soleas, G. (2011). Too much of a good thing? Causes and consequences of increases in sugar content of California wine grapes. *Journal of Wine Economics*, 6(2), 135-159.

Amerine, M. and Winkler, M. (1944). Composition and quality of musts and wines of California grapes. *Hilgardia*,15, 493–675.

Antoy, L., Ashenfelter, O. and Storchmann, K. (2010). Global warming's impact on the wine industry in the European Union. Presentation at the 4th Annual Conference of the *American Association of Wine Economists AAWE* at UC Davis, June 2010.

Ashenfelter, O. (1986). Why we do it. *Liquid Assets*, 3, 1-7.

Ashenfelter, O. (1987a). Vintage advice: is 1986 another outstanding Bordeaux vintage? (No! And you heard it here first). *Liquid Assets*, 2, 1-7.

Ashenfelter, O. (1987b). Objective vintage charts: red Bordeaux and California Cabernet Sauvignon. *Liquid Assets*, 3, 8-13.

Ashenfelter, O. (1990). Just how good are wine writers' predictions? (Surprise! The recent vintages are rated highest!). *Liquid Assets*, 7, 1-9.

Ashenfelter, O. (2010). Predicting the prices and quality of Bordeaux wines. *Journal of Wine Economics*, 5(1), 40-52.

Ashenfelter, O., Ashmore, D. and Lalonde, R. (1995). Bordeaux wine vintage quality and the weather. *Chance*, 8(4), 7–13.

Ashenfelter, O. and Storchmann, K. (2010a). Using a hedonic model of solar radiation to assess the economic effect of climate change: the case of Mosel valley vineyards. *Review of Economics and Statistics*, 92(2), 333-349.

Ashenfelter, O. and Storchmann K. (2010b). Measuring the economic effect of global warming on viticulture using auction, retail and wholesale prices. *Review of Industrial Organization*, 37, 51-64.

Bock, A, Sparks, T., Estrella, N. and Menzel, A. (2011). Changes in the phenology and composition of wine from Franconia, Germany. *Climate Research*, 50, 69-81.

Brázdil, R., Pfister, C., Wanner, H., Storch, H. von and Luterbacher, J. (2005). Historical climatology in Europe: state of the art. *Climatic Change*, 70(3), 363-430.

Byron, R.P. and Ashenfelter, O. (1995). Predicting the quality of an unborn Grange. *Economic Record*, 71(212), 40-53.

Chevet, J.-M., Lecocq, S. and Visser, M. (2011). Climate, grapevine phenology, wine production, and prices: Pauillac (1800–2009). *American Economic Review: Papers and Proceedings*, 101(3), 142-146.

Commission of the European Communities (2007). Report from the Commission to the European Parliament and the Council on management of planting rights pursuant to Chapter I of Title II of Council Regulation (EC) No 1493/1999. COM(2007) 370 final.

Cooper, M.L., Klonsky, K.M and De Moura, R.L. (2012). 2012 Sample costs to Establish a vineyard and produce winegrapes. *Cabernet Sauvignon.* University of California Cooperative Extension. Cost and Return Studies. Online http://coststudies.ucdavis.edu/files/WinegrapeNC2012.pdf

Duchêne, E., Huard, F., Dumas, V., Schneider, C. and Merdinoglu, D. (2010) The challenge of adapting grapevine varieties to climate change. *Climate Research*, 41,193–204.

European Commission (2009). Regions 2020. The climate change challenge for European regions. Directorate General for Regional Policy. Background document to commission staff working document SEC(2008) 2868 Final. Brussels: European Commission.

European Commission (2012). The EU system of planting rights: main rules and effectiveness. Working Document. Directorate General of Agriculture and Rural Development. Brussels: European Commission.
http://ec.europa.eu/transparency/regexpert/index.cfm?do=groupDetail.groupDetailDoc&id=5381&no=6

Fogarty, J.J. (2010). Wine investment and portfolio diversification gains. *Journal of Wine Economics*, 5(1), 119-131.

Garcia de Cortázar-Atauri, I. Daux, V., Garnier, E. Yiou, P., Viovy, N., Seguin, B. Boursiquot, J.M., Parker, A.K., van Leeuwen, C. and Chuine, I. (2010). Climate reconstructions from grape harvest dates: Methodology and uncertainties. *The Holocene*, 20(4), 599-608.

Gladstones, J. (1992). Viticulture and Environment. Adelaide, South Australia: Winetitles.

Haeger, J.W. and Storchmann, K. (2006). Prices of American Pinot Noir wines: climate, craftsmanship, critics. *Agricultural Economics*, 35(1), 67-78.

IPCC (2000). *Special Report on Emission Scenarios*. Contribution of Working Group I. Cambridge, UK: Cambridge University Press.

IPCC (2007). *Climate Change 2007: Impacts, Adaptation and Vulnerability*. Contribution of Working Group II to the Fourth Assessment Report of the Intergovernmental Panel on Climate Change. M.L. Parry, O.F. Canziani, J.P. Palutikof, P.J. van der Linden and C.E. Hanson (eds.). Cambridge, UK: Cambridge University Press.

Jones, G.V. and Davis, R.E. (2000). Climate influences on grapevine phenology, grape composition, and wine production and quality for Bordeaux, France. *American Journal of Enology and Viticulture,* 51(3), 249-261.

Jones, G.V. and Storchmann, K. (2001). Wine market prices and investment under uncertainty: an econometric model for Bordeaux crus classés. *Agricultural Economics*, 26(2), 115-133.

Jones, G.V., White M.A., Cooper, O.R. and Storchmann, K. (2005). Climate change and global wine quality. *Climatic Change*, 73(3), 319-343.

Jones, G.V. (2006). Climate and terroir: Impacts of climate variability and change on wine. In: Macqueen, R.W. and Meinert, L. D. (eds.), Fine Wine and Terroir – The Geoscience Perspective. Geoscience Canada Reprint Series Number 9, Geological Association of Canada, St. John's, Newfoundland.

Jones, P.D. and Mann, M.E. (2004). Climate over past millennia. *Reviews of Geophysics*, 42(RG2002), 1-42.

Kenny, G.J. and Harrison, P.A. (1992). The effects of climate variability and change on grape suitability in Europe. *Journal of Wine Research*, 3(3), 163-183.

Lecoq, S. and Visser, M. (2006). Spatial variations in weather conditions and wine prices in Bordeaux. *Journal of Wine Economics*, 1(2), 114-124.

Le Roy Ladurie, E. and Baulant (1981). Grape harvest from the fifteenth through the nineteenth century. In: Rotberg, R.I. and Rabb, T.K. (eds.), *Climate and History: Studies in Interdisciplinary History*. Princeton University: Princeton, NJ.

Lobell, D., Field, C., Cahill, K. and Bonfils, C. (2006). California Perennial Crop Yields: Model Projections with Climate and Crop Uncertainties. Lawrence Livermore National Laboratory. UCRL-JRNL-219785.

Lobell, D., Field, C. and Cahill, K. (2007). Historical effects of temperature and precipitation on California crop yields. *Climatic Change*, 81, 187-203.

Mann, M.E., Bradley, R.S. and Hughes, M.K. (1999). Northern Hemisphere temperatures during the past millennium: inferences, uncertainties, and limitations. *Geophysical Research Letters*, 26(6), 759-762.

Marx, K. (1843). Rechtfertigung des ++-Korrespondenten von der Mosel. *Rheinische Zeitung*, No. 15, 17, 18, 19 and 20 (of January 15, 17, 18, 19, and 20, 1843). (English translation: Justification of the Correspondent from the Mosel. http://www.marxists.org/archive/marx/works/1843/01/15.htm (accessed June 20, 2011).

Masset, P. and Henderson, C. (2010). Wine as an alternative asset class. *Journal of Wine Economics*, 5(1), 87-118.

Mendelsohn, R., Nordhaus, W.D. and Shaw, D. (1994). The impact of global warming on agriculture: a Ricardian analysis. *American Economic Review*, 84(4), 753-771.

Met Office Hadley Centre (2012). Met Office Hadley Centre Central England Temperature Data. http://www.metoffice.gov.uk/hadobs/hadcet/data/download.html

Mira de Orduña, R. (2010). Climate change associated effects on grape and wine quality and production. *Food Research International*, 43(7), 1844-1855.

Moberg, A., Sonechkin, D.M., Holmgren, K., Datsenko, N.M. and Karlén, W. (2005). Highly variable Northern Hemisphere temperatures reconstructed from low- and high-resolution proxy data. *Nature*, 433, 613-617. The data are downloadable from ftp://ftp.ncdc.noaa.gov/pub/data/paleo/contributions_by_author/moberg2005/nhtemp-moberg2005.txt

Nemani, R.R., White, M.A., Cayan, D.R., Jones, G.V., Running, S.W., Coughlan, J.C., and Peterson, D.L. (2001). Asymmetric warming over coastal California and its impact on the premium wine industry. *Climate Research*, 19, 25-34.

OIV Organisation Internationals de la Vigne et du Vin (2013). *Statistical Report on World Vitiviniculture 2012*. Paris: OIV.

Pfister, C. (1988). Variations in the spring-summer climate of Central Europe from the High Middle Ages to 1850. In: Wanner H. and Siegenthaler, U. (eds.), *Long and Short Term Variability of Climate*. Berlin: Springer. 57-82.

Sanning, L., Shaffer, S. and Sharratt, J.M. (2008). Bordeaux wine as a financial investment. *Journal of Wine Economics*, 3(1), 51–71.

Schlenker, W. and Roberts, M.J. (2009). Nonlinear temperature effects indicate severe damages to U.S. crop yields under climate change. *Proceedings of the National Academy of Sciences*, 106(37), 15594-15598.

Storchmann, K. (2005). English weather and Rhine wine quality: an ordered probit model. *Journal of Wine Research*, 16(2), 105-119.

Urhausen. S., Brienen, S., Kapala, A. and Simmer, C. (2011). Climatic conditions and their impact on viticulture in the Upper Moselle region. *Climatic Change*,109, 349-373.

Waldau, E. (1977). Der historische Weinbau im nordöstlichen Mitteleuropa. (Schriftenreihe des Arbeitskreises Forschung und Lehre der May-Eyth-Gesellschaft zur Förderung der Agrartechnik, 21). Tübingen.

Walker, R. and Clingeleffer, P. (2009). Rootstock attributes and selection for Australian conditions. *Australian Viticulture*, 13(4), 69-76.

Webb, L.B. (2006). The impact of projected greenhouse gas-induced climate change on the Australian wine industry. PhD Thesis Department of Agriculture and Food Systems, Institute of Land and Food Resources University of Melbourne Australia.

Webb, L.B., Whetton, P.H. and Barlow E.W.R. (2008). Modelled impact of future climate change on the phenology of winegrapes in Australia. *Australian Journal of Grape and Wine Research*, 13, 165-175.

Webb, L.B, Watt, A., Hill, T., Whiting, J., Wigg, F., Dunn, G., Needs, S. and Barlow, S. (2009). Extreme heat: managing grapevines response. Documenting regional and inter-regional variation of viticultural impact and management input relating to the 2009 heatwave in South-Eastern Australia.   GWRDC   and   The   University   of   Melbourne. http://www.landfood.unimelb.edu.au/vitum/Heatwave.pdf

Webb, L.B., Clingeleffer, P.R. and Tyerman, S.D. (2011). The genetic envelope of winegrape vines: potential for adaptation to future climate challenges. In: Yadav., S.S., Redden, R.J., Hatfield, J.L., Lotze-Campen, H. and Hall, A.E. (eds.), *Crop Adaptation to Climate Change*. New York: John Wiley & Sons.

Weber, W. (1980). Die Entwicklung der nördlichen Weinbaugrenze in Europa. (Forschungen zur deutschen Landeskunde, Bd. 216) Zentralausschuß für deutsche Landeskunde. Trier: Selbstverlag.

White, M.A., Diffenbaugh, N.S., Jones, G.V., Pal, J.S. and Giorgi, F. (2006). Extreme heat reduces and shifts United States premium wine production in the 21st century. *Proceedings of the National Academy of Sciences*, 103(30), 11217-11222.

Winkler, A.J., Cook, J.A., Kliewer, W.M. and Lider, L.A. (1974). *General Viticulture*. 2nd ed., Berkeley, Los Angeles, London: University of California Press.

Wood, D. and Anderson, K. (2006). What determines the future value of an icon wine? New evidence from Australia. *Journal of Wine Economics*, 1(2), 141-161.

2   Australian Wine and Climate Change

*by Jeremy Galbreath**

2.1   INTRODUCTION

The Australian wine industry has been considered a phenomenal success. Once a sleepy, cottage-style New World producer focused mainly on domestic markets, the wine industry has become an increasingly important contributor to the Australian economy. Australia is now one of the largest producers of wine in the world (including the fourth largest exporter), generates over $7 billion in overall sales (both grape growing and wine production) and directly and indirectly employs around 120,000 people (AWBC, 2007; Connell, 2012; Sivasailam, 2012). Importantly, in the decades following the devastation caused by phylloxera until the late 1970s, Australian wine production consisted largely, but not exclusively, of sweet and fortified wines. Since then, Australia has rapidly become a world leader in both the quantity and quality of wines it produces, including the world famous Penfolds Grange, which retails for more than $AU600 a bottle. In fact, Australia's 2012 vintage was recently described by the Winemakers' Federation of Australia (WFA) as "truly special", "excellent to exceptional", "one of the strongest on record", and "one of the finest" (WFA, 2012). The evidence therefore suggests that Australian wine is enjoying success both commercially and critically. However, according to the WFA and one of the country's largest wine producers, Treasury Wine Estates, climate change has emerged as a threat facing the wine industry in Australia (WFA, 2007; Fenner, 2009).

In this chapter, Australian wine and climate change is explored. The chapter relies on industry, scientific, and academic research. First, the carbon footprint of the wine industry is presented. Next, climate change in the Australian context is discussed. Following this discussion, research on findings of the impacts of climate change in the Australian wine industry is offered. Lastly, a framework is presented that guides response to climate change in the wine industry.

2.2   CARBON FOOTPRINT OF THE WINE INDUSTRY

To better understand climate change and wine, this section focuses on the carbon footprint of the wine industry. More specifically, although climate change is a product of natural causes (Gladstones, 2011), many scientists posit it is also a product of an increase in anthropogenic greenhouse gas emissions from industrial activity (Mann et al., 1998, 1999; Khandekar et al., 2005; IPCC, 2007; National Academy of Sciences, 2008). In some industries, such as petroleum, coal, and chemicals, release of greenhouse gas emissions, as measured by a "carbon footprint", is quite high (Hoffman, 2005). Although considered relatively low, the wine industry nonetheless does have a carbon footprint and is not innocent from altering vineyard microclimates (Colman and Päster, 2009). According to the South Australian Wine Industry Association (SAWIA, 2004) and the California Sustainable Winegrowing Alliance (CSWA, 2008), greenhouse gas emissions in the wine industry mainly come from indirect emissions through

---
* Curtin Graduate School of Business, Curtin University

energy consumption, transportation, and packaging (indirect because the greenhouse gases are emitted from the power station, through means of transport required for product shipping, and suppliers' production of packaging), and direct emissions from combustion fuels (e.g., vehicles, tractors) and use of nitrate-based pesticides and fertilizers.

In their research, Colman and Päster (2009) undertook a specific calculation of the wine industry's carbon footprint, and the results are highlighted here. First, in the grape growing process, grapes require between 10 and 150 kg of agrichemicals per ton, depending on the region (Holland et al., 1997). Nitrate-based pesticides and fertilizers comprise a significant proportion of agrichemical products used in the wine industry. Colman and Päster (2009) provide no specific information on the carbon footprint of nitrate-based chemicals. However, nitrate-based chemicals are identified as a significant emitter of greenhouse gas emissions (CSWA, 2009), although due to variations in amounts used by region (Holland et al., 1997), emissions will be different.

With respect to fuel use, an average winery uses 130 liters per ton of grape harvested, which equates to about 3 kg of CO_2 per kg of fuel. Per bottle, electricity and fuel use in wineries contributes to over 100 grams (g) of CO_2 emissions (Colman and Päster, 2009). Third, transportation (e.g., getting products to market, getting inputs on-site) appears to have the biggest impact on greenhouse gas emissions in the wine industry—assuming trucking or air cargo across the value chain. Using a calculation of grams of CO_2 emissions per ton of cargo per km transported, transport of wine via container shipping equates to 13.17 g of CO_2 emissions per ton per km; train 200 g of CO_2; trucking 570 g of CO_2; and air cargo 570 g of CO_2. Clearly, there is a difference in transport method used with respect to greenhouse gas emissions in the wine industry, and Colman and Päster (2009) point out that some countries, for example Australia, could be disadvantaged in the transport process due to the long distances needed to reach export markets.

In other calculations, fourthly, packaging is a key consideration in the wine industry's carbon footprint, with emissions from production of pure virgin glass wine bottles amounting to 0.716 g of CO_2 per bottle, and those from recycled bottles amounting to 0.4467 g of CO_2 per bottle. Lastly, Colman and Päster (2009) project an average greenhouse gas emission total of 2 kg per liter of wine. As an example, using the production volume of 2,668,300,000 liters of wine in 2001, the global greenhouse gas emissions from the wine industry equate to 5,336,000 tons (about 0.08 percent of global GHG emissions based on 2001 totals). While the research suggests that, overall, the wine industry's total contribution to global greenhouse gas emissions is relatively low, nonetheless, the wine industry is perhaps most sensitive to the impact of climate change due to the nature of grape phenology (Seguin and de Cortazar, 2005).

2.3   CLIMATE CHANGE AND THE AUSTRALIAN WINE INDUSTRY

Australia's position in the global wine industry could be under threat in the future due to changes in the climate. For example, in 2005, for the first time, the Australian annual mean temperature was more than 1 °C (1.09 °C) above the 1961-1990 average (Webb et al., 2007). Future modeling by the CSIRO and the University of Melbourne predict temperatures over Australia will increase by 0.4 °C to 2 °C by 2030, and as much as 1 °C to 6 °C by 2070 if current greenhouse gas emissions are not reduced (Webb et al. 2007). Rising temperatures will be moderated by the Indian and Southern Oceans in Margaret River (Western Australia), but a 0.3 °C to 1.7 °C increase in mean temperature by 2030 could become problematic for grape growers as mean winter temperatures are expected to rise above 13 °C and night time chills become shorter and less frequent. Such temperature rises are a concern for the industry because grape production is dependent on unique terroirs that are strongly climate related (Seguin and de Cortazar, 2005). Thus, addressing climate change appears to be a growing priority in the wine industry in Australia, and recent research confirms its potential threat.

In a ground-breaking study, Webb and her colleagues estimate that a warming in climate could negatively impact on prices paid for wine grapes in Australia (Webb et al., 2007). As noted, grapes are highly sensitive to climate change and prices in Australia are estimated to decrease by 7 to 39 percent by 2030, and 9 to 76 percent by 2050, assuming no proactive strategies and accounting for uncertainties in both climate predictions and temperature sensitivities. Further, because a change in climate is estimated to impact yield per hectare, Australian national gross returns are expected to be negatively impacted. In 2030 this impact range is between 4.5 to 16 percent decreased gross returns and by 2050, the impact is between 9.5 and 52 percent decrease to gross returns, assuming no proactive strategies and accounting for uncertainties in both climate predictions and temperature sensitivities.

Confirming at least some of the above estimations, recent reports suggest that the wine industry in Australia has already been affected by weather patterns related to climate change, with earlier harvests recorded, yields reduced, and grape quality degraded in eastern regions (Fenner, 2009; Malkin, 2009; Wahlquist, 2009; Webb et al., 2011; Webb et al., 2012). Further, retailers in countries such as the UK (nearly 40 percent of Australia's wine exports are destined for the UK) are signaling that their wine suppliers will need to demonstrate that they are addressing climate change in order to maintain favorable retail sales contracts. For example, in 2007, Tesco, the largest wine retailer in the UK, announced that every product sold would have a 'carbon rating' displayed on its label (Rigby et al., 2007).

What might the real impact of climate change look like for Australian wine production? Over the next 20-30 years, increasing temperatures could potentially shift the viable grape growing/wine producing regions further south, such as Tasmania or the most south-western parts of Western Australian. Up to 11 percent of Australia's grape-growing land is predicted to become too hot for grapes by 2030, while season duration (time from budburst to harvest) for most Australian wine-growing regions will be compressed (Webb et al., 2007). Further, pest and disease pressure is likely to increase and also shift to new areas further south in Australia with predicted warmer winters and warmer night temperatures. This is backed up by international experience (Tate, 2001; Salinari et al., 2006). Similarly, there is increased risk of phylloxera spread based on the increased rate of emergence of the insect from the soil warming, and thus making the spread of the insect more probable. These effects will have obvious impacts on vineyard management strategies and winery infrastructure. In short, if temperature rises continue, along with other climate change effects (e.g., less rainfall, higher humidity, extreme heat days, etc.), this could have significant impacts on the Australian wine industry to the point that by the middle of the century many regions are predicted to be too hot and arid to support large areas of vine (Berry Bros. & Rudd, 2008).

2.3.1   Impacts on wineries

Climate change is predicted to be mainly impactful on wine grape growing. Alternatively, winemaking, in theory, may be undertaken in a variety of climates without a significant impact on the resulting wine, although costs may differ across regions and climates due to differences in refrigeration and energy requirements. There may also be requirements of the addition of tartaric acid to address imbalances in acidity caused by warming in regions that decrease acidity in grape berries. Another aspect is the difficulty of fermentation to dryness with high sugar concentrations. Associated with the warming trends in Australia over the past 20-30 years, higher sugar concentrations are leading to higher alcohol content. Godden and Gishen (2005) show, for red wines in Australia, an increase in alcohol content of approximately 1 percent per decade as temperatures rose. Remediation of high alcohol content will likely require new yeasts that can ferment sugar without creating alcohol.

2.4   CURRENT FIELD RESEARCH IN AUSTRALIA

Long-term climate change projections suggest concern for the Australian wine industry. However, not everyone in the industry is completely negative about the prospects for wine in a warmer Australia. For example, some experts believe that the science behind climate change is overstated and that future climate change impacts on wine production in Australia are likely to be minimal, if not beneficial (Gladstones, 2011). In another example, James Halliday, one of Australia's most respected wine critics, suggests that climate change may not be bad news for southern hemisphere wine regions, which, he points out, will probably suffer less extreme temperature increases than their northern hemisphere counterparts (Halliday, 2006). Halliday believes that global warming at the lower end of scale (1 °C), by the middle of the century, would favor a shift to warmer climates because higher levels of atmospheric carbon dioxide might increase the absolute intensity of fruit flavor and color in grapes. Similarly, Dr. Richard Smart, internationally-renowned Tasmania-based viticulture consultant, suggests that in Australia, climate change does not represent a crisis for wine production (AWBC, 2007). He believes that it is an opportunity for the industry because southern hemisphere producers are going to be affected least, while competitors in Europe—especially Spain and Portugal—will be the producers who will be affected most. Thus, in an effort to more fully explore what is actually happening on the ground and to what extent producers do, or do not, see climate change as an issue, this section discusses field research on climate change and the wine industry in Australia.

In one study, Park and colleagues (Park et al., 2012) present findings of case study analyses of both wine manufacturers and grape growers in the southeast of Australia. Perhaps not surprisingly, the findings suggest there is both incremental and transformative adaptation to climate change. Incremental adaptors tend to be more short-term focused, seeking to maintain the present systems, while demonstrating uncertainty as to the real effects climate change presents. Incremental adaptors generally exhibit skepticism that anthropogenic climate change causes long-term change and that current climate variability is natural. Transformative adaptors, on the other hand, are more proactively managing both short and long-term change and are willing to take greater risks in assuring positive future outcomes. They tend to accept that predictions of future climatic changes (i.e., future temperature changes) will be a reality, that climate change is caused by anthropogenic greenhouse gas emissions, and are preparing appropriately. Adaptive response includes early harvesting of the crop in response to accelerated phenology, manipulation of the crop canopy, selection of drought-tolerant root stock, and the use of water efficient technologies and practices.

In their study, Webb et al. (2010) studied a group of grape growers and their response to a 2009 heatwave in south-eastern Australia. While the research does not specifically attribute this heatwave to climate change, it offers insight into responses to extreme weather events (e.g., extreme heat) for wine grape growers. The researchers surveyed 92 vineyards and interviewed 10 vineyard managers, representing 10 winegrowing regions, soon after the exposure to the severe heatwave. Respondents reported crop-loss although this varied between regions, within regions, and between vineyards. Rows planted in a north-south (NS) orientation were more affected than rows planted east-west (EW).

Further, the western aspect of NS row orientation was more affected than the east, while in EW orientated rows there was either no difference or the north side had more damage. Differences in damage to crops and row orientations varied between regions and within regions. Watering prior to the event was found to reduce damage. Canopy management, particularly appropriate manipulation of trellis systems, also reduced damage.

Lastly, two recent studies explore views about, and response to, climate change in Tasmania and Western Australia (Galbreath, 2012; Galbreath et al., 2012). Galbreath et al. (2012) assessed the impact of geographic clusters on the exchange of knowledge about climate change in the Tasmanian wine cluster. They found that, overall, less than a majority of wine companies in the sample are exchanging any knowledge about climate change with each other. Further, companies are not exchanging knowledge about climate change at a higher level internal to "sub-clusters" (consisting of the seven sub-clusters in Tasmania) than externally with companies in other sub-clusters. Interestingly, some companies do not believe climate change is an issue of concern. For example, one respondent said: "Very hard for us to say climate change appears to be occurring," while another stated "You missed the option of the climate cooling over the next decade or more as suggested by several solar scientists!" Lastly, another respondent claimed, "…we may never have to think about changing things [in Tasmania] to counteract global climate change. Alternatively, it may impact us on a more positive perspective…".

In his study, Galbreath (2012) conducted a qualitative study of 12 wine companies operating in Margaret River, one of Australia's premier wine regions. He found that most respondents have a slightly ambivalent concern about the impacts of climate change on viticulture, given their past and current experiences and the estimated changes in climatic conditions over the next 30-50 years in Margaret River, which is generally moderate. However, there was clear evidence that companies are putting in place practices that both mitigate and adapt to climate change. Yet, these practices were largely put in place on the basis of company values and a stewardship philosophy of caring for the natural environment, rather than for the expressed purpose of responding to climate change.

2.5   WINE AND CLIMATE CHANGE: A STRATEGIC APPROACH

There is evidence to suggest Australia has experienced climatic events that negatively effect wine production, although it is difficult to link all events to climate change. Further, depending on the location in Australia, wine companies appear to be more proactive about addressing climate change than others. However, this is consistent with climate change science and predictions. That is, it is important to acknowledge that the current climate change effects and the longer-term predictions highlight the increasing risk of particular weather patterns and events (Pidgeon and Butler, 2009). Yet these effects are heterogeneously distributed around the world: Northern and Southern Hemispheres are expected to experience different effects (IPCC, 2007; Winn et al., 2011) and clearly, based on regions in Australia, effects are different. In other words, location matters.

Given these considerations, companies in the wine industry may choose to do nothing with respect to climate change, they may put in place mitigative actions, and/or they may put in place adaptive actions (Galbreath, 2012). Hence, in this final main section, a strategic approach is explored that accounts for both mitigative and adaptive response to climate change in the wine industry. According to Porter (1996), strategy is concerned with the actions and choices companies take to position themselves in markets to achieve sustainable competitive advantage. In business strategy, to take action is to demonstrate choices made with respect to industry context, institutions, and operational activities (Galbreath, 2009).

Following Galbreath (2009), there are three ways companies can address industry context, institutions, and operational activities with respect to climate change: 1) market-based actions; 2) regulatory/standards-based actions; and 3) operational-based actions. Market-based actions include those actions that directly affect economic growth through the development and sales of new or enhanced products or services that target social issues such as climate change. Regulatory/standards-based actions include those actions that must be put in place to satisfy legal or regulatory requirements. However, from a strategic perspective, companies that anticipate legal or regulatory requirements and adopt voluntary standards before they become law, or which go beyond compliance, would be viewed as proactively responding to an issue such as climate change. Lastly, operational-based actions look into companies' value chains. The value chain comprises the discrete activities that companies engage in to create value (Porter, 1996). Examples include marketing, sales, service, production, research and development, and finance, among others. Although the value chain is critical to competitive positioning and survival, according to Porter and Kramer (2006), because value chain activities impact directly on a company's ability to demonstrate responsibility towards society by internalizing negative externalities, addressing these activities in light of climate change is important.

Figure 1:   *Framework of responses to climate change in the wine industry*

Type of wine firm	Type of response	Type of action		
		Market-based	Regulatory/standards-based	Operational-based
Wine Grape Grower	Mitigation	• Shipping/moving grapes to buyers with fuel-efficient/carbon neutral transport • Sales to buyers who are closer to vineyard location	• EMS certification (e.g., ISO 14001) • Use of International Wine Carbon Calculator • Purchase of inputs from EMS certified suppliers • Purchase of carbon offset credits • Purchase of water rights	• Alternative fuel use (e.g., biodiesel, ethanol, vegetable oil) for vineyard vehicles • Controlled pesticide use (e.g., optical weed spray controllers, over-the-vine sprayers) • Use of organic fertilizers/additives • Use of control tactics in land management practices (e.g., weather-based decision indices, probes, leaf petiole analysis) • Carbon sinks/sequestering (e.g., hedgerows, shrubs, reduced tillage, planted trees)
	Adaptation	• Planting hotter climate varieties • Planting late-harvest varieties • Purchase of land less susceptible to effects of climate change (e.g., land at higher elevations, cooler regions) and/or re-planting vineyards to compensate for changes in the climate (e.g., re-planting at angles, re-planting at higher elevations on existing property)		• Canopy management techniques to address heat effects (e.g., sprawl trellis systems, under-vine mulch, inter-row swards, reduced leaf plucking, UV spray protectants, tactical use of foliage wires) • Water saving techniques (e.g., regulated deficit irrigation, drip irrigation, partial root zone drying, micro spraying, vines grafted to drought-tolerant rootstock) • Use of phylloxera resistant rootstocks
Wine Producer	Mitigation	• Use of alternative packaging (e.g., plastic PET bottles, lightweight glass bottles) • Use of sea transport to ship product • Bulk shipping • Sales to closer export markets	• EMS certification (e.g., ISO 14001) • Use of International Wine Carbon Calculator • Purchase of inputs from EMS certified suppliers • Purchase of carbon offset credits • Purchase of water rights	• Alternative energy use (e.g., solar, wind) • Energy efficient technology (e.g., variable speed devices, energy-rated pumps/fans) • Computer-controlled energy use (e.g., timing of loads, starting/stopping pumps, sensors) • Anaerobic treatment of wastewater • Reducing refrigeration loads (e.g., night-over chilling, tank insulation, trigeneration) • Use of thermal efficient materials in facility construction (e.g., rammed earth)
	Adaptation	• Sourcing grapes from regions predicted to be less susceptible to climate change (e.g., cooler climate regions) • Sourcing grapes from local vineyard orientations less susceptible to heat effects (e.g., vineyards in higher elevations, vineyards growing at angles, grapes grown in east-west orientations)		• Addition of tartaric acid (to address decreases in acidity from hotter climates) • Use of yeasts that ferment sugar without creating alcohol (to control higher alcohol content in berries due to hotter temperatures) • Water reuse • Ozone cleaning systems • Automatic cleaning systems • Recirculating cooling water system • Use of controls and water supply valves

With respect to the wine industry, a framework that captures a strategic approach to addressing climate change is proposed in Figure 1. The framework takes into account two primary levels. First, the wine industry can address climate change through both mitigative and adaptative actions. Mitigation involves efforts that are intended to reduce the magnitude of the contribution to climate change, mainly through reduction of greenhouse gas emissions and through greenhouse gas sinks. Adaptation consists of efforts undertaken to adjust to the adverse consequences of climate change, as well as to harness any beneficial opportunities. Second, mitigative and adaptive efforts are framed within the context of market-based, regulatory/standards-based, and operational-based actions. In this way, actions are more closely linked with the concepts of strategy suggested by Galbreath (2009). Actions are also delineated with respect to grape growing (vineyard) versus wine producing (winery).

As can be seen from Figure 1, a number of actions is identified. For example, in the vineyard, one of the biggest contributors to greenhouse gas emissions is the use of conventional fuel in tractors, trucks, and other machinery, which are needed to perform operational functions. One means to mitigate conventional fuel use is to use alternatives such as biodiesel, ethanol, or vegetable oil. Another key source of greenhouse gas emissions in the grape growing process comes from the use of nitrogen-based chemicals. Use of low-volatile organic compound (VOC) products is one means to reduce greenhouse gas emissions from chemicals/fertilizers. Similarly, the use of technology such as optical weed control sprayers or weather-based decision indices is another way to reduce the amount of greenhouse gases emitted in cases where nitrogen-based chemicals are used, because smaller amounts are required, or the chemicals are applied only when absolutely necessary. Lastly, evidence suggests that in some regions, climate change can affect the quality of grapes, reduce yields and, in extreme cases, wipe out entire vintages (Fenner, 2009; Malkin, 2009; Wahlquist, 2009). As a means of adaptation, planting later-harvested varieties or varieties better suited to hot climates is considered a market-based action.

As for the winery, the main source of greenhouse gas emissions comes from the energy needed to produce wine. As a means to cut greenhouse gas emissions from energy use in the production of wine, use of alternative energy such as solar, wind, cogeneration, and geothermal are all potential options. Another contributor to greenhouse gas emissions in wineries is packaging, although these would be considered indirect emissions as many wineries do not produce their own packaging (Colman and Päster, 2009). Recently, new packaging alternatives have been developed, promising to significantly cut greenhouse gas emissions in the wine industry. For example, plastic PET bottles produce as much as 65 percent less greenhouse gas emissions than glass bottles, although taste can deteriorate over time relative to wine in glass bottles (Brown, 2009). Lastly, transport of the finished product from the winery to end customers can be a significant contributor to the carbon footprint of the wine industry, depending on the type of transport (Colman and Päster, 2009). As a means to address this matter, a country like Australia, for example, could pursue and develop new markets that are closer to home (e.g., South-East Asia), rather than rely on traditional export markets such as the UK or the US. Further, the use of container or reefer ships to transport wine decreases the carbon footprint more than the use of trucks or airplanes (Colman and Päster, 2009).

Finally, as with most other industries, companies in the wine industry have the option of implementing standards-based programs to address climate change, such as an environmental management system (EMS). An EMS can be implemented either through regional versions or through internationally-certified programs such as ISO 14001. Certified programs ensure that companies are attending to greenhouse gas emissions and other environmental impacts and therefore represent both mitigative and adaptative strategies. In addition, an international wine carbon calculator is now in force (Provisor, 2008), offering both grape growers and wine makers an avenue to more stringently account for their greenhouse gas emissions. The expectation is that those companies who apply such tools and processes will reduce greenhouse gas emissions, and in the process reduce the carbon footprint of the industry.

2.6   CONCLUSION

Wine grapes can be successfully grown in only a very narrow geographical range. Suitable locations must have particular climates, which are highly sensitive to changes in climatic conditions (Keller, 2010). For example, as little as a one-degree Celsius increase in average temperature can dramatically affect which varieties can best be ripened where in the world, with potential effects on yield, quality and, ultimately, economic sustainability (Jones et al., 2005; Keller, 2010). In extreme cases, entire vintages can be wiped out if temperatures are too high (Fenner, 2009). Hence, grape growing and wine production are largely weather and climate-driven enterprises. Further, long-term changes in climate can profoundly affect production viability, quality, and wine styles due to changes in winter hardening potential, frost occurrence, growth season lengths, and heat accumulation (Webb et al., 2007). In addition, growing premium qualities of specific grape varieties requires even narrower ranges of climatic conditions, meaning that variety-specific locations may be particularly vulnerable to variations arising from climate change.

Given these facts, there is concern that climate change is threatening global wine production. However, there is clear evidence that demonstrates increases in temperature are linked with higher wine prices and quality (Ashenfelter et al., 1993; Byron and Ashenfelter, 1995; Jones et al., 2005; Ashenfelter and Storchmann, 2006). The findings suggest that, overall, rising temperatures have actually benefited the global wine industry over time (cf. Hiault, 2009; Loney, 2010). In what appears to be almost a case for climate change, a common rule of thumb in the industry is that in terms of producing better quality wines and the weather, "the warmer the better" (Schultz and Stoll, 2010). Wine companies, then, find themselves in a precarious position with respect to responding to climate change. On one hand, rising temperatures appear to be leading to better quality wine globally (and in some regions, higher prices) and some companies may choose to do nothing depending on location—*assuming that temperatures do not rise above an optimal growing season temperature*. On the other hand, climate change is expected to impact on water availability, lead to more variation in weather patterns, and cause more extreme heat days, all of which can impact on viable grape production and wine making regardless of region (Jones and Webb, 2010).

In the Australian context, as with other wine growing regions around the world, climate change impacts appear to be heterogeneously distributed across the country, which is consistent with predictions (Winn et al., 2011). That is, location matters and some wine regions are likely to benefit from climate change while others will not (Galbreath, 2012). Given the various climate change scenarios and taking into account climate change impacts, this chapter introduced a framework that provides a means for company decision-making. Ultimately, wine is critical culturally, socially, and economically. It is hoped this chapter not only has offered perspectives and insights on the climate change issue for the Australian wine industry, but for wine regions around the world as well.

2.7   REFERENCES

Ashenfelter, O.C., Ashmore, D, Lalonde, R. (1993). "Wine vintage quality and the weather: Bordeaux", Second International Conference on the Vineyard Quantification Society, 18-19 February, Verona, Italy.

Ashenfelter, O.C., Storchmann, K. (2006). "Using hedonic model of solar radiation to assess the economic effect of climate change: The case of Mosel Valley vineyards", NBER Working Paper No. 12380, National Bureau of Economics Research, Cambridge, MA.

AWBC. (2007): Wine Australia: Directions to 2025. South Australia: Australian Wine and Brandy Corporation, Adelaide.

Berry Bros. & Rudd. (2008): Future of Wine Report. London.

Brown R. (2009). "Plastic not fantastic for wine", *Brisbane Times,* 21 June.

Byron, R.P., Ashenfelter, O. (1995). "Predicting the quality of an unborn Grange", *The Economic Record,* 71, 40-53.

CSWA. (2009): Vineyard Management Practices and Carbon Footprints. California Sustainable Winegrowing Alliance, San Francisco.

Colman, T., Päster, P. (2009). "Red, white, and 'green': The cost of greenhouse gas emissions in the global wine trade", *Journal of Wine Research,* 20, 15-26.

Connell, S. (2012): Wine Manufacturing in Australia. IBISWorld, Sydney.

Fenner, R. (2009). "Foster's turns to Tempranillo as climate change bakes vineyards", Bloomberg.com, retreived at http://www.bloomberg.com/apps/news?pid=20670001&sid=abcUGST60ZFM.

Galbreath J. (2009). "Addressing sustainability: A strategy development framework", *International Journal of Sustainable Strategic Management,* 1, 303-319.

Galbreath, J. (2012). "Climate change response: Evidence from the Margaret River wine region of Australia", *Business Strategy and the Environment,* in press.

Galbreath, J., Klass, D., Charles, D. (2012). "An exploratory study of clusters, knowledge exchange, and the climate change issue", Australia and New Zealand Academy of Management Conference Proceedings, Perth, Australia.

Godden, P.W., Gishen, M. (2005). "Trends in the composition of Australian wine 1984-2004", *Australian New Zealand Wine Industry Journal,* 20, 2-46.

Halliday, J. (2006): Wine Atlas of Australia. Hardie Grant Publishing, Melbourne.

Hiault D. (2009). "Climate change may boost UK vineyards", *The Age,* 7 December.

Hoffman A.J. (2005). "Climate change strategy: The business logic behind voluntary greenhouse gas reductions", *California Management Review,* 47, 21-46.

Holland, E.A., Braswell, B.H., Lamarque, J.-F., Townsend, A., Sulzman, J., Müller, J.-F., Dentener, F., Brasseur, G., Levy, H., Penner, J.E., Roelofs, G.-F. (1997). "Variation in the predicted spatial distribution of atmospheric nitrogen deposition and their impact on carbon uptake by terrestrial ecosystems", *Journal of Geophysical Research,* 102, 15849-15866.

IPCC. (2007): Climate Change 2007: Impacts, Adaptation and Vulnerability. Cambridge University Press, Cambridge.

Jones, G.V., Webb, L.B. (2010). "Climate change, viticulture, and wine: Challenges and opportunities", *Journal of Wine Research,* 21, 103-106.

Jones, G.V., White, M.A., Cooper, O.R., Storchmann, K. (2005). "Climate change and global wine quality", *Climate Change,* 73, 319-343.

Keller, M. (2010). "Managing grapevines to optimize fruit development in a challenging environment: a climate change primer for viticulturists", *Australian Journal of Grape and Wine Research,* 16, 56-69.

Khandekar, ML., Murty, T.S., Chittibabu, P. (2005). "The global warming debate: A review of the state of science", *Pure and Applied Geophysics,* 162, 1557-1586.

Loney, G. (2010). "Heat pours it one for top reds", *The West Australian,* 9 January.

Malkin B. (2009). "Australia's wine growers facing ruin unless rain comes", *UK Telegraph,* 14 May.

Mann, M.E., Bradley, R.S., Hughes, M.K. (1998). "Global-scale temperature patterns and climate forcing over the past six centuries", *Nature,* 392, 779-787.

Mann, M.E., Bradley, R.S., Hughes, M.K. (1999). "Global-scale temperature patterns and climate forcing over the past six centuries", *Geophysical Research Letters,* 26, 759-762.

National Academy of Sciences (2008): Understanding and Responding to Climate Change. Washington, DC.

Park, S.E., Marshall, N.A., Jakku, E., Dowd, A.M., Howden, S.M., Mendham, E., Fleming, A. (2012). "Informing adaptation responses to climate change through theories of transformation", *Global Environmental Change,* 22, 115-126.

Pidgeon, N.F., Butler, C. (2009). "Risk analysis and climate change", *Environmental Politics,* 18, 670-688.

Porter, M.E. (1996). "What is strategy? ", *Harvard Business Review,* 74, 61-78.

Porter, M.E., Kramer, M.R. (2006). "Strategy and society: The link between competitive advantage and corporate social responsibility", *Harvard Business Review,* 84, 78-92.

Provisor. (2008): International Wine Carbon Calculator. Adelaide.

Rigby, E., Harvey, F., Birchall, J. (2007). "Tesco to put 'carbon rating' on labels", *Financial Times,* 18 January.

Salinari, F.S., Giosue, F.N., Tubiello, A., Rettori, V., Rossi, F., Spannas, C., Rosenzweig, I.G., Gullino, M.L. (2006). "Downy mildew (*Plasmopara viticola*) epidemics on grapevine under climate change", *Global Change Biology,* 12, 1299-1307.

SAWIA. 2004: Australian Wine Industry State of the Environment 2003. South Australian Wine Industry Association, Adelaide.

Schultz, HR., Stoll, M. (2010). "Some critical issues in environmental physiology of grapevines: future challenges and current limitations", *Australia Journal of Grape and Wine Research,* 16, 4-24.

Seguin, B., de Cortazar, I.G. (2005). "Climate warming: Consequences for viticulture and the notion of 'terroirs' in Europe", *Acta Horticulture,* 689, 61-71.

Sivasailam, N. (2012): Grape Growing in Australia. IBISWorld, Sydney.

Tate, A.B. (2001). "Global warming's impact on wine", *Journal of Wine Research,* 12(2), 95-109.

Wahlquist, A. (2009). "Heat flays grape harvest", *The Weekend Australian,* 28 February-1 March.

Webb, L.B., Whetton, P.H., Barlow E.W.R. (2007). "Modeled impact of future climate change on the phenology of winegrapes", *Australia Australian Journal of Grape and Wine Research,* 13, 165–175.

Webb, L.B., Whetton, P.H., Barlow, E.W.R. (2011). "Observed trends in winegrape maturity in Australia", *Global Change Biology,* 17, 2707-2719.

Webb, L.B., Whetton, P.H., Bhend, J., Darbyshire, R., Briggs, P.R., Barlow, E.W.R. (2012). "Earlier wine-grape ripening driven by climatic warming and drying and management practices", *Nature Climate Change,* 2, 259-264.

Webb, L.B., Whiting, J., Watt, A., Hill, T., Wigg, F., Dunn, G., Needs, S., Barlow, E.W.R. (2010). "Managing grapevines through severe heat: A survey of growers after the 2009 summer heatwave in south-eastern Australia", *Journal of Wine Research,* 21(2-3), 147-165.

WFA. (2007): Trends in Environmental Assurance in Key Australian Wine Export Markets. Winemakers' Federation of Australia, Adelaide.

WFA. (2012): Vintage Report. Winemakers' Federation of Australia. Adelaide.

Winn, M., Kirchgeorg, M., Griffiths, A., Linnenluecke, M.K., Günther, E. (2011). "Impacts from climate change on organizations: A conceptual foundation", Business Strategy and the Environment 20, 157-173.

3 Der Klimawandel und die Zukunft der südafrikanischen Weinindustrie

von Nick Vink*, Alain Deloire**, Valerie Bonnardot*** und Joachim Ewert****

3.1 EINFÜHRUNG

Die südafrikanische Weinindustrie hat sich seit den ersten demokratischen Wahlen 1994 gut entwickelt. Der Weinexport ist auf 20 % des gesamten landwirtschaftlichen Exports des Landes gestiegen, gleichzeitig haben Investitionen und die Zahl der Arbeitnehmer in der Branche zugenommen. Es gibt allerdings bereits Beweise, dass die Branche vom Klimawandel betroffen ist und dass diese Auswirkungen auch zukünftig anhalten werden. Wie soll die Branche nun auf diese beiden Herausforderungen – die Verbesserung der internationalen Wettbewerbsfähigkeit und der Umgang mit den Folgen des Klimawandels – reagieren?

Dieser Artikel bietet zunächst einen Literaturüberblick zum Thema des Einflusses der Weinindustrie auf die lokale Wirtschaft und stellt im Weiteren die wirtschaftliche Leistung Südafrikas dar. Darauf folgt ein Literaturüberblick zum Klimawandel in der Weinindustrie. Im darauf folgenden Teil werden mögliche Strategien zum Aufbau von Wettbewerbsfähigkeit und der Bewältigung der Auswirkungen des Klimawandels behandelt. Abschließend werden die möglichen Auswirkungen dieser Strategien auf die Wettbewerbsfähigkeit der Branche beurteilt.

3.2 WIRTSCHAFTLICHE LEISTUNG

3.2.1 Ein kurzer Literaturüberblick

Die wirtschaftliche Leistung eines Industriezweigs wird durch die direkten sowie die indirekten und induzierten Auswirkungen dieser Industrie gemessen. Die direkte Auswirkung ist dabei der Wert der Produktion; indirekte Auswirkungen sind das Ergebnis von Veränderungen gegenüber anderen Gewerben, die aus o.g. Änderungen in der Produktion resultieren (z.B. mehr Flaschen und Marken werden gekauft). Die induzierten Auswirkungen entstehen durch Veränderungen bei den Löhnen und Gehältern in der Branche, was wiederum zu Veränderungen in nachgelagerten Branchen führt, wo die Löhne und Gehälter ausgegeben werden. Diese Auswirkungen werden üblicherweise in Form der Wertschöpfung der Branche und der dadurch in der Gesamtwirtschaft ausgelösten Aktivitäten gemessen, wobei im zweiten Fall Multiplikatoren verwendet werden, die üblicherweise auf einer Input-Output-Matrix basieren. Während einerseits viele Beispiele dieser Untersuchungsform in der Literatur existieren, gibt es andererseits weltweit nur wenige Beispiele für die Weinindustrie. Benito (1998) schätzte beispielsweise den ökonomischen Einfluss von Kellereien auf die Wirtschaft von Sonoma

* University of Stellenbosch, Department of Agricultural Economics

** University of Stellenbosch, Department of Viticulture and Oenologie

*** Université de Rennes 2, LETG-Rennes-COSTEL

**** University of Stellenbosch, Department of Sociology and Social Anthropology

County in Kalifornien, indem er eine bezirksweite soziale Input-Output-Matrix benutzte. MKF Research (2005) führte eine ähnliche Studie mit ähnlichen Methoden für das Napa Valley durch. Full Glass Research (2006) führte lediglich Schätzungen für die direkten und indirekten Auswirkungen auf die Weinindustrie in Oregon durch. In einer Studie jüngeren Datums benutzte Storchmann (2010) ein ökonometrisches Panelmodell, um die Auswirkungen der wachsenden Weinindustrie auf die Einnahmen von Hotels und Restaurants im Staat Washington zu untersuchen.

In Südafrika beauftragte die SAWIS (South African Wine Industry Information and Systems) über die letzten zehn Jahre drei Forschungsprojekte über die ökonomischen Auswirkungen der Weinindustrie (Conningarth Economists, 2000, 2004, 2009). In diesen Berichten schätzten die Gutachter ebenfalls die direkten, indirekten und induzierten Auswirkungen der Weinindustrie, ähnlich wie in den Studien über das Sonoma County und das Napa Valley. In diesem Fall wurde eine regionale Social Accounting Matrix verwendet. Die Ergebnisse werden später in diesem Artikel besprochen.

3.2.2   Die südafrikanische Weinindustrie: Ein Profil

In Tabelle 1 sind grundlegende Fakten zur südafrikanischen Weinindustrie angeführt. Die Zahl der Weinkeller stieg im Zeitraum von 1997 bis 2010 von ca. 300 auf ca. 600. Dies ist vor allem auf die steigende Anzahl privater Weinkeller zurückzuführen, die von 218 im Jahr 1997 auf 504 im Jahr 2008 anstieg, seither aber zurückging. Meist handelt es sich dabei um kleine Weinkeller: Der Anteil der Keller, in denen weniger als 100 Tonnen Trauben pro Jahr gepresst werden, stieg von 25 % (im Jahr 1997) auf beinahe 50 % der gesamten Kellereien (2007).

Tabelle 1:   *Trends in der südafrikanischen Weinindustrie, 1997-2008*

	1997	2002	2004	2006	2008	2010
Genossenschaftskellereien[1] (Anzahl)	69	66	66	65	58	54
Private Kellereien (Anzahl)	218	349	477	494	504	493
Produzierende Großhändler (Anzahl)	8	13	18	17	23	26
Weingüter gesamt (Anzahl)	295	428	561	576	585	573
Keller, die 1-100 t Trauben pressen (Anzahl)	77	171	272	280	267	265
Keller, die 101-500 t Trauben pressen (Anzahl)	76	111	114	137	150	151

---

[1] Genossenschaftskellereien sind durch das Südafriaknische Gesetz dazu verpflichtet ausschließlich Trauben aus der Produktion ihrer Mitglieder für die Weinproduktion zu verwenden und sehen sich dadurch Einschränkungen im Bezug auf die Qualität gegenüber – private Kellereien unterliegen diesen Beschränkungen nicht . Zwar geht die Zahl der Genossenschaftskellereien in den letzten Jahren zurück, dennoch produzieren diese noch immer über 70 % des gesamten Angebotes, meist von geringer Qualität.

Keller, die 500-1.000 t Trauben pressen (Anzahl)	32	38	56	41	50	45
Keller, die 1.000-5.000 t Trauben pressen (Anzahl)	52	56	60	63	63	57
Keller, die > 10.000 t Trauben pressen (Anzahl)	58	52	59	55	55	55
Prozentsatz an Kellern, die < 100 t pro Jahr pressen	26	40	49	49	46	46
Gesamtes Weinbaugebiet (ha)	87.301	96.233	100.207	102.146	101.325	101.016
Weinreben, 4 Jahre und älter (ha)	76.025	79.073	85.331	89.426	92.504	93.198
Weinreben, jünger als 4 Jahre (ha)	11.276	17.160	14.876	12.720	8.822	7.818
Prozentsatz Weinreben < 4 Jahre am Gesamten	12,92	17,83	14,85	12,45	9,50	7,7
Gesamtproduktion (Millionen Liter)	881	834	1.016	1.013	1.089	985
Weinproduktion (Millionen Liter)	547	567	697	710	763	781
Prozentsatz Tafelwein am gesamten Wein	62,09	67,99	68,60	70,09	70,06	79,30
Umsätze in Südafrika (Millionen Liter)	402	388	351	345	356	346
Export (Millionen Liter)	46	218	268	272	412	379
Anteil am Gesamten	12,60	26,14	26,38	26,85	53,90	48,50
Prozentsatz Einkommen durch Wein am Gesamten	67,74	76,30	71,52	72,16	75,57	80,1

Quelle: SAWIS (2006), SAWIS (2011) – adaptiert

Tabelle 1 zeigt auch Trends beim Anbau neuer Weinreben über die letzten zehn Jahre. Seit etwa 2004 hat sich die Fläche der Weinbaugebiete stabilisiert und nimmt derzeit wieder ab, während der Anteil der Weinreben, die jünger als vier Jahre sind, seit 2010 konstant gesunken ist. Es scheint daher, als hätte sich die Branche konsolidiert, jedoch mit nur geringen Aussichten auf künftiges absolutes Wachstum, unter Berücksichtigung des ungewissen Investitionsklimas in Südafrika (Sandrey und Vink, 2008).

Die Kapazität der Industrie, Wein, Destillate und Traubensaftkonzentrate zu produzieren, stieg um etwa 20 %. Der Anteil von Tafelweinen stieg von 62 % auf 80 %, jener der Exporte von etwa 12,5 % der Ernte auf 50 %.

Die Weinindustrie hat einen großen Einfluss auf die gesamte südafrikanische Wirtschaft, wie aus Tabelle 2 ersichtlich wird (Conningarth Economists, 2009). Die Branche wies 2008 einen Gesamtabsatz von 19 Mrd. Rand (ca. 1,6 Mrd. EUR) auf, von denen 3,3 Mrd. Rand (17 %, ca. 275 Mio. EUR) aus Primärproduktion stammen, der Rest aus Nebenerzeugnissen, u.a. Destillaten. Die Exporte trugen 6 Mrd. Rand (ca. 500 Mio. EUR) zum Gesamtumsatz bei, was lediglich ein Drittel des Betrages darstellt. Importe sind hingegen ein wenig bedeutsamer Faktor, was auf die vergleichsweise hohen Zölle zurückzuführen ist.

Tabelle 2:   *Wirtschaftsstruktur und Dienstleistungs- und Güterströme in der Weinindustrie*

	1) Umsatzzunahme (in Mio. Rand)	2) Exporte (in Mio. Rand)	3) = 1) - 2) Inlandsumsätze (in Mio. Rand)	4) derzeitiger Importlevel (in Mio. Rand)
A. Primär				
1. Landwirtschaft	2.236	893	1.343	0
2. Weinkeller	1.084	433	651	0
Primär gesamt	3.320	1.326	1.994	0
B. Sekundär				
Destillieren, Abfüllen, etc.	5.644	2.254	3.390	211
Handel, Gastronomie, Beherbergung	6.741	2.692	4.049	26
Steuern (MwSt. und Verbrauchssteuer)	3.459	0	3.459	0
Sekundär gesamt	15.844	4.947	10.898	237
C. Zwischensumme (A+B)	19.164	6.272	12.892	237
D. Tertiär				
Ausländische Touristen	3.463	0	3.463	0
Heimische Touristen	800	0	800	0
Tertiär gesamt	4.263	0	4.263	0
Gesamt (C+D)	23.427	6272	17.154	237

Quelle: Conningarth Economists (2009)

Tabelle 3 zeigt, dass das Wachstum des nominalen Umsatzes im wertschöpfenden Teil der Branche am größten war. Die Umsätze der Direktverkäufe ab Hof stiegen dabei nur um 37 %, verglichen mit dem Wachstum der Verkäufe im Inland (45 %) und dem der Exporte (99 %). Interessanterweise stieg die Beschäftigung um 43 %, während die Beschäftigung in der Landwirtschaft insgesamt gesunken ist.

Tabelle 3:   Wachstumsraten: 2003-2008; wirtschaftliche Hauptkomponenten (laufende Preise)

	2003	2008	Nominelle Veränderung (%)
Primäre Produktion (in Mio. Rand)	2.406	3.320	37
Umsätze gesamt (lokale Weinproduktion) (in Mio. Rand)	10.675	19.164	79
Produktionserzeugnisse[a] (in Mio. Rand)	3.274	5.644	72
Exporte (in Mio. Rand)	3.153	6.272	99
Steuern/Verbrauchsteuer (in Mio. Rand)	2.022	3.459	71
Lokale Verkäufe[b] (in Mio. Rand)	4.223	6.113	45
Direkte und indirekte Beschäftigung (Anzahl)	192.252	275.606	43

Quelle: Conningarth Economists (2009); [a]vor Abzug der Handels- und Transportkosten sowie Steuern; [b]ohne Steuern

Im internationalen Vergleich ist diese Leistung allerdings weniger beeindruckend (Abbildung 1). Die internationale Wettbewerbsfähigkeit drückt sich dadurch aus, ob die Nettoexporte eines Produktes wie Wein in Relation zu einem Bezugswert (in diesem Fall Südafrikas Nettoexporte aller landwirtschaftlichen Produkte) schneller oder langsamer wachsen als die globalen Weinexporte in Relation zu allen landwirtschaftlichen Exporten. Ist dieses Verhältnis (bezeichnet als *revealed trade advantage*, RTA) größer als 1, weist die südafrikanische Weinindustrie ein besseres Ergebnis auf als die Konkurrenz. Abbildung 1 zeigt, dass Südafrikas RTA während des letzten Jahrzehnts größer als 1 war. Das Wachstum zwischen 2001 und 2004 sowie der darauffolgende Rückgang sind allerdings gleichsam auf Wechselkursschwankungen wie auf jegliche endogene Faktoren zurückzuführen.

Diese Zahlen werden durch die zunehmenden Exporte anderer Weinproduzenten der Neuen Welt bestätigt, die zeigen, dass Südafrikas Exportwachstum von Chile und Australien in den Schatten gestellt wurde. Südafrika überholte zudem erst kürzlich die USA – ein Land mit einem großen Binnenmarkt.

Abbildung 1:   RTA für südafrikanischen Wein

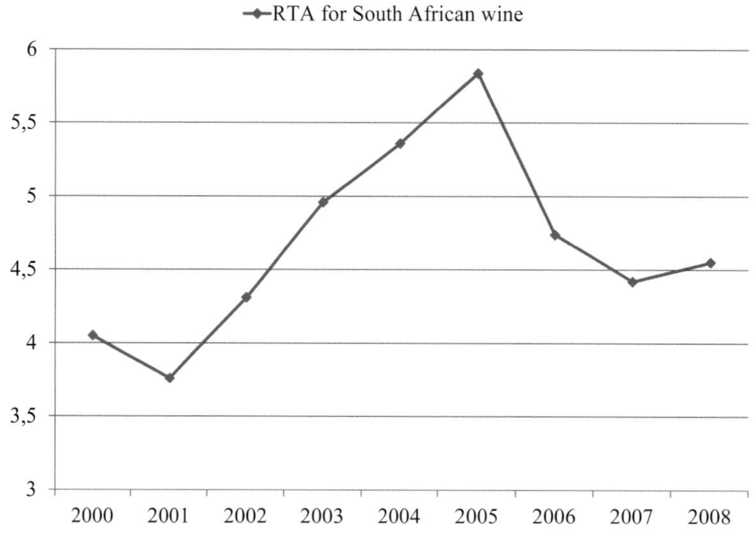

Quelle: FAOSTAT (2010)

Unter Berücksichtigung der Abhängigkeit der südafrikanischen Weinindustrie vom Exportmarkt (die Konsumation pro Kopf betrug 2010 nur 6,9 Liter, in Australien hingegen 22,4 Liter und in den USA 8,4 Liter) (SAWIS 2011) ist diese Leistung etwas enttäuschend.

Folglich haben der politische Wandel in Südafrika, der darauf folgende Wirtschaftsboom und die eigenen Anstrengungen der Weinindustrie das Wachstum der Branche gefördert, die ihrerseits einen erheblichen Beitrag zur Gesamtwirtschaft leistet. Die größten Schwachstellen der Branche bleiben allerdings der rückläufige Binnenmarkt sowie der Export von Weinen in hauptsächlich niedrigen Preiskategorien. Während einfache Weine die treibende Kraft der Exportleistung (und somit auch der internationalen Wettbewerbsfähigkeit) darstellten, gilt das Argument der Diversität auch für Marken in der mittleren Preisklasse. Daher ist es die Diversität der Terroirs (Bodentyp × Klima), die den Großteil der südafrikanischen Weine ausmacht. Es stellt sich daher die Frage, in welchem Ausmaß dies durch den Klimawandel bedroht wird.

3.3   KLIMAWANDEL: BEOBACHTETE TRENDS

In Storchmann (2011) wird das Entstehen der Weinwirtschaft beschrieben und gezeigt, dass der Einfluss des Klimas auf Weinpreise von Beginn an einen zentralen Schwerpunkt dieser Untersuchungen darstellte. Zahlreiche Publikationen beschäftigen sich mit diesem Zusammenhang, sowohl in verschiedenen Regionen als auch über verschiedene Zeiträume hinweg. Das Ziel dieses Abschnittes ist es jedoch, die technischen Aspekte des Klimawandels zu untersuchen, da die südafrikanische Weinindustrie aktuell durch den Klimawandel beeinflusst wird und auch zukünftige Auswirkungen auf die Branche erwartet werden.

Weltweite Untersuchungen zum Klimawandel und seinen Auswirkungen auf den Weinbau wurden erstmals in den 1990er Jahren durchgeführt (Kenny und Harrison, 1992; Bindi et al., 1996), wobei das Thema mit der Veröffentlichung von Studien zum Effekt des steigenden Kohlendioxids auf

Weinstöcke steigende Popularität erlangte (Schultz, 2000; Bindi et al., 2001). Die verfügbaren Ergebnisse für die meisten Weinregionen der Welt zeigen beispielsweise eine Vorverlegung der phänologischen Phasen, eine Verkürzung der Wachstumsintervalle, eine größere Gefahr durch Schädlinge und Krankheiten und wärmere Reifungsbedingungen, die zu einem höheren Zucker- oder Alkoholgehalt sowie zu geringerer Säurekonzentration bei reifen Früchten führen.

Eine Studie von Jones et al. (2005) analysierte eine Landfläche mit einer Auflösung von $0{,}5° \times 0{,}5°$ mit Schwerpunkt Kapstadt als Referenz für die Weinregionen Südafrikas mit dem Ergebnis nicht signifikanter klimatischer Trends für den Zeitraum von 1950 bis 1999. Andere Studien, denen Daten von mehreren Wetterstationen aus dem ganzen südlichen Westkap zugrunde liegen, dem traditionellen Weinanbaugebiet Südafrikas, zeigen hingegen bedeutende Trends hinsichtlich Regen und Lufttemperatur. Bei einer Untersuchung von zwölf Wetterstationen im Zeitraum von 1967 bis 2000 fanden Migley et al. (2005) beispielsweise bedeutende Erwärmungstrends für Tiefsttemperaturen (etwa +1 °C für Dezember-März) und Höchsttemperaturen für fast jeden Monat des Jahres heraus. Hitzewellen traten im letzten Jahrzehnt häufiger auf, vor allem im Jänner, April und August. Eine weitere Analyse von Wetterstationen in südafrikanischen Weinbergen im Zeitraum von 1942 bis 2006 zeigte, dass die Weingebiete des Westkap in den letzten Jahrzehnten einen signifikanten Anstieg der jährlichen Temperatur von 0,5 °C - 1,7 °C erfuhren (Bonnardot und Carey, 2008) (Tabelle 4).

Tabelle 4:   Temperaturänderungen für das Westkap, 1964-2006

Weinbauregionen, Distrikte oder Stationen	Anstieg der Jahreshöchst-temperatur	Anstieg der Jahrestiefst-temperatur	Zunahme der Wachstums-gradtage	Beobachtungs-zeitraum	Dauer der Aufzeichnungen
Stellenbosch	+ 1.7	+ 0.7	+ 150	1967-2006	40 Jahre
Paarl	+ 1.1	+ 0.5	+ 200	1970-2006	36 Jahre
Worcester	+ 1.0	+ 1.1	+ 150	1967-2006	40 Jahre
Olifants River	+ 1.1	+ 0.8	+ 240	1973-2006	34 Jahre
Robertson	+ 0.5	+ 1.1	+ 150	1964-1994	30 Jahre
Constantia	+ 1.0	+ 1.0	+ 180	1967-1999	32 Jahre
Overberg	+ 1.6	+ 1.1	+ 180	1964-1994	30 Jahre
Walker Bay	+ 0.8	+ 0.5	+ 100	1977-1990	13 Jahre

Quelle: Bonnardot und Carey (2008)

Laut Bonnardot und Carey (2008) zeigten sich ab den späten 1960ern erstmals Anzeichen einer Erwärmung im Anstieg der Winterhöchsttemperaturen, während in der Mitte der 1980er ein Bruch in der jährlichen Temperaturfolge stattfand und die Erwärmung seit 2000 schneller voranschreitet. Ähnliche Trends werden in der Literatur beschrieben (Laget et al., 2008). Der Anstieg der Durchschnittstemperatur wurde mit 1,8 °C für Februar und Juli berechnet; der Anstieg der Durchschnittstemperatur in der Wachstumsperiode in der Zeit von 1967 bis 2010 wurde mit +0,7 °C für den Distrikt Stellenbosch berechnet (Bonnardot et al., 2011). Die Berechnung des Winkler-Index für den Weinbau (die Summe der Wachstumsgradtage vom 1. September bis 31. März, i.e. Summe der Tagesmitteltemperaturen über 10 °C), bei der eine längere Datenreihe (1941-2008) der Bien Donne Wetterstation nahe Paarl verwendet wurde, bestätigt die beschleunigte Erwärmung im letzten Jahrzehnt

(Abbildung 2) (Bonnardot et al., 2009). Die Ergebnisse der regionalen Klimatrends in den weinproduzierenden Gebieten Südafrikas werden derzeit aktualisiert.

Abbildung 2:   Winkler-Index (1941-2008) für Bien Donne (Paarl Weingebiet), dargestellt als Abweichung vom Durchschnitt

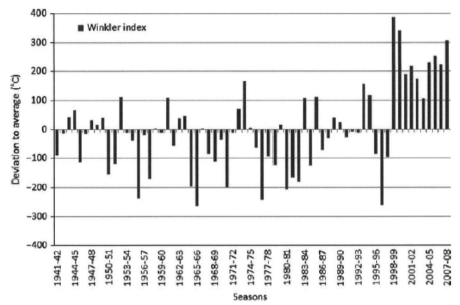

Anmerkung: Der Winkler-Index ist die Summe der Temperaturen über 10 °C (Wachstumsgradtag) zwischen 1. September und 31. März.

3.4   KLIMAWANDEL: KÜNFTIGE SCHÄTZUNGEN

In der erwähnten Studie von Jones et al. (2005) dienten die Ergebnisse des globalen HadCM3-Klimamodells (2,50° × 3,75° Breitengrad/Längengrad), das unter dem SRES A2 Szenario lief, zur Darstellung der Erwärmung in 27 Weinregionen weltweit bis 2050. Der Vergleich der Zeiträume von 1950-1999 und 2000-2049 deutet darauf hin, dass die Temperaturveränderungen in der Hauptwachstumsperiode in der südlichen Hemisphäre (0,93 °C) geringer sein werden als in der nördlichen Hemisphäre (1,31 °C). Für Südafrika wird im Vergleich zu den anderen untersuchten Gebieten die geringste Veränderung (0,52 °C) vorhergesagt.

In einer Studie von Carter (2006) wurden die Schätzungen dreier globaler Klimamodelle mittels der Methode von Hewitson und Crane (2006) auf eine feinere Auflösung (0,25° × 0,25° Breitengrad/Längengrad) über Südafrika skaliert. Basierend auf Klimakontrolldaten von 1961 bis 1990 aus diesen globalen Klimamodellen zeigen Niederschlagsprognosen für die Mitte des Jahrhunderts (2046-2065) über die Weinregionen Stellenbosch, Paarl und Franschhoek verringerten Winterniederschlag, vor allem zu Winterbeginn. Andere Simulationen für Südafrika zeigten, dass ein Temperaturanstieg im gesamten südlichen Westkap erwartet werden kann, wobei bis 2050 der geringste Anstieg in Küstengebieten (-1,5 °C an der Küste) und der größte Anstieg (2-3 °C) landeinwärts des Küstengebirges erwartet wird (Midgley et al., 2005). Bei gegebener Auflösung der Projektionen über Südafrika (die bislang feinste liegt bei 0,25° × 0,25°) können bis 2050 generell wärmere und trockenere Bedingungen für die südafrikanischen Weingüter erwartet werden – auch in Abhängigkeit von Bodenart und -tiefe.

Die Ergebnisse der Zukunftsprognosen variieren, sie sind abhängig von den Ergebnissen der globalen Klimamodelle, dem SRES-Szenario (Nakićenović und Swart, 2000), dem Vergleichszeitraum und der Auflösung (globale Klimamodelle sind zu grob, um regionale Auswirkungen miteinzubeziehen). All diese Faktoren tragen zu der Unsicherheit der Simulationen bei.

3.5 EINE STRATEGIE ZUR BEWÄLTIGUNG DES KLIMAWANDELS IN SÜDAFRIKA: DIVERSITÄT

Trotz dieser regionalen Klimatrends und der ungewissen Zukunftsklimaprognosen scheint die Auseinandersetzung mit dem Thema der Diversität die beste Strategie zu sein, um sich gegen den Klimawandel zu behaupten. Die Vielfalt an Bodenarten und -tiefen sowie im Klima (vor allem im Mesoklima) der südafrikanischen Weinbauregionen, einschließlich der Nähe des Atlantiks und des Indischen Ozeans, ermöglicht den Anbau unterschiedlichster Sorten. Das ist von Bedeutung, wenn man bedenkt, dass diese Gebiete in der Lage sind, unterschiedliche Weinkategorien, -typen und -stile zu produzieren. Eine Weinbauregion kann nicht nur eine typische Sorte bzw. einen typischen Stil produzieren (wie im französischen Benennungssystem), sondern mehrere Sorten, einschließlich durch Mischung derselben Sorte aus verschiedenen Terroirs in verschiedenen Regionen. Auch das Potenzial, neue Gebiete zu erschließen, ist eine neue Herausforderung für die südafrikanische Weinindustrie und bedeutet einen großen Wettbewerbsvorteil gegenüber jenen Ländern, die das System der „Appelation d'Origine Protégée" (AOP, „geschützte Ursprungsbezeichnung") verwenden.

Der Schlüssel zur Bewältigung des Klimawandels setzt zunächst folgende Punkte voraus:

- ein Verständnis des Klimas nach unterschiedlichen Maßstäben, einschließlich des Mikroklimas (Ebene der Pflanze) und Mesoklimas (Ebene des Weinbergs), um sich der Umgebung (Topographie, Bodenart, Wind) entsprechend anpassen zu können,

- das spezifische Potenzial für Weinbau, z.B. die Adaptierung der Beschaffenheit der Vegetation (Zuchtsystem × Stutzsystem),

- Reihenausrichtung und

- Kulturpraktiken, wie Bewässerung, Bearbeitung des Bodens und Laubwandmanagement.

Studien, die sich mit dem Klima auf verschiedenen Skalen beschäftigen, zeigen beispielsweise den Effekt von während eines Jahres auftretenden Schwankungen des Mikroklimas auf das Aroma von Sauvignon Blanc (Marais et al., 1999; Deloire et al., 2010) oder die Auswirkungen der Nähe des Atlantiks und der komplexen Topographie auf die lokale Luftzirkulation, die zu einer interessanten räumlichen Klimavielfalt für den Weinbau führt (Bonnardot et al., 2001; Carey et al., 2003; Bonnardot et al., 2002; Hunter und Bonnardot, 2002; Conradie et al., 2002). Der Cool Night Index (Tonietto und Carbonneau, 2004), der kürzlich für den Jahrgang 2008-2009 in den Weingebieten Overberg (Elgin), Stellenbosch und Paarl berechnet wurde, bestätigt deutlich die makro- und mesoklimatischen Auswirkungen, mit Unterschieden von bis zu +6 °C über eine Entfernung von 40 Kilometern vom Atlantischen Ozean (Deloire et al., 2009).

Die derzeitige Vielfalt der Klima- und Bodenbedingungen in Südafrika erlaubt die Herstellung verschiedener Arten von Weinen (Rosé-, Rot- und Weißwein, Portwein, Schaumwein und Süßwein) unterschiedlicher Stile. Sauvignon Blanc zum Beispiel veranschaulicht die Auswirkungen des Klimas auf das Ertragspotenzial und den Stil der Weine (tropische oder grüne/krautige Charakteristiken mit unterschiedlichen Stufen an Weinkomplexität), was vor allem mit dem Klima einer bestimmtem Region (warm-heiß vs. gemäßigt-kühl), dem Mikroklima (Licht und Temperatur, Meeresbrise) und/oder dem Jahrgang zusammenhängt. Dies wird durch die Ergebnisse einer aktuellen Studie veranschaulicht (Abbildung 3). Eine Principal Component Analysis (Hauptkomponentenanalyse) von 52 Sauvignon Blanc-Weinen zeigt, dass der Stil des Weins, hinsichtlich der Intensität der tropischen und/oder grünen Charakteristika, vor allem mit den thermischen Bedingungen der Regionen auf dem makroklimatischen Level (heiß-warm vs. gemäßigt-kühl) zusammenhängt. Auf der mikroklimatischen Ebene beeinflussen Licht und Temperatur in einem spezifischen Mesoklima die Zusammensetzung der Trauben und den Stil des Weins und vergrößern dadurch die Vielfalt der Weinstile. Die Temperatur erklärt in diesem Beispiel 97,89 % der Diversität.

Abbildung 3:   *Hauptkomponentenanalyse von 52 Sauvignon Blanc-Weinen in der Westkapprovinz von Südafrika*

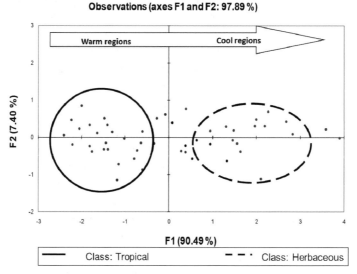

Anmerkung: Die Autoren danken Leanie Louw und Sulette Malherbe von der Firma Distell in Stellenbosch für diese Ergebnisse einer sensorischen Analyse von Sauvignon Blanc Weinen.

Weiters sind auch die Unterschiede zwischen den Jahrgängen ein wichtiger Faktor für Weinstile (Jones, 2007). An der Westküste Südafrikas können Hitzewellenperioden, die nicht vorhersehbar sind und während der Wachstums- und Reifeperioden der Trauben auftreten, das aromatische Profil der Trauben und den Stil der Weine verändern (Conradie et al., 2002; Bonnardot et al., 2005; White et al., 2006; Deloire et al., 2009, 2010; Deloire, 2011).

3.6   STRATEGIEN ZUR MINDERUNG DER AUSWIRKUNGEN DES KLIMAWANDELS

Historisch betrachtet wird die südafrikanische Weinindustrie durch ihre Vielfalt charakterisiert, die aber nun durch den Klimawandel bedroht wird. Wenn beispielsweise eine warme Region zu einer heißen Region wird, wird die Vielfalt der Art und des Stils der Weine, die produziert werden können, eingeschränkt. Andererseits könnte die Diversität durch Expansion in gemäßigte und kühle Gebiete, durch Veränderungen der Methoden im Weinbau und in der Önologie sowie durch eine Änderung der Weinsorten vergrößert werden.

3.6.1 Die „Qualität" von südafrikanischem Wein und der Klimawandel

Obwohl die Industrie in den letzten 15 Jahren eine Verbesserung bzw. Aufwertung erfahren hat (Ponte und Ewert, 2009), wird der Großteil des südafrikanischen Weins noch immer in der Niedrigpreiskategorie verkauft, sowohl im Inland wie auch im Ausland. Die „Grundqualität" bezieht sich hier auf Weine, die drei Charakteristika aufweisen:

(1) Inhaltsstoffe und Verpackung,
(2) Lebensmittelsicherheitsgesetze (und zu einem gewissen Grad soziale Bedenken und Umweltanliegen) und
(3) Logistik.

Was Inhaltsstoffe und Verpackung betrifft, so geben Händler den Anbietern vor, was abgefüllt werden soll, welche Etiketten und Korken verwendet werden sollen, welches Gewicht und welche Form die Flasche haben soll und welche Recyclingmöglichkeiten sie aufweisen soll. Spezifizierungen der Inhaltsstoffe können im Allgemeinen einfach gemessen oder beschrieben werden; sie beinhalten den Alkoholgehalt, den Gesamtsäuregehalt, flüchtige Säurebestandteile, den Sulfurdioxidgehalt, den Restzuckergehalt, Methoden der Protein- und Kältestabilisierung, ein Geschmacksprofil und die allgemeine Holzcharakteristik. Um einen Abnehmer zu finden, muss der Anbieter den Inhalt einem bestimmten Preis (z.B. £ 4,99) anpassen, was beispielsweise lauten könnte: „Ein fruchtiger, reiner, leichter Wein in der richtigen Verpackung […] und Beschaffenheit" (Ponte und Ewert, 2007). Auf dem britischen Markt fallen alle Weine, die unter £ 5 pro 750ml-Flasche verkauft werden, in diese Kategorie. In Kontinentaleuropa trifft das auf alle Weine unter € 7 zu. 2005 betrug der durchschnittliche Verkaufspreis eines Liters südafrikanischen Weins im Vereinten Königreich £ 3,77, während er 2008 bei £ 5,04 lag (im Einzelhandel) (ACNielsen, 2008).

Zum Zweiten stammt der Großteil populärer „Grundqualitätsweine" von verschiedenen Produzenten und Genossenschaften aus dem gesamten Weingebiet des Kaps. 89 % des von Genossenschaften produzierten Weins gelangen in die Flaschen von Großhändlern und Exporteuren (PWC, 2010, 13). In anderen Worten, dieser Wein ist eine Mischung aus einer Anzahl unterschiedlicher und divergierender Regionen oder Terroireinheiten.

Dies wird bei den Weinen, die von der Behörde für Wein und Spirituosen (WSB) zertifiziert werden, deutlich. Von den 333 Millionen Litern, die 2005 zertifiziert wurden, stammten die meisten (69 %) aus einer breiten geographischen Region (z.B. „südafrikanischer Wein" oder „Wein aus dem Westkap"). Eine genauere Herkunftsbezeichnung unter dem Siegel „Wine of Origin" traf auf 29 % der gesamten zertifizierten Weine zu, während Weine „direkt vom Weingut" nur 2 % der Zertifizierungen ausmachten (SAWIS, 2006). Die Herstellung dieser Weine erfolgt nur aus den Trauben eines einzigen Weingutes oder von benachbarten Weingütern, was der klassischen Bedeutung von „Terroir" und „Terroireinheiten" somit am nächsten kommt.

Ironischerweise müssen diese Weinkeller den Klimawandel am meisten fürchten, denn als „Weingüter" haben sie den geringsten Spielraum, um mit den möglichen Auswirkungen des Klimawandels auf ihre Weinberge umzugehen. Private Weinkeller, produzierende Großhändler, Exporteure und Genossenschaften können die Auswirkungen andererseits durch den Bezug von Trauben von verschiedenen Winzern aus derselben Region oder aus verschiedenen Regionen kompensieren. Daher liegt bei gegebenem fortschreitendem Kimawandel die passende Strategie für die Zukunft der südafrikanischen Weinindustrie möglicherweise in der Erhaltung dieser Flexibilität, indem man die Vielfalt der Weingüter nutzt.

3.6.2   Geographische Veränderung

Das Klima sowie Untersuchungen des Bodens und Untersuchungen zur Verfügbarkeit von Wasser sind wichtige Faktoren bei der Etablierung neuer Anbaugebiete für Weintrauben, bei der Auswahl von Sorten, bei der Beurteilung der Realisierbarkeit und Rentabilität des Weinguts und bei der Verwaltung der Weingüter. Der Klimawandel birgt aufgrund veränderter Traubeninhaltsstoffe und Reifeprozesse mögliche Änderungen bei den Weinstilen und veränderten Kultivierungs- und Önologiemethoden. Der Klimawandel könnte auch bereits zur Entwicklung neuer Weinregionen in Südafrika beigetragen haben. Die Suche nach kühleren Anbaugebieten in höheren Lagen oder an der Küste, wo der mildernde Effekt des Ozeans steigende Sommertemperaturen abschwächen soll, sowie die Etablierung von Weingütern im östlichen Teil der Provinz Westkap, wo der Niederschlag gleichmäßiger verteilt ist, sind bereits bestehende Antworten auf den Klimawandel (Bonnardot und Carey 2008).

3.6.3   Weinbaumethoden

Weltweit ist die Länge der Zeiträume zwischen den phänologischen Hauptphasen der Weintrauben gesunken. Die Zeit von der Knospe bis zur Blüte, zum Reifebeginn oder zur Erntezeit verkürzte sich jeweils um 14, 15 und 17 Tage (Jones 2007). Laut Jones (2007) zeigt die Traubenphänologie eine Reaktion von drei bis sechs Tagen pro 1 °C-Erwärmung an allen Orten und Sorten über die letzten 30 bis 50 Jahre.

Hohe Temperaturen steigern die Verdunstungsmenge der Weinstöcke und so die Evapotranspiration der Weingärten, was auf lange Sicht zu einem höheren Bedarf an Bewässerung führen kann – in Zeiten, in denen die landwirtschaftliche Nutzung von Wasser unter immer größeren Druck gerät (Chaves et al., 2010). Aus diesem Grund ist das Konzept des Präzisionsweinbaus und der Präzisionsbewässerung von Bedeutung, da Wasser gespart werden muss, wenn der Weinbau auf eine nachhaltige Weise betrieben werden soll.

Das Anpassen der Vegetationsarchitektur und des Blatt-Frucht-Verhältnisses an trockenere Bedingungen wird jedoch zwangsläufig zu einer Reduktion des Traubenertrages pro Weinrebe und pro Hektar führen, was wiederum eine Auswirkung auf die Rentabilität der Weintraubenproduktion haben könnte, wie auch auf die Arten und Sorten von Wein, die produziert werden können (d.h. auch auf die Rentabilität des Weinbaus). Ohne Bewässerung werden die klimatischen Bedingungen einer Terroireinheit die Wahl des Züchtungs- und Stutzsystems beeinflussen und den Ertrag pro Weinrebe und Hektar vorgeben. Kultivierte Weinreben haben zwei Genotypen: jene des Kultivars (Edelreis) und jene der Rebunterlage, die bei der Veredelung von Weinreben verwendet werden. Die Verfügbarkeit von Wasser bleibt einer der klimatischen Hauptfaktoren, die die Produktivität der Pflanzen einschränkt (Boyer, 1982). Genetische Verbesserung der Weinreben (für Wein und Tafeltrauben) ist im Zusammenhang mit der vorhergesagten Klimaentwicklung von Bedeutung. Die Selektion der Rebunterlage ist die vielversprechendste Methode zur Erreichung dieses Ziels, wie von Marguerit et al. (2012) behauptet. Rebunterlagen spielen nachweislich eine wichtige Rolle bei der Anpassung an das Wasserdefizit eines Weingutes (Soar et al., 2006; Carbonneau, 1985). Das Verändern der Sorte beispielsweise durch genetische Manipulation oder Züchtung, um sie gegen Dürre resistent zu machen, könnte auch die Beerenentwicklung und -zusammensetzung und somit den Weinstil verändern. Das Erbgut des Kultivars bestimmt schließlich die typischen Eigenschaften der Traube, der Rosine und des Weins (Vivier und Pretorius, 2002). Trotzdem ist die Wahl des Kultivars oder die Kombination von Kultivar und Rebunterlage, die die Regulierung ihrer Stomatafunktionen, -dichte und -größe ermöglichen, um die Wassernutzeffizienz (*water use efficiency* – WUE, d.h. Zunahme der Biomasse als Resultat von Wassernutzung) zu erhöhen, von Bedeutung, da auf diese Weise der Ertrag auch bei Wasserknappheit erhalten bleibt. Dies stellt ein wichtiges Ziel der Weinrebenzuchtprogramme dar (Flexas et al., 2010).

Tabelle 5 gibt einen Überblick über mögliche Veränderungen der Weinbaupraktiken, die in Südafrika als Ergebnis des Klimawandels entstehen könnten. Die Tabelle zeigt mögliche Gründe für diese Veränderungen und schlägt Lösungen vor, die schon jetzt angewandt werden können. Einige Vorschläge bedürfen weiterer Forschungen und Experimente, zum Beispiel:

- die Verbesserung der Bewässerung der Weinreben durch die Einführung fester Entscheidungsregeln,

- die Einführung eines passenden Blatt-Frucht-Verhältnisses, im Zusammenhang mit der Wassernutzeffizienz der Reben und der Stomatafunktion, -dichte und -größe der Blätter,

- die Verbesserung der Arbeitsweise der Rebe nach der Ernte, um Kohlenhydrate und Nitrogenreserven im Holz zu steigern, was zu einem gleichförmigeren Austrieb, einer größeren Fruchtbarkeit der Knospe und einer Differenzierung der Blüten für den nächsten Vegetationszyklus/die nächste Saison führt, und

- die Modellierung von sortenabhängigen Dynamiken löslicher Feststoffe und Wasser in den Früchten, die für Anbaumanagement und Weinherstellungsentscheidungen, einschließlich in der Erntezeit, verwendet werden könnten.

All diese Punkte sind abhängig von Temperatur und Wasser und hängen daher mit dem Klimawandel zusammen.

Tabelle 5:   *Klimawandel und mögliche Entwicklung in Weinbau und Önologie für die südafrikanische Weinindustrie*

Probleme, die durch den Klimawandel auftreten können	Mögliche Gründe	Mögliche Lösungen	Bibliographie
Verzögerter oder ungleichmäßiger Austrieb	- mangelnde kalte Temperaturen im Winter - Ungeeignete Frühlingstemperaturen und Windgeschwindigkeiten (Makro- und Mesoklima) - Ungeeignete Bodentemperatur - mangelnder Bodenwassergehalt - Mangel an Stickstoff im Erdreich	- Kultivar/Rebunterlage - Klimaanpassung - Stutzkalender - Auffüllen des Bodenwassers vor dem Knospen - Erhaltung einer positiven Photosynthese nach der Ernte um Kohlenhydrate zu speichern - sich um Nitrogenspeicherung im Holz kümmern	Carbonneau et al. (2007), Myburgh und van der Walt (2005), Seguin und Garcia de Cortezar (2005), Horvath et al. (2003), Huglin (1986), Buttrose (1970)
Veränderung der phänologischen Stufen	- Temperaturanstieg (Makro- und Topoklima - Ungeeignete Bodentemperaturen (<15 °C) - mangelnder Bodenwassergehalt - Wahl des Stutzzeitpunkts	- Kultivar/Rebunterlage - Klimaanpassung - Stutzkalender - Bewässerung	Bonnardot und Carey (2007), Jones und Davis (2000)

Ernteverringerung	- zu wenig Licht gelangt durch das Blattwerk - ungeeignete Temperaturen - kalter oder starker Wind - die oben erwähnten abiotischen Faktoren beeinträchtigen die Fruchtbarkeit der Knospen, die Blüte und die Fruchtbarkeit der Blüten - mangelnder Bodenwassergehalt (geringerer oder ungleichmäßiger Niederschlag, Anstieg der Evapotranspiration, zu wenig Wasser für die Bewässerung), beeinträchtigt Beerenvolumen - ungleichmäßiges Knospen - ungeeignete Bodentemperaturen - Nitrogen- und Kohlenhydratmangel	- Wahl der Kombination Kultivar-Unterlage in Zusammenhang mit der dem Edelreis durch die Unterlage verliehenen Wüchsigkeit - Wahl der Kultivierungs-maßnahmen (Präzisions-bewässerung, Bearbeitung des Blattwerks, Bodengesundheit und -vorbereitung) - mehr Licht durch das Blatt-werk (z.B. Dichte des Blattwerks) - Wahl der Bedeckungs-architektur (großes vs. kleines/dünnes Blattwerk) - Blatt-Frucht-Verhältnis ausbalancieren - Wahl der Bepflanzungsdichte abhängig von der Boden-energie (Knospen pro Hektar) - Erhöhen der Anzahl von Knospen pro Weinrebe - Bewässerung nach der Ernte zur Aufrechterhaltung der Blattphotosynthese - Besprühung des Blattes mit Nitrogen	Van Zyl (1984), Bindi et al. (1996), Bindi und Miglietta (1997), Ojeda et al. (2001), Deloire et al. (2004)
Änderung der Erntezeit	- Anstieg der Temperaturen (Makro- und Mesoklima) - mangelnder Bodenwassergehalt - Wahl des Stutzzeitpunkts - Änderung der Kultivierungsmaßnahmen (Bewässerung, Trockenland) - Änderung bei der Bearbeitung des Blattwerks (Blatt-Mikroklima)	- Kultivar/Rebunterlage - Klimaanpassung - Wahl von neuen Kultivaren - Stutzkalender - Präzisionsbewässerung - Anpassen der Blattbearbeitung × Reihenorientierung × Zuchtsystem (Vegetationsarchitektur) - Modellierung des Beerenzuckergehalts und der Wasseransammlung	Carey (2001), Bonnardot et al. (2001), 2002, Ojeda et al. (2002), Carbonneau et al. (2007), Deloire (2011)
Änderung der Weinsorten und -stile	- Anstieg von Temperatur und Evapotranspiration (Makro-, Meso- und Mikroklima) - mangelnder Bodenwassergehalt (Bodenarten und -tiefen) - Änderung des Mikroklimas unter dem Blattwerk (Licht, Temperatur, Wind) - ungeeignete Erntezeiten	- Anpassung bei Kultivar/ Unterlage-Klima-Erdreich - Wahl neuer Kultivare - Präzisionsbewässerung - Anpassen der Blattbearbeitung × Reihenorientierung × Zuchtsystem (Vegetationsarchitektur) - Modellierung des Beerenzuckergehalts und der Wasseransammlung	Deloire et al. (2010), Deloire (2011), Bonnardot et al. (2009), Carter (2006), Myburgh (2006), White et al. (2006), Jones et al. (2005), Chuine et al. (2004), Carey et al. (2003), Tate (2001), Hunter et al. (2004)

Änderung der Grundstückspreise	- In manche Gegenden wird die Traubenproduktion erschwert, daher wird die Weinqualität sinken, die Produktionskosten werden steigen und die Profite werden sinken	- Die Industrie wird neue Anbaugebiete erschließen - Anpassung der Wahl der Kultivar-Weinstock-Kombination (einschließlich Klone) - Die Weinbaumethoden werden angepasst, um die Auswirkungen des Klimawandels zu korrigieren (z.B. Temperatur, der die Trauben ausgesetzt werden, Nutzen von Präzisionsbewässerung)	Ashenfelter und Storchmann (2010)

3.6.4 Weinsorten

Der durchschnittliche Alkoholgehalt von Weinen ist kontinuierlich angestiegen, dem Trend zum Trotz, dass Konsumenten vermehrt einen gesünderen Lebensstil bevorzugen. Während dies bislang keinen Einfluss auf die Weinindustrie zu haben scheint (weder global noch in Südafrika), muss dieser Trend jedoch berücksichtigt werden. Jene Argumentation, die die Traubenreife nur in Relation zur Brix-Entwicklung betrachtet, ist nicht länger relevant. Ab einem bestimmten Brix-Grad ist es notwendig, die Zuckeraufnahme der Trauben zu stoppen und das Volumenwachstum zu stabilisieren, um den Reifeprozess ohne einen nennenswerten Brix-Anstieg zu erreichen. Neue Indikatoren, wie der Zuckergehalt in der Traube (für rote Sorten) oder die Traubfarbentwicklung (für weiße Sorten), die die Ermittlung der Aromasequenz der Trauben während des Reifens ermöglichen, sollen bei der Kontrolle dieser Prozesses im Weingarten und der Wahl der optimalen Erntezeit für den gewünschten Weinstil hilfreich sein (Deloire et al., 2008, 2009, 2010; Deloire, 2011). Eine weitere interessante Lösung ist die Wahl von Kultivaren und Klonen, die fähig sind, Beeren schon bei einem niedrigen Brix-Niveau reifen zu lassen. Das Entwickeln eines Modells für sortenabhängige Dynamiken von löslichen Feststoffen und Wasser in Früchten könnte für das Erntemanagement und die Weinproduktionsentscheidungen, einschließlich in der Erntezeit, verwendet werden.

Der Prozess der Weinproduktion könnte hinsichtlich der Traubenkomposition an das Erntepotenzial angepasst werden, einschließlich einer De-Alkoholisierung und der möglichen Verwendung neuer Hefestämme (Cambon et al., 2006; Malherbe et al., 2003; Erten und Campbell; 2001). Eine weitere indirekte Folge des Temperaturanstiegs könnte ein erhöhter Energieverbrauch im Weinkeller zur Abkühlung der geernteten Früchte und zur Lagerung des Weines in Behältern sein, was die CO_2-Bilanz des Kellers nachteilig beeinflussen könnte.

Die jährliche sowie die saisonale Klimavariabilität bestehen weiterhin und beeinflussen sowohl die Charakteristika der Traubenkomposition als auch die Weine einer bestimmten Region. Das kann zu einem sogenannten „Jahrgangseffekt" führen, da Variationen zwischen den jeweiligen Jahrgängen aus der Westkapprovinz vor allem auf unvorhersehbare Hitzewellen zurückzuführen sind.

3.6.5 Arbeitskräfte und die Umstrukturierung von Kompetenzen

Um auf Betriebsebene Qualitätswein herstellen zu können, wird die Einführung bestimmter technischer Maßnahmen im Weingarten nötig, wie z.B. die korrekte Vorbereitung des Bodens, Anpassung von Sorte und Terroir, Laubwandmanagement, Erntekontrolle und umweltfreundliche Produktion. Das wiederum bedarf Arbeiter, die andere Kompetenzen als jene für die Massenproduktion aufweisen (Pastré, 1999; Thevenot, 1998; Montmollin, 1986).

Die Anpassung von Sorte und Terroir ist ein essentieller Bestandteil der Traubenproduktion für Qualitätsweine. Weil die Kultivare oft neu sind und das Terroir sehr unterschiedlich, sehen sich die Winzer gezwungen, räumliche Datenbanken verschiedenster Art aufzubauen, um die Identifizierung des Agrarverhaltens der Pflanzen sowie der önologischen Resultate der Trauben gemäß ihrer jährlichen Variabilität in den verschiedenen Teilen des Weingartens zu ermöglichen (Carey, 2001).

Zusätzlich ist die Kontrolle der Pflanzenvitalität, d.h. das Erreichen einer Balance zwischen pflanzlichem Wachstum und Ernte pro Weinrebe, einer der Schlüsselfaktoren bei der Traubenkomposition und ihrer Konzentration von Zucker, organischen Säuren, Aromaausgangsstoffen, phänolischen Komponenten und anderen Elementen, die grundlegend für die erfolgreiche Herstellung von Qualitätsweinen sind. Daher ist es entscheidend, das individuelle Verhalten der Weinreben aufgrund der Heterogenität des Bodentyps, des Bodenwassergehalts, der Bodentiefe und der Bodentopographie zu beobachten. Dieses genaue Beobachten soll es ermöglichen, die Weinreben gemäß ihren tatsächlichen Bedürfnissen zu behandeln (Archer, 2001). Aufgrunddessen müssen im Qualitätssektor das Stutzen, das Abknospen, die Blattentfernung und andere Aspekte der Bearbeitung des Blattwerks in Übereinstimmung mit dem spezifischen Zustand der Weinreben und der Weinart ausgeführt werden. Das gleiche gilt für die Erntekontrolle. Zusätzlich werden umweltfreundliche Methoden immer mehr als weiteres Attribut für „Qualität" betrachtet (z.B. der reduzierte Einsatz von Chemikalien, CO_2-Fußabdruck, Wasserersparnis).

Die Arbeitskräfte müssen nun ausreichend ausgebildet sein, um auf neue („unübliche") Situationen in den Weinbergen reagieren zu können. Sie müssen nun den Zustand der Weinrebe in ihrer spezifischen Umgebung erkennen und sie so behandeln, dass für das biologische System ein Zustand der Balance erreicht wird. Sie müssen dazu in der Lage sein, vom Schema abzuweichen und die Situation in einem Rahmen von Regeln zu verstehen, die weniger geradlinig sind als für die Massenproduktion. Pastré (1999) drückte es wie folgt aus: „Der Arbeitsprozess entwickelt sich von einem, der von sich wiederholenden Handlungen an undifferenzierten Objekten bestimmt wird, hin zu Handlungen in einem dynamischen System." Im Qualitätssektor sind Beobachtung und Diagnose auf dem Weinberg von äußerster Wichtigkeit und die Arbeitskräfte müssen in der Lage sein, wohlüberlegte Urteile zu fällen und nach eigenem Ermessen zu handeln.

Seit Mitte der 1990er Jahre hat Südafrika große Fortschritte im Qualitätsmanagement in den Weinbergen gemacht, einschließlich eines Managements auf Basis separater Abschnitte („block grading"). Auf den meisten Weingütern haben Lernprozesse stattgefunden, zweifellos unterstützt durch die Tatsache, dass die meisten Weinbautechniker und Weinproduzenten einen akademischen Grad oder ein Diplom besitzen. Allerdings herrscht Konsens darüber, dass es hinsichtlich des Weinbaus noch immer viel Raum für Verbesserung gibt (Ponte und Ewert, 2007). Unter anderem herrscht Bedarf an stärkeren multidisziplinären Forschungsprogrammen und einer höheren Aufmerksamkeit für Details (sogenannter „Präzisionsweinbau").

Das impliziert, dass nicht nur die Kompetenzen der Arbeitskräfte auf den Weingütern verbessert werden müssen, sondern dass auch ein neuer Weg der Kompetenzvermittlung gefunden werden muss. Unter den Ausbildern herrscht Einigkeit, dass es beim Großteil der Winzer hinsichtlich der Ausbildung ihrer Arbeiter eines Bewusstseinswandels bedarf. Auch heute noch werden den meisten Arbeitern nur die Grundregeln der Weinbaumethoden beigebracht und die Ausbildung schließt nur sehr selten

Erklärungen über die Physiologie der Weinrebe mit ein (Brown-Luthango, 2007). Dies hat mehrere Folgen: Zum Beispiel wissen die Arbeiter nicht, welche Auswirkungen eine bestimmte Handlung auf eine Pflanze als biologisches System haben kann. Wenn der Arbeiter mit einer Situation konfrontiert wird, auf welche die Standardregeln nicht anwendbar sind, so bleibt nichts anderes übrig, als die Instruktionen des Winzers einzuholen. Die meisten Arbeiter werden auch selten mit verschiedenen Handlungsweisen konfrontiert, da die Ausbildung großteils vom Winzer/Manager durchgeführt wird und nicht von externen Ausbildern.

Eine Möglichkeit zur Verbesserung dieser Situation ist, dass Winzer und Kellereien Weiterbildungsmöglichkeiten an einem zentralen Ort in jeder Weinregion arrangieren, wohin die Produzenten ihre Arbeiter schicken könnten, damit diese in gemeinsamen Kursen voneinander lernen (wie es in manchen Weinbauregionen, z.B. Robertson, bereits der Fall ist). Externe Ausbilder oder Arbeiter aus anderen Weingütern und -kellern könnten mit der Weiterbildung betraut werden. Die praktische Anwendung des Gelernten könnte in verschiedenen Weingütern und Kellern stattfinden und so zur Konfrontation mit neuen Situationen beitragen.

Bei der Erarbeitung einer solchen Ausbildung sollte man die Tatsache nicht aus den Augen verlieren, dass ein signifikanter Teil der Arbeitskräfte noch immer an gesellschaftlichen Devianzen (wie Alkoholmissbrauch, Tuberkulose und HIV/Aids) leidet. Daher kann in Südafrika der Fokus nicht ausschließlich auf der technischen Ausbildung liegen. Diese muss Hand in Hand mit „menschlicher Entwicklung" gehen (z.B. persönliche Entwicklung wie höheres Selbstwertgefühl, Alphabetisierung, Gesundheitsvorsorge). Derzeit sind zwar die Kosten für Arbeitskräfte auf südafrikanischen Weingütern niedriger als in manch anderen weinproduzierenden Ländern; diese Arbeitskräfte sind jedoch auch schlechter ausgebildet, weniger produktiv und weniger für die Herstellung von Qualitätswein geeignet. Obwohl die Versuchung allgegenwärtig ist, Arbeitskosten vor allem anderen zu kürzen, wären die Produzenten gut beraten, in die Ausbildung und persönliche Entwicklung ihrer Arbeiter zu investieren und zwar aus einem einfachen Grund: Es ist sehr schwierig, ohne ausgebildete Arbeitskräfte erstklassigen Wein herzustellen.

3.7   FAZIT

Die südafrikanische Weinindustrie erlebte seit dem Ende der Apartheid und der Regulierung im Jahr 1994 einen Boom. Das zeigte sich in der rasch steigenden Anzahl von Weingütern, dem deutlichen Zuwachs der Weinexporte und der erhöhten Beschäftigung. Die Exportentwicklung erreichte jedoch nicht dasselbe Ausmaß wie in Australien und Chile, während zeitgleich die Inlandsumsätze und der Pro-Kopf-Verbrauch von Wein sinken. Zudem werden die Exporte von abgefülltem Wein von Mischweinen geringerer Qualität dominiert.

Untersuchungen zum Klimawandel zeigen, dass in der Provinz Westkap bereits ein starker Temperaturanstieg zu verzeichnen ist. Klimaprognosen zeigen, dass dieser Aufwärtstrend vermutlich weiter andauern wird und Niederschläge seltener auftreten werden bzw. dass sich die Niederschlagsverteilung über die Jahreszeiten verändern wird. In dieser Hinsicht sind Südafrikas Weinregionen durch ihre Vielfalt (hinsichtlich Klima, Topographie, Bodenart etc.) charakterisiert. Für den Großteil der Weinbauern ist diese Vielfalt der Schlüssel, um den Auswirkungen des Klimawandels beizukommen – vor allem durch die Zunahme der Weinkomplexität und der Weinstile, was durch Vermischung von Weinen aus verschiedenen Terroirs/Regionen erreicht werden kann.

Diese Beobachtungen bilden die Basis für eine Bewertung der Auswirkungen des Klimawandels auf die Weinindustrie und für die Maßnahmen, die getätigt werden müssen, um mit diesen Auswirkungen umzugehen. Die Dimensionen der Auswirkungen beziehen sich auf geographische Veränderungen, Weinbaumethoden, den Stil der produzierten Weine und die Notwendigkeit, die Kompetenzen der auf Weingütern beschäftigten Arbeitskräfte zu verbessern. Kurzum, die südafrikanische Weinindustrie hat bereits eine beachtliche Flexibilität bei der Erschließung neuer Anbaugebiete in kühleren Regionen, bei der Anpassung von Weinbaumethoden an Weinstile und bei der Kompetenzsteigerung von landwirtschaftlichen Arbeitskräften an den Tag gelegt. Vor allem bezüglich Letzterem muss jedoch noch mehr Engagement erfolgen.

Ob das daraus resultierende Streben nach Diversität in der Weinproduktion die internationale Wettbewerbsfähigkeit der Industrie stärken oder schwächen wird, hängt von mehreren Faktoren ab: Erstens könnte die Diversität vom Klimawandel bedroht sein, wenn nicht geeignete Maßnahmen ergriffen werden. Zweitens könnte der Klimawandel Konsequenzen für die Industrie haben, die jedoch noch nicht gänzlich bekannt sind (z.B. in Form von logistischen Herausforderungen in neuen Anbaugebieten, Überkapazitäten bei der Infrastruktur in herkömmlichen Anbaugebieten etc.). Drittens kann eine breitere Vielfalt die Nachfrage nach einer größeren Kombination von Weinvarietäten, Jahrgängen, Weinarten und Terroir-Charakteristiken erhöhen. Das würde zu einer größeren Zahl von (Marken-)Produkten führen, die höhere Preise als undifferenziertere Weine erzielen können. Viertens ist eine größere Nachfrage für Weine mit geringerem Alkoholgehalt zu erwarten, vor allem da Gesundheitsfragen für die Konsumenten eine immer größere Rolle spielen. Zudem wird die Wahl der Verbraucher auch von Bedenken über die Nachhaltigkeit der Agrarproduktion beeinflusst. Produzenten werden vor allem dort profitieren, wo die Nutzung der natürlichen Vielfalt zu geringeren Auswirkungen für die Umwelt bzw. zu größerer sozialer Verantwortung gegenüber den Arbeitskräften führt. Letztlich jedoch werden die Auswirkungen des Bemühens um eine größere Vielfalt auf die Wettbewerbsfähigkeit davon abhängen, ob dies zu Produkten höherer Qualität führen wird, wodurch die Abhängigkeit der Branche von einfachen Weinen und Massenware verringert werden kann.

3.8   LITERATUR

ACNielsen (2008), "Global snapshot on wines in Great Britain for wines of South Africa", May/June, unter: www.nielsen.com/uk/en/insights/reports-downloads.html (Stand: 7. Juni 2011).

Archer, E. (2001), "Viticultural progress in South Africa", Wineland, Vol. 144, pp. 19-21.

Ashenfelter, O. and Storchmann, K. (2010), "Using hedonic models of solar radiation and weather to assess the economic effect of climate change: the case of Mosel valley vineyards", The Review of Economics and Statistics, Vol. 92 No. 2, pp. 333-49.

Benito, C.A. (1998), "Economic impact of the Sonoma wineries and vineyards on the county economy", Economics Department, School of Business and Economics, Sonoma State University, Rohnert Park, CA, unter: www.sonoma.edu/people/benito/Papers/grapes.doc (Stand: 7. Juni 2011).

Bindi, M. and Miglietta, F. (1997), "A simple model for simulation of growth and development in grapevine (Vitis vinifera L.). I. Model description", Vitis, Vol. 36 No. 2, pp. 67-71.

Bindi, M., Fibbi, L. and Miglietta, F. (2001), "Free Air CO2 Enrichment (FACE) of grapevine (Vitis vinifera L.): II. Growth and quality of grape and wine in response to elevated CO2 concentrations", European Journal of Agronomy, Vol. 14 No. 2, pp. 145-55.

Bindi, M., Fibbi, L., Gozzini, B., Orlandini, S. and Miglietta, F. (1996), "Modelling the impact of future climate scenarios on yield and yield variability of grapevine", Climate Research, Vol. 7 No. 3, pp. 213-24.

Bonnardot, V. and Carey, V.A. (2007), "Climate change: observed trends, simulations, impacts and response strategy for the South African vineyards", Conference on: Global Warming,Which Potential Impacts on the Vineyards?, Beaune, France, 28-30 March.

Bonnardot, V. and Carey, V.A. (2008), "Observed climatic trends in South African wine regions and potential implications for viticulture", Proceedings of the VIIth International Viticultural Terroir Congress, Nyon, Switzerland, 19-23 May, Vol. 1, Agroscope Changins-Wädenswil, Nyon, pp. 216-21.

Bonnardot, V., Carey, V.A. and Rowswell, D.R. (2011), "Observed climatic trends in Stellenbosch: update and brief overview", Wynboer, Vol. 263, pp. 95-9.

Bonnardot, V., Howell, C. and Deloire, A. (2009), "Preliminary consideration of the climatic wine regions concept within the context of climate change as regards to berry ripening in South Africa", paper presented at the 32nd Conference of the South African Society for Enology and Viticulture, Cape Town, 27-30 July.

Bonnardot, V., Planchon, O. and Cautenet, S. (2005), "Sea breeze development under an offshore synoptic wind in the South-Western Cape and implications for the Stellenbosch wine-producing area", Theoretical and Applied Climatology, Vol. 81 Nos 3/4, pp. 203-18.

Bonnardot, V., Carey, V.A., Planchon, O. and Cautenet, S. (2001), "Sea breeze mechanism and observations of its effects in the Stellenbosch wine producing area", Wynboer, Vol. 147, pp. 10-14.

Bonnardot, V., Planchon, O., Carey, V.A. and Cautenet, S. (2002), "Diurnal wind, relative humidity and temperature variation in the Stellenbosch- Groot Drakenstein wine producing area", South African Journal of Enology and Viticulture, Vol. 23 No. 2, pp. 62-71.

Boyer, J.S. (1982), "Plant productivity and environment", Science, Vol. 218, pp. 443-8.

Brown-Luthango, M. (2007), "Skills and quality production in the South African wine industry", unpublished DPhil thesis, University of Stellenbosch, Stellenbosch.

Buttrose, M.S. (1970), "Fruitfulness in grapevine: the response of different cultivars to light, temperature and daylength", Vitis, Vol. 9, pp. 121-5.

Cambon, B., Monteil, F., Remize, F., Camasara, C. and Dequin, S. (2006), "Effects of GPD1 overexpression in Saccharomyces cerevisiae commercial wine yeast strains lacking ALD6 genes", Applied and Environmental Microbiology, Vol. 72 No. 7, pp. 4688-94.

Carbonneau, A. (1985), "The early selection of grapevine rootstocks for resistance to drought conditions", American Journal of Enology and Viticulture, Vol. 36, pp. 275-92.

Carbonneau, A., Deloire, A. and Jaillard, B. (2007), La vigne: physiologie, terroir, culture. (Grapevine: Physiology, Terroir, Culture), Dunod, Paris, p. 441.

Carey, V.A. (2001), "Spatial characterisation of terrain units in the Bottelaryberg/Simonsberg/Helderberg winegrowing area", unpublished MScAgric thesis, Stellenbosch University, Stellenbosch.

Carey, V.A., Bonnardot, V., Schmidt, A. and Theron, J.C.D. (2003), "The interaction between vintage, vineyard site (mesoclimate) and wine aroma of Vitis vinifera L. cvs. Sauvignon Blanc, Chardonnay and Cabernet Sauvignon in the Stellenbosch-Klein Drakenstein wine producing area", OIV Bulletin, Vol. 76 Nos 863/864, pp. 4-29.

Carter, S. (2006), "The projected influence of climate change on the South African wine industry", IIASA Interim Report, IR-06-043.

Chaves, M.M., Zarrouk, O., Francisco, R., Costa, J.M., Santos, T., Regalado, A.P., Rodrigues, M.L. and Lopes, C.M. (2010), "Grapevine under deficit irrigation: hints from physiological and molecular data", Annals of Botany, Vol. 105 No. 5, pp. 661-76.

Chuine, I., Yiou, P., Viovy, N., Seguin, B., Daux, V. and Le Roy Ladurie, E. (2004), "Grape ripening as a past climate indicator", Nature, Vol. 432 No. 7015, pp. 289-90.

Conningarth Economists (2000), The Macroeconomic Impact of the Wine Industry on the Western Cape, South African Wine Industry Information and Systems, Paarl.

Conningarth Economists (2004), The Macroeconomic Impact of the Wine Industry on the Western Cape, South African Wine Industry Information and Systems, Paarl.

Conningarth Economists (2009), Macro-Economic Impact of the Wine Industry on the South African Economy, South African Wine Industry Information and Systems, Paarl.

Conradie, W.J., Carey, V.A., Bonnardot, V., Saayman, D. and van Schoor, L.H. (2002), "Effect of different environmental factors on the performance of Sauvignon blanc grapevines in the Stellenbosch/Durbanville districts of South Africa. I. Geology, soil, climate, phenology and grape composition", South African Journal of Enology and Viticulture, Vol. 23 No. 2, pp. 78-91.

Deloire, A. (2011), "The concept of berry sugar loading", Wineland, Vol. 257, pp. 93-5.

Deloire, A., Coetzee, C. and Coetzee, Z. (2010), "Effect of bunch microclimates on the berry temperature evolution in a cool climate of the Western Cape area. Consequence on the Sauvignon blanc style of wine", paper read at the 33rd Conference of the South African Society for Enology and Viticulture, Somerset West, 18-19 November.

Deloire, A., Kelly, M. and Bernard, N. (2008), "Managing harvest potential: navigating between terroir and the market", paper presented at the 31st Conference of the South African Society for Enology and Viticulture, Somerset West, 11-14 November.

Deloire, A., Carbonneau, A., Wang, Z. and Ojeda, H. (2004), "Vine and water, a short review", Journal International des Sciences de la Vigne et du Vin, Vol. 38, pp. 1-13.

Deloire, A., Howell, C., Habets, I., Botes, M.P., Van Rensburg, P., Bonnardot, V. and Lambrechts, M. (2009), "Preliminary results on the effect of temperature on Sauvignon blanc (Vitis vinifera L.) berry ripening. Comparison between different macro climatic wine regions of the Western Cape Coastal area of South Africa", paper presented at the 32nd conference of the South African Society for Enology and Viticulture, Cape Town, 27-30 July.

Erten, H. and Campbell, I. (2001), "The production of low-alcohol wines by aerobic yeasts", Journal of the Institute of Brewing, Vol. 107 No. 4, pp. 207-16.

Flexas, J., Galmes, J., Galle, A., Gulias, J., Pou, A., Ribas-Carbo, M., Tomas, M. and Medrano, H. (2010), "Improving water use efficiency in grapevine: potential physiological targets for biotechnological improvement", Australian Journal of Grape and Wine Research, Vol. 16, Suppl. 1, pp. 106-21.

Full Glass Research (2006), The Economic Impact of the Wine and Wine Grape Industries on the Oregon Economy, unter: www.oregonwine.org/docs/EISFinal.pdf (Stand: 7. Juni 2011).

Hewitson, B.C. and Crane, R.G. (2006), "Consensus in empirically downscaled regional climate change scenarios", International Journal of Climatology, Vol. 26 No. 10, pp. 1315-37.

Horvath, D.P., Anderson, J.V., Chao, W.S. and Foley, M.E. (2003), "Knowing when to grow: signals regulating bud dormancy", Trends in Plant Science, Vol. 8 No. 11, pp. 534-40.

Huglin, P. (1986), Biologie et e´cologie de la vigne (Biology and Ecology of the Vine), Payot Lausanne, Paris.

Hunter, J.J. and Bonnardot, V. (2002), "Climatic requirements for optimal physiological processes: a factor in viticultural zoning", Proceedings of the 4th International Symposium on Viticultural Zoning, Avignon, France, 17-20 June, pp. 553-65.

Hunter, J.J., Pisciotta, A., Volschenk, C.G., Archer, E., Novello, V., Deloire, A. and Nadal, M. (2004), "Role of harvesting time/optimal ripeness in zone/terroir expression", Joint International Conference on Viticultural Zoning, South African Society for Enology and Viticulture (SASEV), Cape Town.

Jones, G.V. (2007), "Climate change: observations, projections, and general implications for viticulture and wine production", paper presented at the Conference on Global Warming: What Potential Impacts on the Vineyards? Beaune, France, 28-30 March.

Jones, G.V. and Davis, R.E. (2000), "Climate influences on grapevine phenology, grape composition and wine production and quality for Bordeaux, France", American Journal of Viticulture and Enology, Vol. 51 No. 3, pp. 249-61.

Jones, G.V., White, M.A., Cooper, O.R. and Storchmann, K. (2005), "Climate change and global wine quality", Climatic Change, Vol. 73 No. 3, pp. 319-43.

Kenny, G.J. and Harrison, P.A. (1992), "The effects of climate variability and change on grape suitability", European Journal of Wine Research, Vol. 3 No. 3, pp. 163-83.

Laget, F., Tondut, J.L., Deloire, A. and Kelly, M.T. (2008), "Climate trends in a specific Mediterranean viticultural area between 1950 and 2006", Journal International des Sciences de la Vigne et du Vin, Vol. 42 No. 3, pp. 113-23.

Malherbe, D.F., du Toit, M., Cordero Otero, R.R., van Rensburg, P. and Pretorius, I.S. (2003), "Expression of Aspergillu niger glucose oxidase gene in Saccharomyces cerevisiae and its potential applications in wine production", Applied Microbiology and Biotechnology, Vol. 61 Nos 5/6, pp. 502-11.

Marais, J., Hunter, J.J. and Haasbroek, P.D. (1999), "Effect of canopy microclimate, season and region on sauvignon blanc grape composition and wine quality", South African Journal of Enology and Viticulture, Vol. 20 No. 1, pp. 19-30.

Marguerit, E., Brendel, O., Lebon, E., Van Leeuwen, C. and Ollat, N. (2012), "Rootstock control of scion transpiration and its acclimation to water deficit are controlled by different genes", New Phytologist, Vol. 194, pp. 416-29.

Midgley, G.F., Chapman, R.A., Hewitson, B., Johnston, P., de Wit, M., Ziervogel, G., Mukheibir, P., van Niekerk, L., Tadross, M., van Wilgen, B.W., Kgope, B., Morant, P.D., Theron, A., Scholes, R.J. and Forsyth, G.G. (2005),AStatusQuo, Vulnerability and Adaptation Assessment of the Physical and Socio-Economic Effects of Climate Change in the Western Cape, Report to theWestern CapeGovernment, CapeTown, CSIR ReportNo.ENV-S-C2005-073, Stellenbosch.

MKF Research (2005), "Economic impact of wine and vineyards in Napa County", A Report Prepared for the Jack L. Davies Napa Valley Agricultural Land Preservation Fund and Napa Valley Vintners, unter: www.napavintners.com/downloads/napa_economic_impact_study.pdf (Stand: 9. März 2011).

Montmollin, M. de (1986), L'intelligence de la tâche (Understanding the Task), Peter Lang, Berne.

Myburgh, P.A. (2006), "Juice and wine quality responses of Vitis vinifera L. cvs Sauvignon blanc and Chenin blanc to timing of irrigation during berry ripening in the coastal region of South Africa", South African Journal of Enology and Viticulture, Vol. 27 No. 1, pp. 1-7.

Myburgh, P.A. and van der Walt, L.D. (2005), "Cane water content and yield responses of Vitis vinifera L. cv Sultanina to overhead irrigation during the dormant period", South African Journal of Enology and Viticulture, Vol. 26 No. 1, pp. 1-5.

Nakićenović, N. and Swart, R. (2000), Special Report on Emissions Scenarios: A Special Report of Working Group III of the Intergovernmental Panel on Climate Change (IPCC SRES), Cambridge University Press, Cambridge.

Ojeda, H., Deloire, A. and Carbonneau, A. (2001), "Influence of water deficits on grape berry growth", Vitis, Vol. 40, pp. 141-5.

Ojeda, H., Andary, C., Kraeva, E., Carbonneau, A. and Deloire, A. (2002), "Influence of pre and postveraison water deficit on synthesis and concentration of skin phenolic compounds during berry growth of Vitis vinifera L., cv Shiraz", American Journal of Enology and Viticulture, Vol. 53 No. 4, pp. 261-7.

Pastré, P. (1999), "Travail et Compétences: un point de vue de didacticien" ("Work and competences: the opinion of a teacher"), Formation Emploi, Vol. 67, pp. 47-62.

Ponte, S. and Ewert, J. (2007), "South African wine – an industry in ferment", Tralac Working Paper No 8/2007, University of Stellenbosch, Stellenbosch.

Ponte, S. and Ewert, J. (2009), "Which way is 'up' in upgrading? Trajectories of change in the value chain for South African wine", World Development, Vol. 37 No. 10, pp. 1637-50.

PWC (2010), The South African Wine Industry Benchmarking of Producer Cellars – 2008 Harvest, PriceWaterhouseCoopers, Johannesburg.

Sandrey, R. and Vink, N. (2008), "Regulation, trade reform and innovation in the South African agricultural sector", OECD Journal: General Papers, Vol. 2008 No. 4, pp. 219-55.

SAWIS (2006), South African Wine Industry Statistics, South African Wine Industry Information and Systems, Paarl.

SAWIS (2011), South African Wine Industry Statistics, South African Wine Industry Information and Systems, Paarl.

Schultz, H. (2000), "Climate change and viticulture: a European perspective on climatology, carbon dioxide and UV-B effects", Australian Journal of Grape and Wine Research, Vol. 6 No. 1, pp. 1-12.

Seguin, B. and Garcia de Cortezar, I. (2005), "Climate warning: consequences for viticulture and the notion of terroirs in Europe", Acta Horticulturae, Vol. 689, pp. 61-71.

Soar, C.J., Dry, P.R. and Loveys, B.R. (2006), "Scion photosynthesis and leaf gas exchange in Vitis vinifera L. cv. Shiraz: mediation of rootstock effects via xylem sap ABA", Australian Journal of Agriculture Research, Vol. 12, pp. 82-6.

Storchmann, K. (2010), "The economic impact of the wine industry on hotels and restaurants: evidence from Washington State", Journal of Wine Economics, Vol. 5 No. 1, pp. 164-83.

Storchmann, K. (2011), "Wine economics: emergence, developments, topics", Agrekon, Vol. 50 No. 3, pp. 1-28.

Tate, A.B. (2001), "Global warming's impact on wine", Journal of Wine Research, Vol. 12 No. 2, pp. 95-109.

Thévenot, L. (1998), "Innovating in 'qualified' markets quality, norms and conventions', paper presented at Communication to the Workshop on Systems and Trajectories for Agricultural Innovation, Berkeley, 23-25 April.

Tonietto, J. and Carbonneau, A. (2004), "A multicriteria climatic classification system for grape-growing regions worldwide", Agricultural and Forest Meteorology, Vol. 124 Nos 1/2, pp. 81-97.

Van Zyl, J.L. (1984), "Response of Colombar grapevines to irrigation as regards quality aspects and growth", South African Journal of Enology and Viticulture, Vol. 5 No. 1, pp. 19-28.

Vivier, M.A. and Pretorius, L.S. (2002), "Genetically tailored grapevines for the wine industry", Trends in Biotechnology, Vol. 20, pp. 472-8.

White, M.A., Diffenbaugh, N.S., Jones, G.V., Pal, J.S. and Giorgi, F. (2006), "Extreme heat reduces and shifts United States premium wine production in the 21st century", Proceedings of the National Academy of Sciences, Vol. 103 No. 30, pp. 11217-22.

Literaturempfehlungen

Daff (2010), Abstract of Agricultural Statistics, Department of Agriculture, Forestry and Fisheries, Pretoria.

Faostat (2011), unter: http://faostat.fao.org (Stand: 7. Juni 2011).

Mukheibir, P., van Niekerk, L., Tadross, M., van Wilgen, B.W., Kgope, B., Morant, P.D., Theron, A., Scholes, R.J. and Forsyth, G.G. (2005), A Status Quo, Vulnerability and Adaptation Assessment of the Physical and Socio-Economic Effects of Climate Change in the Western Cape, Report to the Western Cape Government, Cape Town.

4 Wine growing in South America under conditions of climate change

by Pablo O. Canziani* and Martín Cavagnaro**

4.1 INTRODUCTION

Viticulture, together with other traditional Mediterranean agricultural practices, has been present in South America since the earliest days of the Spanish Colonies. There is evidence that already by 1531 vineyards existed in the Cuzco region what is now Peru. However, the main production areas have since varied significantly. Vines reached the territory of modern day Chile in 1551 and crossed the Andes into modern day Argentina six years later, where they were planted in Santiago del Estero. Whence vines spread rapidly to the west, northwest and centre of the territory. There is no historical record on the dates of the earliest vineyards in the western Cuyo region of central Argentina but some historians argue that this must have taken place between 1569 and 1589. During the XVIIth century the major producers were found in areas that are now Peru, Chile, Paraguay and, a distant fourth, western central Argentina in the Cuyo region. During the XVIIIth century the activity in Peru and Paraguay suffered a severe decline, while production increased in Chile and the Cuyo region. During this period and after the Wars of Independence, Chile became the prime producer. In Paraguay viticulture was replaced by sugar cane, tobacco, maté and cotton. In Peru cotton became the prime production leaving only a limited grape production for Pisco, a strong liquor. Meanwhile viticulture became the second most important economic activity in Chile after nitrate production. Around 1840 Chile brought French varietals and new production techniques, i.e., the first major improvement in production and quality in South America, which up to that time had followed traditional Spanish vintages and practices. Brazil also started to develop viticulture around 1830.

Toward the end of the XIXth century in Cuyo, and more specifically in the Province of Mendoza, along the foothills of the high Andes, production equaled Chile's. Such a rapid and strong growth of viticulture in Cuyo was due to the European migrations, primarily from Italy and Spain, and to a lesser extent the UK, France and central European countries, to Argentina, from around 1880 till well into the XXth century. Of these Italians being the most numerous. The migrations thus corresponded to an essentially Mediterranean culture transfer, successful in various ´imported´ agricultural activities, i.e., viticulture, oliviculture and fruticulture. The introduction of a variety of grapes, olives and a variety of fruits such as apples, pears, peaches, can be viewed as early examples of adaptation strategies, through which the newly arrived European immigrants tried and in most cases succeeded in introducing the crops they were best acquainted with into very different, even hostile environments of arid Cuyo and semi-arid northern Patagonia. The trial and error process required major changes in their agricultural practices in order to obtain results in the harsh conditions of the oases of the pre-Andean Cuyo deserts. The rapid growth of the Argentine economy during the early XXth century impacted the activity to the

* Pontificia Universidad Católica Argentina, Equipo Interdisciplinario para el Estudio de Procesos Atmósféricos en el Cambio Global (PEPACG); Consejo Nacional de Investigaciones Científicas y Técnicas (CONICET)

** Dirección de Agricultura y Contingencias Climáticas, Provincia de Mendoza; Foro Intersectorial Argentino de Vitivinicultura Sustentable (FIAVIS); Instituto de Educación Superior 9-015 "Valle de Uco"

extent that during the XXth century overall production in Cuyo doubled that of Chile. Mendoza became Latin America´s viticultural capital. Vines and wine production were introduced in Uruguay by 1870, hand in hand with the Basque migration. Tannat has been ever since Uruguay´s predominant grape for wine in a production region with totally different topographic and climatic conditions to both Chile and Argentina.

In the late 1980s and early 1990s Chile once more led major changes in the field by deciding to enter international wine markets, and accordingly changing production standards in order to produce high quality premium wines better suited for export to U.S. and European markets. The process included changes in traditional varietals and an increasing attention to quality, international tastes, and market evolution. Consequently Chile has become Latin America´s primary premium wines exporter, the fifth largest globally. Argentina has followed Chile's lead, drastically increasing the production of premium wines for export, part of which goes to the national market. Thus while Argentina´s wine production almost doubles Chile´s, it exports still lag its neighbour, i.e. in 2006 Chile´s share in international export markets was 5.5 %, while Argentina´s was 3.6 %. Today viticulture is present in almost every country in South America (Figure 1). More recently both Uruguay and Brazil have started to develop their own quality wine industries, using varietals adapted to their specific geography and climatology, however Brazil still lags behind the three other southern South American countries, both in production and wine consumption Argentina and Chile remain the major wine producers. South America approximately had, in 2004, half a million hectares under viticulture, which produced of the order of 27 million hectoliters of wine. Figure 1 highlights the main viticulture regions of the continent.

Figure 1:   *Viticulture regions of South America*

4.2 CHARACTERIZATION OF THE MAIN VITICULTURAL REGIONS

4.2.1 Chile

Chile had in 2004 approximately 189,000 hectares dedicated to vineyards, being the 12th producer in terms of total surface dedicated to viticulture, 9th by grape production and 10th, in terms of wine production. Of the total 107,000 hectares correspond to wine producing varietals, which yielded approximately 8,400,000 hectolitres of wine in 2006. 36 % of all Chilean grape production goes to the production of Pisco (a strong liquor of the Pacific coast of South America), table grapes, grape juice and raisins. The most common variety is 'La País', for common wine production. The Chilean main wine producing regions are, from north to south: Valle de Aconcagua (Aconcagua, Casablanca), and Valle Central Region (Maipo, Rapel, Curicó, Maule, Itata and Bio-Bio, the latter two also grouped as Región Vitícola del Sur). All of these areas are found in central Chile, approximately between 30° and 40 °S.

Broadly speaking the climate that influences the grape growing regions in Chile can be considered to be regulated by the interplay between maritime influences which vary from region to region and the cooling effects of the breezes of the Andes to the east of them. On the one hand these major climate influences allow for the successful production of quality grapes at comparatively low latitudes, with reasonable seasonal and daily temperature ranges and night cooling. On the other hand the different relationships between these two significant influences as a result of regional topography, provides the characteristic climate conditions of each production region. A feature common to all of them, however is the dry summer season which requires the use of irrigation. This comparatively low humidity provides a significant advantage: the much lower incidence of plant disease.

The Valle de Aconcagua is a 3 to 4 km wide plain surrounded by 1.500 to 1.800m hills and small valleys between them. This is primarily an irrigated, temperate warm area with 240 to 300 clear-sky days annually. Rainfall occurs in winter (250mm). Varietals produced there include Cabernet, Merlot, Chardonnay, Sauvignon Blanc, Riesling, Gerwürztraminer and Pinot Noir. The Casablanca Valley, which does not exceed 400m a.s.l., is located near the coast between Santiago and Valparaiso, The climate is warm temperate with maritime influence, and a 10-month frost-free period. Production there is concentrated on Cabernet Sauvignon, Pinot Noir and Merlot, for red wines and Chardonnay and Sauvignon for white ones.

Valle Central is subdivided in Valle del Maipo, Valle del Rapel, Valle de Curicó, Valle del Maule. Valle del Maipú is located to the south of Santiago, the vineyards being found along the Rio Maipo, in the western pedemonte of the Andes up to 800 m a.s.l. Given that the valley is isolated from coastal areas by the Cordillera de la Costa, this region is partially isolated from the maritime influence. Its climate is warm temperate with dry summers. Main varietals grown there are Cabernet Sauvignon, Merlot, Chardonnay and Sauvignon Blanc. The Valle del Rapel has the most varied DOC, including Valle del Cachapoal and Valle del Colchagua. The climate there is sub-humid mediterranean, surrounded by comparatively low hills to the west which allow the maritime influence to moderate the local climate, with annual rainfalls close to 710mm. Main varieties cultivated in this region are Cabernet Sauvignon, Merlot, Carmenere, Syrah, Chardonnay, Sauvignon Blanc and Semillon.

The Valle del Curicó is 200km to the South of Santiago, a traditional Chilean viticultural region. The area comprises the central plains between the Andes and the coastal strip. The climate is also mediterranean sub-humid, with strong seasonal rainfall variability, with rain in winter and long dry summers. Wines produced in this region include Cabernet Sauvignon, Merlot, Carmenere, Carignan, tintoreras, La País, Sauvignon Blanc, Semillón and Torontel. 60km further south the Valle del Maule produces Cabernet Sauvignon, Merlot, Sauvignon Blanc, Chardonnay, Semillon, Torontel and Riesling. This valley runs parallel to the Andes and is limited by the Cordillera de los Andes and Cordillera de la Costa. The climate is Mediterranean sub-humid, with rainfall essentially in winter, close to 730mm.

The Region Vitícola del Sur is a rather large area that represents the southernmost extent of Chilean viticulture. The summers are very dry, with hot days, and cool nights. The daily temperature range can exceed 20 ℃. Rainfall, in excess of 1000mm occurs between April (autumn) and September (early spring). Varietals produced there include Cabernet Sauvignon, Merlot, Sinsaut, La País, Alexandria Moscatel, Chardonnay and Chasselas.

There are other arid to semi-arid regions, north of 30°S such as Atacama and Coquimbo, primarily noted for Pisco production. The latter region has become in recent years a burgeoning wine production area. The region is geographically rugged. The climate is arid mediterranean. Vineyards are found up to 1.500m a.s.l. The new ones are specializing in Cabernet Sauvignon, Merlot, Carmenere, Syrah, among others.

4.2.2   Argentina

Argentina has a very large viticulture industry, in 2006 ranking 9th in viticulture surface and 8th in grape production, globally. The production regions extend from just south of the Tropic of Capricorn (22°S) into mid latitudes (almost 43°S), with the most productive regions along the pedemonte and eastern slopes of the Cordillera de los Andes. Such an extended latitude range, together with the varied topography on the Andean valleys and the plateaus along the eastern edge of the mountain range, provides a rich diversity of agro-ecological systems, with well defined characteristics. Vineyards are found from 500m a.s.l. up to 1500m a.s.l. in Cafayate, near the tropic of Capricorn. The average altitude for vineyards is 900m a.s.l. Such a variety of climes and topography allows for a very large varietal diversity. The total area devoted to vineyards is 217,000 hectares with an annual 11,370,000 hectolitres wine production, in 2011, i.e. the 5th wine producer, as well as table grapes, grape juices, musts, and raisins. Since 1998 wine and must exports have more tripled according to the Instituto Nacional de Vitivinicultura (INV), with 4.2 million hectolitres in 2011. In recent years a federal law has established a denomination system based on Argentine geographic names to designate the origin of wines, recognize their productions and protect them.

The Cordillera de los Andes is fundamental in defining the climate of grape-producing regions in Argentina. A large portion of the Argentine continental territory (almost 75 %) is arid or semi-arid, due to the rainshadow of the Andes. Indeed the humid air coming from the South Pacific deposit most of their humidity along the western facing slopes of the Andes in Chile, and the resulting westerly flow into Argentina is dry and warm, which in extreme weather situations can lead to a severe wind event known as the Zonda, similar to the North American Chinook events and Foehn in the European Alps. Hence the climate of the viticultural regions is most commonly continental, semi-arid to arid, with a dry winter season, which is, as a result of the height range and contribution from the atmospheric flow changes due to the extended geographical extent of the Andes, which can enhance the northeasterly flow of the cold weather systems in winter and spring, together with the height distribution of the vineyards, temperate to temperate-cold. The cold winter temperatures are very apt for the winter dormancy. This cold season shortens towards the northern latitudes providing differences in the grape-growing season. Summer rainfall is also limited between 100 and 300mm throughout most of the viticulture regions, with some locations reaching 400mm. Water is supplied by the spring and summer thaw winter snow accumulation in the high Andes, and regulated by glacier melt, in dry or drought years, as in Chile. Irrigation is thus a characteristic feature of Argentine viticulture, using surface waters as well as underground water sources, also maintained by the snowmelt.

Such dry climates provide two advantages. The adequate temperature range and a very significant heliophany, due to a limited number of cloudy days, provide very good conditions for the development and optimal maturity of the berries. They also provide very good sanitary conditions, with a very limited incidence of cryptogamic diseases. This allows a more natural viticulture, with limited use of antipathogen products, mostly of organic nature, as a preventive measure.

A significant disadvantage, particularly in the Cuyo region is the occurrence of severe late spring and summer storms, frequently as hailstorms. This is due to the large convectivity associated with the very warm to hot summer temperatures and specific circulation characteristics due to the Andes, which lead to the genesis of such severe weather. These storms can result in major loss for many producers.

Soils in the vicinity of the Andes tend to be very apt for viticulture. Different characteristics are expected in such a wide latitude range, from sandy to clay ones, in which loose, deep soils predominate. Soils are edaphologically young, alkaline alluvial soil, rich in calcium, and potassium, poor in organic matter, nitrogen and phosphorus.

Viticulture areas in Argentina are defined by province, followed by locality. From north to south, primary areas are the Provinces of Salta, San Juan, Mendoza, Neuquén and Rio Negro. San Juan and Mendoza are the core of the Cuyo region.

The northern province of Salta with 2.552 ha of vineyards, along the Andes and on the edge of the Bolivian Altiplano, has a significant production in Cafayate and Valles Calchaquies, near 25°S. Cafayate is the main denomination with 70 % of all the province´s production. The climate is temperate, with very large thermal amplitude and long summers. Irrigation, the main source of water, comes from the Calchaquí and Santa María as well as from underground water tables. The most common variety is the Torrontés Riojano, related to the Malvasias, but Cabernet Sauvignon, Chardonnay and Chenin are also grown. Jujuy, in the border with Bolivia has an incipient vitivinicultural activity with the so-called "vino de la Quebrada", produced in the Qebrada de Humahuaca valley.

La Rioja province has 8046hectares under viticulture production. 75 % of all provincial production is centred in the Chilecito Department (county). These are primarily found in small irrigated valleys to the west of the province, between the Sierra de Velazco y Sierra de Famatina. It is characterized by alluvial soils, which are deep, loose, fairly permeable and rather fertile. White grapes are the main produce, in particular Torrontés Riojano, which is the local varietal. Cabernet Sauvignon is the dominant red variety. Other non-wine varieties are Red Globe, Sultanina Blanca and Arizul.

The next region, to the south, is San Juan, Argentina´s second vitivinicultural province. It has 35,000 hectares, mainly in the fertile, irrigated valleys of the Jachal and San Juan rivers. This is an arid to semi-arid region, in the rainshadow of the Andes: the main source of water is irrigation using melt water from the Altas Cumbres (High Andes) and underground water tables. New technological changes have catapulted the San Juan premium wine production, while remaining the first national raisins and table grapes producer. Climate is dry and temperate, with a 17°C annual average temperature. The hot Zonda wind (similar to the Chinook) can cause severe problems if it occurs during the floraison period. Main production areas are Valle del Tullum, followed by Valle del Zonda and Valle del Ullum and the upper valleys, above 1100m a.s.l., with a milder climate (Calingasta and Jachal). White and rosé grapes are the main products, Cherry being the most common variety (for concentrated juice, table grapes, wines and raisin). Other main productions focus on Moscatel of Alexandria, Pedro Jiménez, Torrontés Riojano, Chardonnay, Chenin, Pinot Blanc, Semillón, Cabernet Sauvignon, Merlot and Syrah, the latter rapidly becoming the province´s top premium export wine.

The Mendoza province is the major grape and wine producer in Argentina, this being its main economic activity. The province had, in 2001, 141,000 hectares dedicated to the grape and wine industries, almost 70 % of the national total. Mendoza is also an arid to semi-arid territory, in the rain shadow of the High Andes. Thus viviniculture and fruticulture are only possible through irrigation: glacier and snow melt water from the Altas Cumbres and underground water tables. Viticulture in Mendoza is distributed across five oasis: Región del Norte Mendocino, Zona Alta del Río Mendoza, Región del Este de Mendoza, Región del Valle de Uco, and Región del Sur Mendocino. These are found between 33° and 36°S approximately. The Región del Norte is the lowest lying one, between 600 and 700m a.s.l., with over 25,000 hectares dedicated to viticulture. The climate is temperate warm, with an average temperature of 25°C in summer and 7°C in winter. Irrigation comes primarily from the Mendoza River. Frost and hail storms risk are its main drawback. The most frequent varieties are Chenin, Pedro Giménez, Ugni Blanc and Torrontés. The region Zona Alta del Río Mendoza, with the largest concentration of wineries and wine-makers, has traditionally specialized in premium and quality wines with approximately 23,000 hectares. The region is temperate arid, with little rainfall, cloudiness or humidity, and moderate winds. Again the main risks are late frost and summer hail storms. Irrigation water comes from the Mendoza River and from the underground water tables. The main variety is Malbec which has obtained here its best expression worldwide. Other dominant varieties include Cabernet Sauvignon, Merlot, Syrah, Sangiovese, Semillón, Chardonnay, Sauvignon Blanc, Tocay Friulano and Rhine Riesling. The Región del Este Mendocino has almost 50 % of all cultivated areas in the province. It is a plain, irrigated with water from the Tunuyán and Mendoza rivers as well as underground water tables. It is a temperate region similar to the Región del Norte Mendocino, and almost yearlong sunshine. Hail storms are again the main problem. The region yields Criolla Grande, Moscatel Rosé, Pedro Giménez, Cherry, Malbec, Bonarda, Tempranillo, Sangiovese, Barbera, Ugni Blanc, Merlot and Syrah. The Región del Valle de Uco is a valley in Huayquerías region, with approximately 13,200 hectares. Internationally known wineries were established there. Vineyards are found between 900 and 1200m a.s.l., while newer ones are found close to 1500m or higher. Irrigation comes from the Tunuyán and Tupungato rivers.

Winters are extremely cold and summer hot with cool to cold nights (daily temperature amplitude: ~15°C). Early and late frost as well as hail storms can be a problem. The representative varieties for this region are Tempranillo, Bonarda, Malbec, Cabernet Sauvignon, Merlot, Pinot Noir, Syrah, Chardonnay, Semillon and Sauvignon Blanc. Finally the Región de Sur Mendocino, is an oasis, between 450 and 800m a.s.l., irrigated with water from the Diamante and Atuel rivers. The vineyards cover 22,500 hectares. The climate is temperate, the risks being the same as the rest of the province. The main varieties cultivated here are Chardonnay, Malbec, Cabernet Sauvignon, and Torrontés Riojano.

The northern Patagonian provinces of Neuquén and Rio Negro share the newest viticultural region in Argentina: the Alto Valle (Upper Valley) of the Rio Negro, between 39° and 41°S. This region shares similar geophysical features with the Columbia River (USA, Canada). In addition to the northwest of the Alto Valle, on the Neuquén river, San Patricio del Chañar is found. The climate is continental temperate, with low humidity but not quite as low as in Cuyo. The rivers provide the main source of water for irrigation. Varieties grown there include Traminer, Riesling, Chardonnay, Sauvignon Blanc, Pinot Noir, Merlot, Malbec, Cabernet Sauvignon. Further south close to the parallel 42°S, both in Rio Negro and Chubut provinces, experimental vineyards are carrying out their first vinifications and Chubut has been recognized now as a viticulutral province. There is too a large table grape production along the middle sections of the Rio Negro river (Valle Medio) and a more limited production in the lower Chubut valley.

Secondary yet relevant areas include Catamarca, in the north, and La Pampa. Varieties grown in Catamarca include Cherry, Torrontés Riojano, Sultanina Blanca, Bonarda and Moscatel of Alexandria. New wineries have started to develop in the Humid Pampas region, in areas with annual precipitation rates close to or above 1000mm/year. These include the Santa Fe province and the Buenos Aires province, in the south, near Sierra de la Ventana.

4.2.3   Uruguay

Uruguay represents a totally different viticultural environment with respect to Chile and Argentina. Grape production takes place in a low altitude low region of plains and low rolling hills, under maritime influence. Indeed most of the vineyards in the country come under the influence of the Rio de la Plata Basin and the South Atlantic Ocean. Average annual temperature is 18 °C and 1000 mm rainfall with a strong seasonal cycle. The climate defines two main production regions: temperate, with temperate nights and mildly dry and temperate warm with warm nights and mildly dry. 90 % of the production takes place in the Departmentos (counties) of Canelones, San José, Florida and Montevideo. While Uruguay only has 11,000 hectares for vineyards, it produces 1,000,000 hectolitres of wine in 400 wineries and has the biggest yield, 125 l/hectare in South America. The flagship varietal is Tannat, though Viognier, Trebbiano and Torrontés are also produced, together with Chardonnay, Sauvignon Blanc, Cabernet, Syrah and Merlot, the latter used to blend with Tannat. Other more limited productions are found near Salto on the Uruguay river valley and along the border with Brazil.

4.2.4   Brazil

Brazil is the 3rd wine producer in South America and 15th globally. Viticulture began in Brazil around 1875, and currently has vineyards covering 81,900ha, most of these found in the southern states such as Rio Grande do Sul (mainly along the Srra Gaúcha and Campanha Gaúcha) and Santa Catarina. In recent years vineyards have been implanted in Paraná, Sao Paulo, Minas Geraís, Espírito Santo, Goias, Matto Grosso states and in the sub-middle valley of San Francisco. Annual wine production reaches 3,055,000 hectolitres.

Rio Grande do Sul caters for almost 90 % of this production. Climate conditions are very different from the previous regions in that annual rainfall is 1,700mm with a 76 % mean relative humidity and 17.5 °C annual mean temperature. In Santa Catarina, since 2005 vineyards are being established at higher altitudes in order to improve the enological qualities of the regional wine. San Francisco has different climatological conditions being in a semi-arid region of Brazil, with much lower relative humidity as well as lower precipitation rates. The high humidity and precipitation conditions that prevail for most of the Brazilian viticulture require the use of fungicides so as to avoid fitosanitary problems due to fungal diseases, mainly antracnosis (Elsinoe ampelina), peronspore (Plasmopora viticola) and bunch rot, mainly due to Botrytis cinerea. Viticulture soils in Brazil are clayey, calcareous, acid, rich in organic matter generally with good drainage.

Brazilian wines are mostly produced with the so-called American grapes and to a lesser extent, albeit with a growing trend, with grapes from various Vitis vinifera L. The main varietals are Isabella, Concord, Couderc, Bordo, White Niagara and Pink Niagara, for the American grapes, while the vinifera include Cabernet Sauvignon, Cabernet Franc, Merlot, Tannat, Pinot Noir, Chardonnay, Riesling, Malvasia di Candia and Moscato Giallo. Brazilian wines can be labeled young and fruity. Brazilian white and sparkling wines rank among the best in the world.

4.2.5 Paraguay

The climate in Paraguay is far from ideal for wine production, and all the attempts have resulted in wines of medium quality. Grapes were introduced to the region in 1541, and almost vanished as a result of the expulsion of the Jesuits in 1767 and wars that devastated Paraguay towards the end of the XIXth century. Today only 2000ha carry on with the production of grapes, primarily in the Guairá región, where only American grapes and hybrids are grown. Paraguay imports wines from Chile and Argentina.

4.2.6 Bolivia

Bolivian vineyards are among the highest altitude ones in the world, since they are located around 1800m a.s.l. Vines arrived in Bolivia from Peru during the XVIth century. During the 1960s wine production, together with Bolivian grape liquor, called singani, started to develop. The main production area was and is in the Tarija province, particularly in the Guadalquivir Valley, close to Salta in Argentina. That impulse taken by private companies, betting on the introduction of technology and the import of stocks, nevertheless brought disease to the preexistent vineyards. The recovery was finally possible through the adoption of state policies for the sector and the support from NGOs which created the Centro Vitivícola de Tarija. With Spanish technical support, the Bolivian eonologists were able to reconstruct the vineyards and wine production. Today Tarija´s Central Valley region produces most of Bolivia´s grapes. The most common stock is Moscatel de Alejandria. The most common red wine grape is negra criolla. Experts consider that the potential of Bolivian vitiviniculture is very interesting, in particular given that there are at least 8000ha which would provide good soils for vineyards.

4.2.7 Peru

As was the case for most of the countries so far considered, the origin of vines and vineyards in Peru is linked to the colonial period. The history of wine in Peru is the history of the adaptation of vine to partially inhospitable climates. In particular Peru, as a viceroyalty, was the first South American country to produce wine, during the XVIth century. Peru was a regional leader until the Spanish Crown commited terrible political and economic blunders such as blocking the production of wines in the colonies so that these would not complete with the Spanish mainland production, as well as the eviction of the Jesuits from the Americas in 1767. Nevertheless until the Filoxera crisis Peruvian wines were of high quality and were exported to the rest of the Continent and even Spain, when possible. Only in recent decades has the Peruvian viticulture started to recover from the Filoxera crisis. At the end of the XXth century, Peru had 14,000ha under viticulture in three regions: the seaboard, the mountain valleys and Amazonia, to the east of the Andes.

Peru remains essentially a Pisco country. Pisco is an aromatic product of distillation of fermentes musts, whose origin could be due to the difficulties in transporting wine from the Pisco Valley to the markets in colonial Lima and Cuzco. There are a number of varieties in Pisco and it is a popular liquor along the Pacific coast, from Chile to Ecuador. The Norma Técnica del Pisco determines that only "pisquera" grapes can be used in its production. These grapes used for Pisco are: Italia, Moscatel, Torontel, Albilla, Quebranta, Negra Criolla, Uvina and Mollar. These grapes are produced in five specific regions: Lima, Ica, Arequipa, Moquegua and Tacna, extending from the Pacific seaboard into the western foothills of the Andes.

4.2.8   Ecuador

The history of vines and wine in Ecuador is strongly linked to that of Peru. The climate and soils made the introduction of the activity during colonial years a very difficult task. In the inner ranges of the Andes vines found some apt conditions, where it remains to date in the hands of small family establishments. Only some years ago the activity became consolidated in the Patate Valley, in the Tngurahua province, with some hectares under tropical conditions which yield two to three grape harvests a year with Nacional Blanca, Nacional Negra and Moscatel grapes.

4.2.9   Colombia

Colombia hosts a highly unusual vineyard at 2600m, which produces wines which are considered to be excellent. Furthermore grapes are produced in three main areas in the Valle del Rio Cauca, Santa Marta, Boyacá and Tolima. Varietals used include Isabella, Moscatel, Pinot Noir, Pedro Ximenez and Riesling. Viticulture was introduced to Colombia in a comparatively recent period, early in the XXth century. This was due to the difficult topography, soil and climate of the country. Height has solved some of the difficulties encountered in tropical climates. Current wine production exceeds 20 million litres, which are consumed within its borders and further wine imports come from Chile and Argentina.

4.2.10   Venezuela

Vines were introduced into the Venezuelan territory by the Jesuits, albeit with little success due to the tropical climate. After 1950 some family undertakings managed to start viticulture in the country. Few of the vines are for wine production given that most of the grapes produced are table grapes. The varieties used are Grillo, Barbera, Malvasia, Mustasa, and Listán, together with some hybrids as Criolla Negra and Isabella, which are cultivated along the northwestern edge of the country or in high Andean regions. The activity however remains very limited.

4.3   CURRENT STATE OF THE REGIONAL CLIMATE AND CLIMATE VARIABILITY

4.3.1   Mean climate and zoning

The above brief description of the current vine and wine producing regions has provided basic insights into the diversity of climates under which the activity takes place, spanning temperate dry to tropical dry and humid conditions. New productions are extending into mountain climate regions under subtropical and tropical conditions in search of the most favourable local conditions for grape production. An outstanding aspect of the vine production regions in South America is that most of the wine production and sizeable portions of grape production take place in arid to semi-arid conditions that require permanent or partial use of irrigation to cover the water requirements of vines. Such a distribution, as mentioned above, provides a sanitary advantage in the reduced risk vineyards face due plant diseases resulting from humid climates and rainfall. On the other scenarios in which water sources could be highly vulnerable to changes in circulation and precipitation imply future risks for viticulture due to enhanced water shortage.

Vine biology and phenology studies in relation to climate variables (Amerine and Winkler, 1944; Branas et al., 1946; Baillod and Baggiolini, 1993; Winkler et al., 1974; Baggiolini, 1952; Eichhorn and Lorenz, 1977; Pouget, 1966, 1969, 1972, 1988; Seguín, 1982; Gladstones, 1992; Huglin, 1978; Mullins et al., 1992, Caló et al., 1994; Coombe, 1995; Caló et al., 1998 and Fregoni, 2003, among the most important) have been used to construct the bioclimatic indices currently used: Winkler Index, Huglin Index, Branas Heliothermic Index, Night Cooling Index, Drought Index, Continental Index, Most probable day for budburst, etc. The use of such bioclimatic indices are used in zoning studies in order to assess the climatic aptitude for viticulture of a given region, and are relevant as a guide for the selection of varietals best suited for that region

A number of zoning studies have been carried in the main producing countries of the continent, considering main climate indicators in order to optimize grape production in the continent. Probably the oldest such study corresponds to a proposed zoning for Argentina carried out by Zuluaga et al., (1971), using a wide array of phenological indicators. However given the time elapsed and the already observed climate changes in the country, together the 1990s revolution in varietals, including the introduction of clons, the results introduced there tend to be outdated. A reasonable approximation to updating this seminal study has been carried out by the Argentine Instituto Nacional de Tecnología Agropecuaria (INTA) and the Brazilian Empresa Brasileira de Pesquisa Agropecuária (EMBRAPA) (Catania et al., 2007) using the zoning methodology proposed by Tonietto and Carbonneau (2000) named Geoviticole Multicriteria Climatic Zoning Classification System.

The latter method was successfully applied by Ferrer et al. (2007) in a zoning study for Uruguay. A zoning scheme for Chile can be obtained in a publication edited by Club de Amantes del Vino (CAV) called New Classification of Chile´s Wines. This zoning scheme is probable based on Hormazábal (2003), which used for the analysis geographic and administrative variables in order to define terroirs, using the French DOC concept (Hormazábal and Lyon, 2000). However this is not a truly bioclimatic zoning scheme.

There also are some zoning studies on meso- and microclimate regional scales using new bioclimatic indicators, such as the study carried out by INTA San Juan for that Argentine province (Vila et al., 1999). Similar studies have been carried out for other regions in the continent. Studies for Chile have been carried out by Morales et. al (2006), Ortega-Farías et al. (2002), Pszczolkowski (2000) and Lozano (2000), for Brazil by Tonietto (2002) corresponding to Rio Grande do Sul, and Alfonsir and Ortoloni (1974) for Sao Paulo state. All these studies have considered the phenological response for different varietals, both in term of regional climate and edaphic indicators.

4.3.2   Climate variability and change

While the above description would appear to suggest fairly stable climate conditions South America in general, and Southern South America in particular, is a region with large climate variability. Its climate is strongly dependent on the state of the Southern Hemisphere and tropical oceans which influence the sub-continent's climate. Both Antarctic and tropical processes influence temperate and subtropical Southern South America. A number of studies show that climate may have already started to change during the last 30 to 40 years, though there is an ongoing debate about the causes of these changes and the role of low frequency interdecadal to centennial variability processes, together with the contributions from greenhouse gas (GHG) emissions, i.e., global warming, and stratospheric ozone depletion, in particular the seasonal Antarctic ozone "hole". Understanding regional climate variability and how viticulture responds to current climate processes is important for the assessment of future climate change scenarios in South America.

A major, well-known driver of regional climate interannual variability is the equatorial Pacific El Niño-Southern Oscillation (ENSO) that quasi-periodically affects weather patterns in Central and Northern Argentina, Chile, Bolivia, Paraguay, Uruguay, Brazil, Peru, Ecuador Colombia and Venezuela, with various differing regional impacts depending on the phase of the process (El Niño – positive ENSO phase: La Niña – negative ENSO phase; neutral ENSO). Broadly speaking, during positive ENSO (El Niño), Southern Brazil, Uruguay and northeastern and central Argentina, i.e., primarily the Pampas region, experience wetter than normal conditions, primarily during the spring and early summer. Winters tend to be milder. Large scale flooding in the Rio de la Plata and Uruguay basins is a feature associated with this phase, as observed in particular during the 1980's and subsequent years. On the other hand, in the northwestern Argentina this phase results in a summer drought. However, if this phase extends into autumn possible increases in precipitation and flooding may occur. In central Chile positive ENSO can also bring increased rainfall and cloudiness. The Peruvian-Bolivian Altiplano is sometimes exposed to unusual winter snowfall events. Wet and warmer summers can occur in northern Peru and Ecuador. Drier and hotter weather occurs in parts of the Amazon River Basin, Colombia. Negative ENSO (La Niña) conditions typically result in increased rainfall in Bolivia and highlands of the Andes, while cooler than normal temperatures and decreased precipitation/drought can be expected in Chile and the Rio de la Plata Basin region and adjacent areas. It is noteworthy that there are large inter-El Niño/La Niña variations of the climate effects due to nonlinearility of climate. Changes in the central and eastern Pacific upwelling vary, leading to different sea surface temperature (SST) changes and hence to different so-called El Niño "flavours".

Longterm studies, using historical records kept during the colonial period as well as after the Independence in the cabildos or townhalls, for grape and wheat production, during the XVIIth, XVIIIth, late XIXth and early XXth centuries for northwestern Argentina (NOA) and Cuyo show that these regions undergo significant climate variability on different scales (interdecadal to intercentennial), partially related to ENSO (Prieto and Herrera, 2003, Prieto et al., 2000). Such variability appears to have significantly impacted, in the past, wheat harvests and viticulture in the region. Hence ENSO phases appear to contribute to the modulation of snowfalls in the Altas Cumbres of the Andes or Central Andes, and hence the amount of melt water available, implies that ENSO impacts the flow of the main rivers in the region (Prieto et al., 2001). Studies underway, as that shown in Figure 2, at the Instituto de Nivología and Glaciología (IANIGLA-CONICET, Mendoza, Argentina) comparing ENSO phases, snow accumulation since 1951 and river flows in Cuyo since the beginning of the XXth century show a significant correlation between these with enhanced snow accumulation and river flows during El Niño years and decreased snow and river flows during La Niña years. Excess snowmelt can lead to flooding in the valleys on both sides of the Andes or the scarcity of melt water to drought in the Chilean valleys and the Cuyo oasis where fruit and viticulture under irrigation are grown under the Andean rainshadow.

Figure 2:   *Relationship between precipitation and ENSO events in the Central Andes*

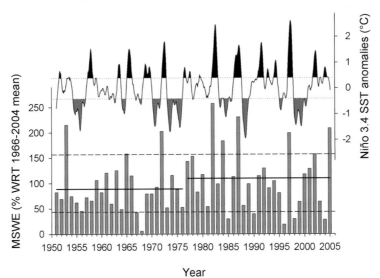

Source: Masiokas et al. (2006)

ENSO events appear to have a large interdecadal variability, either because they are modulated by lower frequency processes or ENSO undergoes some form of internal modulation along those timescales and contributes to low-frequency climate variations. The 1976/1977 climate transition has been a major aspect of change in recent decades, which appears to be associated with the Pacific Decadal Oscillation (PDO). This interdecadal modulation, with seesaw temperature anomalies between the tropical and midlatitude northern Pacific Ocean, has a period of about 60-70 years (Mantua and Hare, 2002). Power et al. (1999) had already observed a modulation of ENSO for similar interdecadal scales affecting Australia, which they called Interdecadal Pacific Oscillation (IPO). Folland et al. (2002) have shown that IPO is the quasi-symmetric interhemispheric extension of the PDO, i.e., a Pacific basinwide interdecadal oscillation with a see saw SST behaviour between the tropics and midlatitudes. While IPO would appear to be the appropriate name for such an extensive climate process, it still remains customary to refer to PDO rather than IPO: Its impacts are evident along the Pacific coast of North America, for example in changes observed in salmon catch.

For the Northern Hemisphere, where the 1976/1977 climate shift has been better studied, the shift involved a strengthening of the dominant pattern of atmospheric circulation (including a deepening of the Aleutian Low), and an ocean wide change of surface temperature: seasurface temperatures along the equatorial belt and along the coast of the Americas became warmer, while farther to the west at temperate latitudes the sea surface became cooler (Nitta and Yamada, 1989; Trenberth, 1990; Graham, 1994). At southern subtropical to mid-latitudes, the change in atmospheric circulation was observed in particular over Argentina, Chile, Bolivia, Paraguay, Uruguay and Southern Brazil, and South Africa. Agosta and Compagnucci (2008) noted major changes in the regional circulation that have modified the summer circulation patterns over Chile, Cuyo and Patagonia with significant impacts on the viticulture of these regions The observed change after 1976/1977 included a more active subtropical anticyclone in the South Atlantic, further extended over the continent and a decrease in the mid-latitude cyclone activity. These atmospheric circulation changes led to increased precipitation in subtropical Argentina, southeastern Brazil and Uruguay whereas lower precipitation is observed south of 40°S.

Therefore, the climate in subtropical Argentina has become more humid, with more precipitation since, while conditions in northern Patagonia have become drier, i.e., more favourable for viticulture. Figure 3 shows the interannual variability of precipitation in Cuyo during the XXth century and the prolonged wet period beginning in the mid 1970s. During this period warm El Niño became the norm with few if any, weak La Niña events.

Figure 3: *Summer precipitation in Central Western Argentina together with a 9-year smoothed CWAP precipitation Index*

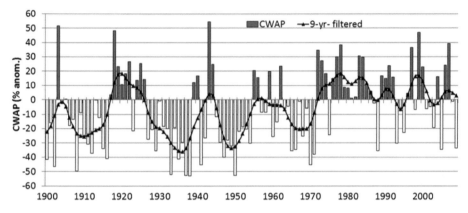

Source: Agosta et al. (2012)

It was thought that this major climate shift was strongly associated to the global warming trend. However, after 1998, this wet, warm period in southern South America appears to have come to an end. As a matter of fact the PDO index shows a smooth transition from the warm PDO phase (warm tropical SST anomaly, cool midlatitude SST I anomaly in the Pacific) which prevailed since the 1976-1977 climate shift through a smoother transition into a cold phase (cool tropical SST anomaly, warm midlatitude SST anomaly in the Pacific) which has prevailed since 2000 to present. PDO/IPO changes can be observed throughout the atmosphere, including the stratosphere, e.g., in the tropical stratosphere (Grassi et al., 2011). ENSO indices now show a prevalence of La Niña events, with regional consequences as described above, i.e., more frequent droughts in the Pampas region, higher precipitation and occasional flooding events in Bolivia, Colombia and Venezuela. As will be discussed below this does not preclude a warming trend and associated effects in the region, but rather shows the complexities involved in the correct assessment of climate change processes in the region and globally,

The end of the wet period can be discerned in Figure 3. Figure 4 clearly shows that grape yields and Cuyo precipitation are inversely related, i.e., the grape production in the Mendoza Province typically decreases as rainfall increases and vice versa. Therefore, if other climate factors are not taken into account better grape production conditions can be expected in that region in the near future. Furthermore the inverse relationship between grape yield and summer precipitation provides insights into the vine response in the region to climate changes. The former positive trend in precipitation during the last decades of the XXth century can also be observed on western side of the Andes in Chile. Figure 5 clearly shows the change in rainfall before and after 1976/1977. The change in Chile differs north and south of 37-39°S: the northern sector has a large precipitation increase, the southern sector, an important precipitation decrease (Quintana and Aceituno, 2006). Temperature similarly reflects such changes, with a sudden significant rise and a change in trend before and after the 1976/1977 period, on both sides of the Andes.

Figure 4:   *Annual grape yield in Mendoza (metric quintals per hectare) (''Yield''; line with squares), together with CWAP summer precipitation index (vertical bars).*

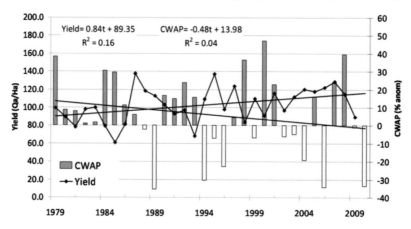

Source: Agosta et al. (2012). Note: The corresponding linear trends for each series are also shown, together with their linear equations and explained variance. Gray vertical bars show positive (wet) CWAP values, and white vertical bars show negative (dry) CWAP values.

Figure 5:   *Linear annual precipitation trends for the period 1930-2000, calculated with 30 year moving windows*

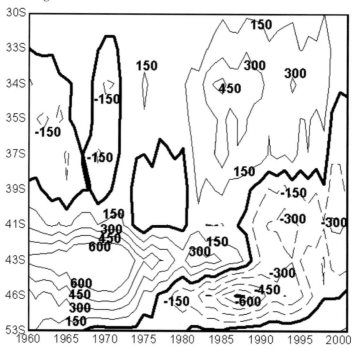

Source: Quintana and Aceituno (2006)

A long-term trend analysis (Figure 6) for the period 1901-2005 (IPCC, 2007) suggests a decrease in precipitation of the order of 20 to 40 % per century on the western slopes of the Andes in Chile and probably also in the Altas Cumbres or Central Andes. The analysis resolution suggests that an increase between 20 and 40 % per century may have occurred east of the Andes throughout Argentina (except southern Patagonia), Paraguay, southern Bolivia, and along the southern Brazilian coast, but it is not clear from the present analysis how far west and how close to the Andes this precipitation increase might have extended. Note however that in the regions of interest, with limited rainfall, even by present standards, a 20 to 40 % increase or decrease means an 80 to 280 mm change. These results also suggest a drying trend at least in areas of Northeastern Brazil, where semi-arid grape production also takes place. A preliminary analysis, based on changes reported in IPCC (2007) for the periods 1979-2005 (Figure 6) suggest no significant changes have occurred in the period for wine producing regions in Chile and northern to central western Argentina, while a decrease in northern Patagonia and an increase in Uruguay and southern Brazil of just under 15 % per decade is apparent.

Figure 6:   *Global Precipitation trends*

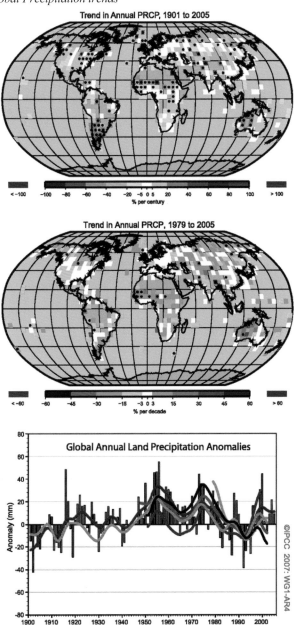

Source: IPCC (2007)

Various regional studies agree with this global IPCC analysis, Agosta et al. (1999) show an increase in precipitation in central west Argentina of about 20 % on average after mid 1970s. Nevertheless a detailed analysis of observations in Chile (Quintana and Aceituno, 2006) for the period 1970-2000 shows that in central Chile there has been a statistically significant precipitation decrease at a number of sites. This is verified in very longterm paeloclimatic studies using tree-ring data as shown in Figure 7 and Figure 8 (Le Quesne et al., 2009). Figure 7 distinctly shows the decreasing precipitation trend in recent decades. Figure 8 highlights the secular trends and the interannual variability of precipitation in the representative region of Santiago de Chile. In comparison changes reported in IPCC (2007) for Europe, USA and Australia are not as large and over the shorter period, more recent period, the sampled changes in wine producing regions of Europe, Australia and the USA are either non-significant or imply a precipitation decrease.

Figure 7:   *The instrumental and reconstructed Santiago de Chile annual precipitation for the interval 1866 to 1999.*

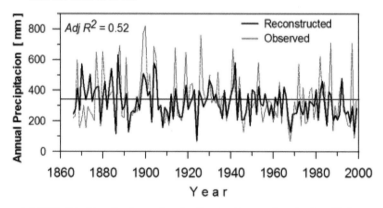

Source: Le Quesne et al. (2009). Note: The calibration was based on the natural-log transformedversion of the instrumental precipitation series.

Figure 8:

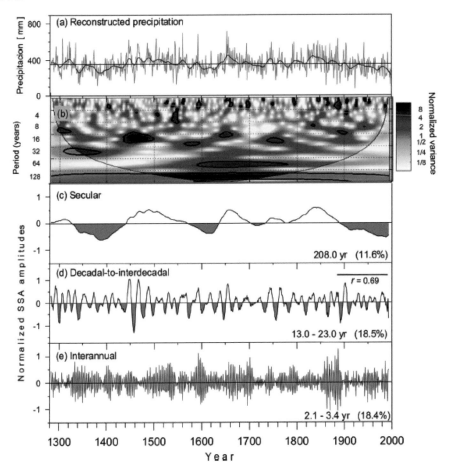

Source: Le Quesne et al. (2009). Notes:

(a) The tree-ring reconstruction of Santiago de Chile precipitation from AD 1280–1999. A 25-yr smoothing spline highlights the decadal variability.

(b) Continuous Wavelet Transform (CWT) was used to identify the dominant modes of variability (or periodic signals in the reconstructed precipitation) at different time scales. The left axis is the Fourier period and the bottom axis represents the time in years. The grey gradient represents the percentage (%) of the wavelet power and the thick black contour demarcates significant modes of variance at 95 % against the red noise. Within the cone of influence, shown as a lighter shade, edge effects become important.

(c-e) Secular, decadal/inter-decadal and interannual signals extracted by Singular Spectral Analysis (SSA) with the corresponding explained variance in percentage (%). In (d), the interval of comparison (r=0.69) between decadal oscillations in the N3.4 series (13–22 yr) and the reconstruction (13–23 yr) are indicated.

On the other hand, it is important to note that according to the IPCC (2007) when the occurrence of very wet days is considered for the period 1951- 2003 parts of Cuyo, Argentina, and the Central Valley, Chile, do show an increase of the order of 2 % per decade in extreme precipitation events (95 % percentile and above), and a decrease of the same order in the vicinity of Salta, Argentina. Increases of the same order are only observed in northern Italy and southern France. Increases in extreme precipitation events have implications for the quality and possible losses in the grape production, e.g. through hailstorms. Agosta et al. (2012) have indeed shown that the grape yield in Mendoza is strongly dependent on the occurrence of hail and enhanced rainfall during the two summers before harvest. They argue that there are a number of reasons for this. Severe weather can impact the yield through physical damage to the plant, bud development and grains. Summer bud damage itself can stunt growth and flowering during the subsequent season´s development and growth cycle. Higher humidity can lead to enhanced incidence of plant disease.

Annual surface temperatures retrieved from satellites for the period 1979-2005, as discussed in IPCC (2007) suggest that in most of Chile and southern and central Argentina there have not undergone significant temperature increases. However surface data records do show on both sides of the Andes significant temperature anomalies with increasing trends while the Pacific coast of Chile underwent cooling (Figure 9). Furthermore, in northwestern Argentina, Uruguay and Brazil there is evidence of a minor warming between 0.05 and 0.15°C/decade. The troposphere does show a degree of warming between the surface and 10km for most wine producing regions considered, again on the order of 0.05 to 0.15°C/decade, and of 0.15 to 0.25°C/decade over parts of northern Argentina. However such warming is smaller than those observed in Europe and parts of the USA.

Figure 9:   *Temperature anomalies and trends on both sides of the Central Andes*

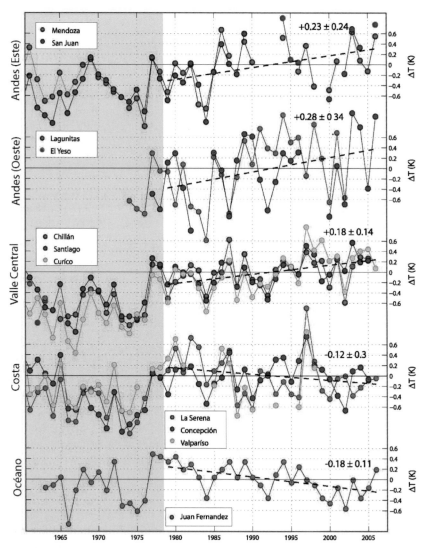

Source: Falvey and Garreaud (2009), adapted by R. Villalba

When considering such trends in temperature and precipitation it is important to bear in mind that they are subjected to strong interannual-to-multidecadal variability in the region or even to specific climate transitions, such as that of 1976/1977 and probably others that are not so well documented as yet. This means that at any given time the state of the atmosphere could differ significantly from the expected trend evolution though, on the long term, regional warming trends driven by GHG enhancement will be still be present. Thus observed enhancement of changes since the late 1970s, particularly in temperature as well as precipitation changes, could be the result of a GHG-driven trend, together with a combination of additional factors such as the low frequency variabilities discussed above.

Given these considerations some of these observed changes require further consideration. Indeed, the causes for the precipitation increases in the Pampas and South Eastern South America (SESA), which impact in viticulture regions in Uruguay and Brazil remain an open question. Such increases in precipitation have been attributed to the global warming trend affecting the region and hence the observed precipitation changes would correspond also to an increasing trend. Nevertheless a number of studies suggest the potential influence of Atlantic Ocean variability through such variability processes as the Atlantic Multidecadal Oscillation (AMO), as argued by Seager et al. (2010). Since the seminal work by Thompson and Wallace (2000) describing the Arctic and Antarctic Annular modes of stratospheric variability, also referred to as NAM (Northern Annular Mode) and SAM (Southern Annular Mode), considerable effort has been devoted to determining to what extent stratospheric ozone depletion may have contributed to surface climate change since the 1980's. This is not an idle question since ozone depletion appears to be slowing down if not recovering: there is growing evidence as shown in UNEP Ozone Assessment (2010) that recovery of the ozone layer may be on its way. This is relevant not only in the UV aspects that impact grape growth and quality but also, as discussed in that assessment, for the potential reversion of some climate impacts of ozone depletion driven annular mode change, in particular over the Southern Hemisphere (Thompson and Solomon, 2002; Karpechko et al., 2010; Son et al., 2010; Polvani et al., 2011; Arblaster et al., 2011). For example the observed SAM enhancement appears to have driven poleward the subtropical jet throughout the Southern Hemisphere. There is growing evidence, through data and model studies that precipitation changes in the Southern Hemisphere may have been more strongly driven by ozone depletion through SAM than by trends associated to GHG driven climate changes, in particular precipitation changes in SESA (Pohl and Fachereau, 2012; Purich and Son, 2012). These conclusions have been further supported by paleoclimate and modern climate studies using tree ring observations in the hemisphere, whose temporal evolution appears to be closely linked to the SAM index (Villalba et al., 2012). Considering such growing evidence and given that some of the changes induced by ozone depletion enhance GHG-driven climate changes while others cancel out each other, potential ozone recovery then has very significant implications for regional future scenarios in the Southern Hemisphere, which to date are basically modeled with GHG contributions only.

4.4   CLIMATE-PHENOLOGY RELATIONSHIPS

The above discussion shows that there are ongoing climate processes that have impacts on the continental viticulture. However few studies have been carried out so far linking the behaviour of the large varieties of stocks cultivated in the region. There are a number of reasons for this. In first place most commonly vineyard owners did not keep up with the European custom of keeping registers of important phenological stages. Furthermore, due to the large changes introduced first in Chile and subsequently in Argentina and in other production regions, both in varietals and in practices during the last 20 to 30 years the few phenological records available are not long enough for detailed studies. This does not mean that there were no important viticultural and oenological research activities in the region. Institutions such as Universidad de Chile and Wines of Chile in Chile, INTA, the Instituto Nacional de Vitivinicultura (INV), the Universidad Nacional de Cuyo, in Argentina, the Universidad de la República in Uruguay and EMBRAPA in Brazil have carried out and still do very important research activities in the field, but it is only in recent years that concern about climate change impacts has started to grow. Another problem facing those willing to study climate-grape phenology relationships is the lack of sufficient weather and climate observations within viticultural areas. Few if any vineyards and wine producers have installed over the years their own weather stations and kept adequate data records appropriate for such studies. Wines of Chile has started a valuable program in Chile to fill this important gap, setting up a good weather station network and data registration system for wine producing areas in that country. Nevertheless in Chile and other countries in the region there is a need to establish standard phenological observation and data storing protocols that in the mind to longterm would provide adequate data for phenology-climate studies and a sound starting point for cooperative efforts between research and production in the sensitive area of climate change and climate change adaptation. Recent international projects such as TERVICLIM led by France have established weather, climate and phenological observation sites in many countries around the world. In particular the French program has vineyard monitoring sites in Uruguay, Chile, Brazil and Argentina.

A selection of bioclimatic indicators highlights the fact that current changes, as reported above have already impacted the viticultural activities in the Continent. Figure 10 shows a set of climate indicators calculated for the 1970, 1980 and 1990 decades for sites in Argentine Patagonia (Barbero et al. 2008). This ensemble of indicators shows very consistent results in response to these changes. Some of these locations, appear not only to have evolved into viticultural areas since the early 1970s, but some, for example Neuquén, have changed from moderately warm regions into warm one, according to the Winkler index. Further work is necessary both in the choice of indicators adapted to the various regions in the continent as well as to assess the implications of the results. Furthermore they highlight the need to reconsider current zoning schemes, particularly those dating back more than twenty years, as well as the need for continuous climate and phenology monitoring.

Figure 10: Ensemble of bioclimatic indicators showing the changes observed on viticulture at selected locations in Patagonia for the 1970s, 1980s and 1990s

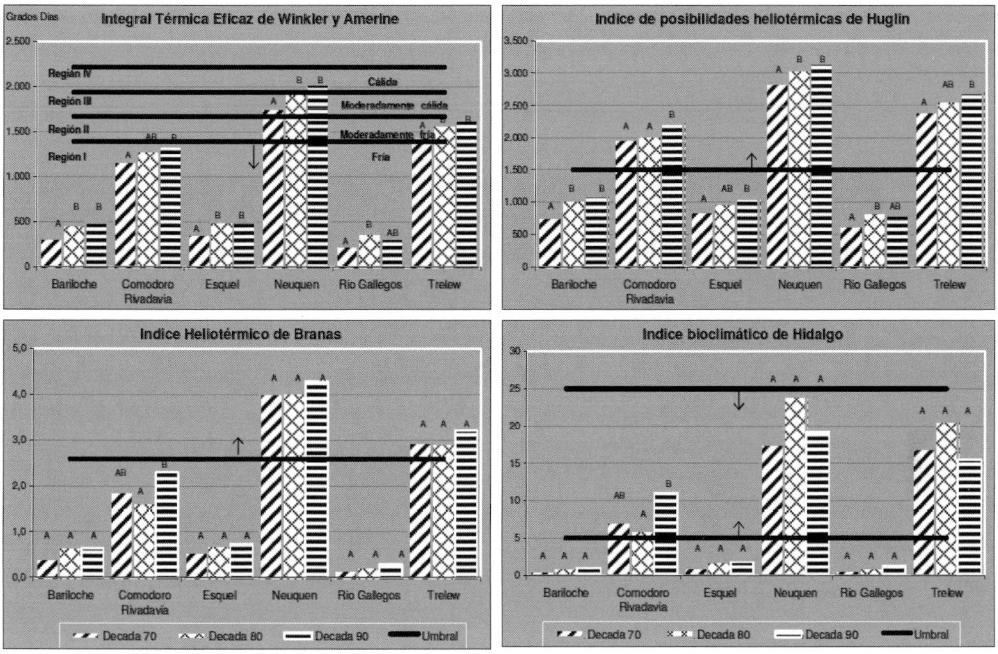

Source: Barbero et al. (2008)

As already mentioned, longterm climate phenology relationship studies are difficult in the Continent. Cavagnaro and Agosta (2010) however have been able to identify some such relationships in Malbec-Tempranillo and other varietals in phenological data provided by Bodegas Zuccardi for the period 1983-2007, corresponding to their "finca" in Santa Rosa, in the Eastern Oasis of Mendoza. Climate data in this study correspond to the San Martìn, Mendoza, weather station, operated by the Argentine Servicio Meteorològico Nacional. Figure 11 highlights the statistically significant changes in budbreaking dates depending on the temperature amplitude and minimum temperature a few weeks before the beginning of Austral spring for Malbec and Tempranillo varietals. Both higher temperature amplitudes during this period and higher minimum temperatures appear to delay budbreaking. On the other hand, higher mean temperatures during the middle of August appear to hasten budbreaking in other varietals grown in that location.

Figure 11:

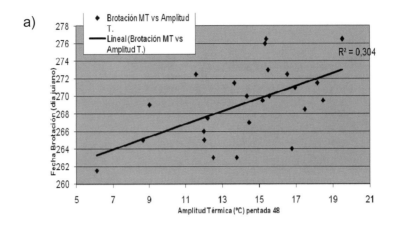

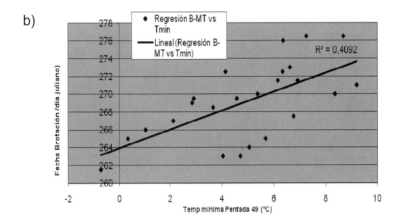

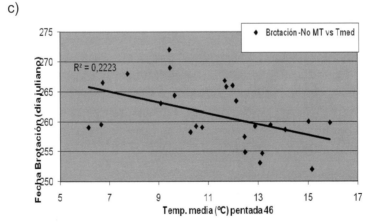

Source: Cavagnaro and Agosta (2010). Notes:

a) *Linear regression between the mean budbreaking date (in Julian days) for Malbec-Tempranillo varietals and the thermal amplitude during pentad 48, corresponding to the end of August.*

b) *Linear regression between the mean budbreaking date (in Julian days) for Malbec-Tempranillo varietals and the mean minimum temperatura during °C) for pentad 49, corresponding to the beginning of September*

c) *Linear regression between the mean budbreaking date (in Julian days) and the mean temperature during pentad 46, corresponding to the middle of August*

Figure 12:   *Evolution of the interannual variability in budbreaking date for Malbec-Tempranillo and other varietals before and after 1990*

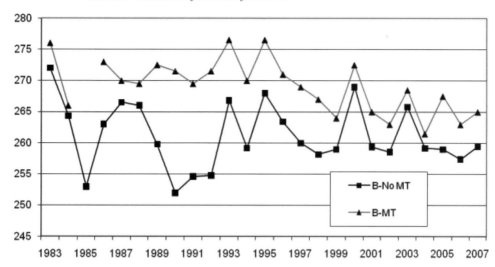

Source: Cavagnaro and Agosta (2010)

Figure 12 highlights another interesting aspect of phenological response, for both Malbec-Tempranillo and other varietals. The temporal variability in budbreaking date appears to change approximately before and after 1990, with a higher frequency variability since. This agrees with observations of the changes in variability in the Antartic stratospheric polar vortex (Huth and Canziani, 2003), surface climate variability associated to SAM (Barrucand et al., 2008), and the variations in accumulation and ablation of the Mendoza river glaciers (Leiva, 2005). In all cases a change towards higher frequency interannual variability was observed in these different climate-related processes over the Southern Hemisphere. The regression of these time series upon different atmospheric variables suggest stron links between the budbreaking dates and the interannual variability of circulation patterns over southern South America, the Pacific and Atlantic Oceans, as well as with sea-surface temperature anomalies in the South Pacific. Cavagnaro and Canziani (2011) have also observed changes for Chardonnay phenology with data also provided by Familia Zuccardi. The length of the phenological cycle, from budburst to harvest appears to have grown shorter over the sampler period 1998-2009 (Figure 13 and Figure 14). These preliminary results show that increasing mean and maximum temperatures during spring could shorten the phenological cycle. As is well known a shorter phenological cycle can have implications for the chemical composition of the berries and hence wine quality.

These preliminary results point to the regional importance of climate-phenology relationship studies. Nevertheless much longer samples, with better phenological and climate records are needed in order to construct definitive climate-phenology relationships for the varietals grown, not only in Mendoza as are the examples shown here, but also for other regions of the Continent, which can be useful both for research purposes and viticulture management under climate variability and change.

Figure 13:   *Interannual evolution of the mean temperatures (max, mean and min) during September through November*

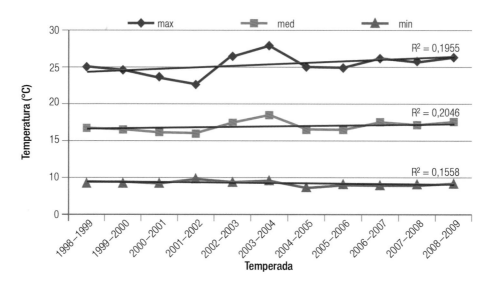

Source: Cavagnaro and Canziani (2011).

Figure 14:   *Correlation between the phenological cycle length and mean temperature for September through November*

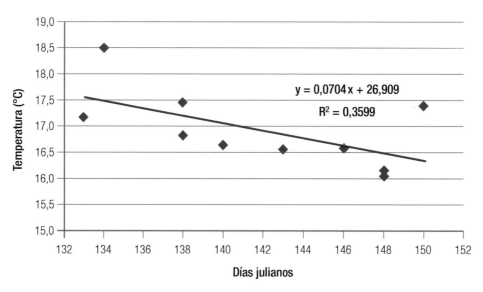

Source: Cavagnaro and Canziani (2011).

4.5 CLIMATE CHANGE SCENARIOS AND THEIR IMPLICATIONS

The ensemble of General Circulation models (GCM) based on the IPCC 4th Assesment scenarios (IPCC, 2007) suggest for South America lower temperature increases compared to other parts of the planet. Under moderate B1 emission scenario the projected annual temperature increases for the period 2020-2030 are of the order of 1°C with respect to baseline (1960-1990) temperatures throughout the continent. For the higher A2 emission scenario, the potential evolution of temperature remains similar for this upcoming decade. However, by the end of the century (2090-2099), the continental scenario is not as homogenous. The B1 scenario suggests an annual mean warming that increases towards the equator, with increases between 1.5-2.0°C for the more southern viticultural regions and between 2.0 and 2.5 °C for the tropical viticultural areas considered. For the A2 scenario, temperature increases are projected to be as much as 3.0 to 3.5°C. Rainfall projections include a significant decrease (10 to 20 %) in the Altas Cumbres/Central Andes region of the Andes and northern Patagonian Andes, with increases in the southern Patagonian Andes during the winter months and a slight increase in southeastern South America (the Pampas, Uruguay and Southern Brazil). Tropical regions appear not to suffer significant precipitation changes, except the coastal en central areas of Colombia and Venezuela where significant decreases would occur. The observed changes over the central and southern Andes are clearly linked to the poleward migration of storm tracks during future decades. During the summer IPCC GCM models project precipitation decreases throughout the central and southern Andes, with large increases (10-20 %) in southeastern South America (IPCC, 2007). Certain caveats need to be taken into account when considering GCM results in this part of the world, including those aspects of Southern Hemisphere ozone depletion, previously discussed that are impacting surface climate, normally not contemplated in these scenarios. Another relevant issue is that southern and central Chile and Argentina can be viewed as a peninsula in a quasi-oceanic hemisphere. Due to the low resolution of the GCMs, this part of the continent is only represented in latitude by two to three grid points at best. Just as important is the fact that the Andes, very extended meridionally but zonally very narrow, are ill-represented in GCM models, effectively reducing their height and impact on the circulation. Finally when IPCC (2007) compared ensemble GCM results for the XXth century baseline period with the evolution of the mean continental temperature, the model ensemble overestimates the trends with respect to observed regional changes. Given all these caveats, climate change scenarios for the Continent, at least as published in that assessment, are probably not being adequately simulated in the different GCMs available. This does not mean that climate change is not impacting in the region as the results discussed above, but rather that care must be taken when considering the future scenarios.

A more adequate approximation to climate change scenarios for the main viticultural regions of South America requires, to begin with, the use of current Regional Circulation Models (RCMs). Such regional scenarios are obtained through statistical or dynamical downscaling. Model results available for South America include the Hadley Centre PRECIS, the Brazilian INPE and the Argentine CIMA-MM5 models. These RCMs are prescribed with the various GCMs available and with reanalysis products for the simulation of the current baseline climate (1960-to present). RCMs do not have a standard resolution, and while the current resolution is not yet optimal to evaluate detailed aspects of change, for example in mountainous regions, the current resolution remains a major improvement over the GCMs. For example, the PRECIS model can be run with a 25 or 50 km resolution, while outputs from the CIMA-MM5 have a 40 km resolution. It must be borne in mind that, despite improvements, results of downscaling models still depend upon the source of meteorological fields used to run the

RCMs. Hence the use of ensemble runs with different RCMs, all driven by a variety of GCM outputs remains the best approach towards understanding climate change impacts upon viticulture.

As yet, no such ensemble runs are available for regions of South America, in particular viticulture regions. Current applications to viticulture, such as PWC (2009), mostly depend on the analysis of single model runs, though some relevant studies, such as Bonisnegna et al. (2010), considering temperature and precipitation and the consequences on river flows, have compared the aforementioned model results.

Figure 15 and Figure 16 provide an example of a regional climate scenario for southern South America using the PRECIS RCM, including the 1960-1990 baseline and the 2070-2100 projections (CONAMA, 2006), run in a 25 km resolution. In this study, the regional model was driven by the HadCM3 (Hadley Center Climate Model, version 3) GCM product. Available results show the changes in the mean surface temperature and accumulated precipitation, but not in maximum and minimum temperatures. The reproduction of the baseline climate dramatically improves using the RCMs, capturing many of the important climate features, at least qualitatively, though significant differences with observations still remain. This is particularly relevant in Patagonia and other parts of central and northern western Argentina and Chile, where the observation network is still poor, and hence even reanalysis products have some difficulty adequately reproducing their current climate. Resolution in RCMs, for application to viticulture still is an issue. Even at 25 km many of the Andean features cannot be adequately reproduced, this being relevant for the westerly water vapor flows, hence precipitation, particularly over the Central and Patagonian Andes, as well as the inadequate representation of many of the important viticulture valleys.

The plots further highlight important differences in the projections of seasonal climate changes. Hence for both the B2 and A2 scenarios the largest warming occurs in summer in the regions of interest, i.e., B2: 2-3°C, A2: 3-4 °C (Figure 15). For autumn through spring warming is moderate in the B2 scenario, with a temperature change in most of the region of 1-2 °C. The warming increases towards the tropics and with elevation. This is particularly evident in the A2 scenario. In consequence the northern viticultural regions in Chile and Argentina are projected to undergo a large mean winter temperature increase, by as much 4-5°C. In Uruguay and Southern Brazil the expected temperature scenarios are of the same order or slightly larger than in the Argentine Pampas region. The CIMA-MM5 results, also driven by the HadCM3 GCM, suggest similar temperature changes in the period 2080-2090 (2da Comunicación Nacional, 2007).

Figure 15:   *Present (1960-1990) temperature seasonal climatology (summer, autumn, winter and spring) and temperature anomalies for the A2 and B2 climate change scenarios for theperiod 2070-2100 with respect to the 1960-1990 baseline*

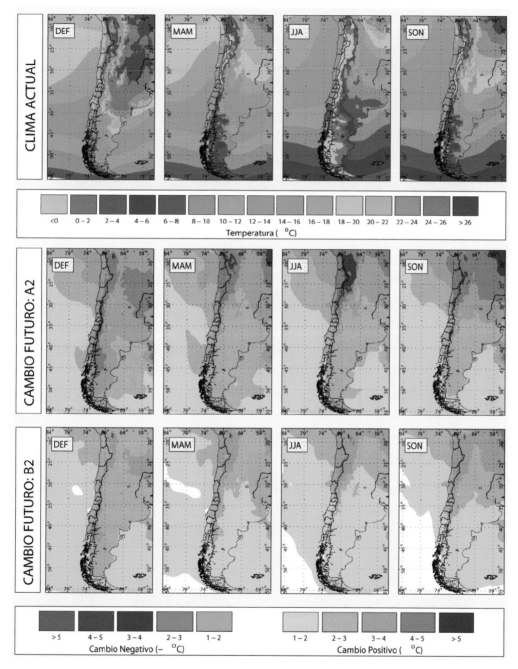

Source: CONAMA (2006)

Figure 16:   *Present (1960-1990) precipitation seasonal climatology (summer, autumn, winter and spring) and precipitation anomalies (given as % change, +ve: precip. increase, -ve: precip. decrease) for the A2 and B2 climate change scenarios for the period 2070-2100 with respect to the 1960-1990 baseline*

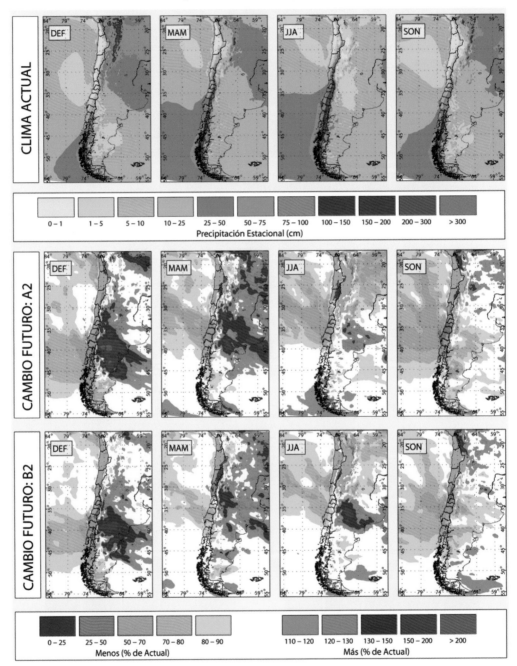

Source: CONAMA (2006)

In the case of precipitation (Figure 16) the results must be interpreted with care as these models, PRECIS and CIMA-MM5 do not fully agree. The precipitation changes are shown as percentage changes in seasonally accumulated precipitation and are given with respect to the baseline climatology, i.e., 100 %. The PRECIS run suggests an increase in precipitation on the eastern (Argentine) slopes of the Andes and a decrease in the western (Chilean) slopes, particularly at mid-latitudes and during autumn and spring. The CIMA-MM5 run on the other hand suggests an annual mean increase in the central region of Chile in the B2 scenario. The influence of the Andes in these precipitation projections is even more prominent in summer for the A2 scenario, where both RCMs yield similar results. In this case precipitation declines in Central Chile could be as large as 50 % while increases in Cuyo could imply a doubling of precipitation. Note that the current baseline accumulated precipitation is below 300 mm for most of these regions and hence even a 100 % enhancement in Cuyo yields annual precipitations that are smaller that current ones in Uruguay and southern Brazil production regions. Such changes could nevertheless have important effects in the quality of grapes in the main production areas of Argentina and Chile. In addition, significant precipitation declines during summer, autumn, and spring are projected for the southern Patagonia Andes. This would imply a decrease from comparatively high accumulated precipitation levels above 1000-1500 mm to amounts on the order of 700-800 mm. During winter there is a slight increase projected for the region which could partially offset decreases in the other season. RCM runs also suggest that the viticultural regions in northern Argentina could face reduced rainfall in winter and enhanced rainfall for the rest of the year. Both scenarios suggest significant precipitation decreases there, in spring. In the case of the viticulture areas in Uruguay and southern Brazil, already with considerable precipitation, large increases of the order of 50 % or more are projected by the end of the XXIst century.

PWC (2009) again considers the PRECIS model but for the period around 2050, available as nested by the Brazilian Centro de Previsao de Tempo e Estudos Climaticos (CPTEC), with a 60 km resolution, for A2 and B2 scenarios. As is to be expected, in the case of temperature there are very few differences between these scenarios and are within the bounds expected from GCM runs. Overall minimum temperatures in the wine producing regions on both sides of the Andes would increase by 1°C, and a larger increase in maxima, though it would regionally vary along the Andes. In the case of precipitation these runs suggest a slight decrease in total annual precipitation on both sides of the Andes, with similar results for both scenarios. These precipitation changes however should not significantly change the current situation. Using the Winkler index the assessment finds an increase in the areas where the optimal growing temperature range 13-24 °C would be available. This increase by 2050 is more significant for the A2 than B2 scenario. Overall the modeled temperature changes suggest an increase in the areas available for warm climate wines as well as cold climate wines, the latter as a result of the overall temperature increase.

Hence a limiting factor for increased grape production would be water availability. The use of the modeled precipitation scenarios to estimate river flow in the main rivers on both sides of the Andes suggests that a few rivers may experience by 2050 a weak enhancement on the eastern slopes, but most, on both slopes would have decreased river flows, which are more prominent in the western slopes, in particular by as much as 15 to 20 % less in the case of the Choapa basin in Chile. According to PWC (2009) these results imply changes for the viticulture on both sides of the Andes, with potential changes in the chemistry of berries and organoleptic characteristics, which however are not quantified. The warming trend, which could imply shortened phenological cycles, and changes in water availability suggest that new zoning schemes may be necessary, which will impact the wine industry, adapted to well defined varietals and wine flavours. These changes will have societal impacts as well and adaptation strategies will be necessary in the field, the industry and the societies that depend on it.

The PWC (2009) assessment can be criticized in that it has based its conclusions on a single model, with limited bioclimatic indicators, and thus the climate/phenology analysis must be viewed with care. Recommendations are, as would be expected, somewhat vague and conclusions lack a more quantitative approach. As mentioned in the previous section, the regional lack of detailed studies of climate-phenology relationships and of better suited bioclimatic indicators, also contributes to this. On the other hand this preliminary assessment provides a valuable guideline on which future, more detailed model ensemble studies, with a more detailed approach regarding varietals as well as social aspects could be carried out.

Figure 17:   *Viticulture-climate indicators applied to future scenarios: Winkler index and the number of days in the active growing period for 1960-1970 and 2070-2080 at three northern Patagonia locations*

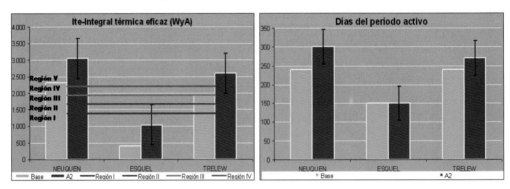

Source: Barbero et al. (2008)

Figure 17shows another example of the potential implications of climate change in northern Patagonia viticulture by comparing the changes in the Winkler index as well as the number of days in the active growth period, estimated with PRECIS outputs driven with the HadCM3 model, A2 scenario, at the 25km resolution. Neuquén, which has been a low region V and mostly suited to bulk or wine products, could be expected to jump beyond this index´ range toward the end of the century, hence probably becoming unsuitable for wine production. Trelew would change from a region III to a region V classification, substantially changing varietal and wine style suitability. The number of days for the potential growth period also change, i.e., the A2 emission scenario shows increases of between 20 and 60 days for Neuquén and Trelew. As before further work is necessary in order to consider all regional and local aspects of such results. Hence these results, again, must be viewed as indicative and not conclusive.

4.6   PRESENT AND FUTURE WATER AVAILABILITY

A major issue for many of the productive regions in Chile and Argentina, as well as in semiarid regions of Brazil, is water availability for irrigation, which is fundamentally linked to the present and future climate evolution. The problem is further compounded by population increases in many of these regions that place additional demands on the available water. The main source of water comes, in the case of Chile and Argentina, from winter accumulated snow melt and glaciers that feed both the rivers and water tables. In the last few decades glaciers throughout the Andes, in particular tropical ones but also in the subtropics and even at mid to high latitudes, have been experiencing important losses (IPCC, 2007, and references therein). The Rio Plomo Glacier, for example, a tributary of the Mendoza River, has been decreasing since the beginning of the XXth century but recent changes have been dramatic (Leiva, 2005). Observations of the glacier's ablation and snow accumulation/ice recovery for the period 1979-2005 show that up to 1990, accumulation was still possible during some winter seasons, with near average glacial mass and a more or less regular river flow. However, since 1990 a major, sustained increase in the rate of glacier ablation has been observed. The change in glacial behavior around 1990 is consistent with other certain climate changes observed in the regional subtropical troposphere, mid to high latitude surface climate and the lower stratosphere at mid to high latitudes (Yuchechen et al., 2007; Huth and Canziani; 2003, Barrucand et al., 2008). In turn the future southward migration of stormtracks in Southern Hemisphere subtropical and mid-latitudes according to the climate scenarios, and more recently to changes driven by ozone depletion and its effects upon the austral annular mode, point to a reduction in winter snowfalls in the high subtropical Andes.

While such a southward migration is being observed over southern South America winter precipitation in the subtropical Andes appeared to be unchanged due to El Niño-like conditions that dominated the region till the beginning of this century. In recent years, however, dramatic decreases in snowfall have impacted the upper basins of many Andean rivers in the Central Andes, with significant impacts in late spring and even more so in summer water availability have affected both the population and agricultural activities strongly dependent on irrigation. Substantial glacial mass declines and even the potential disappearance of many of the region's glaciers resulting from climate change and the accompanying uncertainties in the precipitation along the Andes in the future climate scenarios, poses a threat to the natural regulation of water availability in many of the arid/semi-arid regions dedicated to viticulture in southern South America.

Inspection of the current and future (A2 scenario) 0°C isoline in the central Andes and northern Patagonian Andes, based on the PRECIS model run for the period 2070-2100 (CONAMA, 2006) shows an important decrease in the surface area of subzero region, i.e. where the permanent snow and ice can be preserved. The problem of interannual precipitation variability will be further enhanced by thaws that will take place earlier in the late spring-early summer season than they do today, extending the dry summer period even more, thus making strict water management a crucial issue. Boninsegna et al. (2010) have compared precipitation changes and river flows for major river basins in San Juan and Mendoza provinces as predicted by a set of regional climate models (Figure 18). All three models considered overall agree in significant precipitation decreases, and such changes couples with the loss of glacial mass lead to decreases in river flows for all the basins considered, except the Tunuyán river. Model results are consistent and also agree with the PWC (2009) analysis only using PRECIS.

Figure 18:   *River flows (m3/s) in the province of Mendoza for the period 1960-1990 and for the end of the XXIst century as given by three different RCM runs, CIMA, INPE and CONAMA*

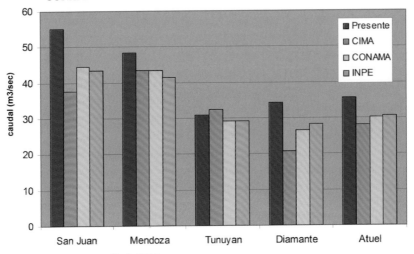

Source: Boninsegna et al. (2010), adapted by R. Villalba

This is an issue that has major implications for viticulture adaptation strategies, in particular since many of the glaciers are expected to suffer major losses or actually vanish within the next 40-50 years (IPCC, 2007), particularly in the tropical Andes where there is a burgeoning viticulture. A potential primary or exclusive dependence on snow melt water introduces an enhanced interannual variability factor to the water supply for human use and productive activities, in particular when considering the above precipitation scenarios obtained from the model runs. Hence water supply could condition the potential benefits of more extended areas apt for viticulture, if the impacts on wine quality are momentarily disregarded.

On the other hand, the observed and predicted increases in precipitation and soil moisture in Uruguay and Southern Brazil could impair the evolution of viticulture in these regions. The expected temperature increases, coupled to these changes in atmospheric and soil moisture could imply a significant rise in the occurrence of plant diseases for these regions. These results imply that understanding the future of water availability in many of the regions described above becomes an important aspect of social and productive adaptation, in for viticulture.

4.7   FINAL REMARKS

The current analysis has attempted to provide information on the state of viticulture and wine production in South America. Viticulture has experienced an important growth during the last decades, not only in the traditional production areas of Chile, Argentina, Brazil and Uruguay but also in many small undertakings in Bolivia, Peru and Colombia. These activities could either be put at risk or enhanced depending on the path climate change takes in future years, as a result of international climate negotiations. As discussed here there is growing evidence that climate variability and change processes in the Southern Hemisphere and in particular over southern South America could be suffering the influence of ozone depletion at mid to high southern latitudes. Given that ozone depletion processes are probably reaching a turning point during the current decade, some of the observed climate changes may well revert while others may be enhanced. This adds an important uncertainty factor to the discussion on the impacts of climate change at a regional level since the available literature shows that many GCM runs currently available do not properly include ozone variability and change in their simulations.

This, however, is only part of the problem in adequately assessing the future of vitiviniculture in the continent. The fact that there are insufficient phenology data records, and even less, if any organoleptic records, and that most of these are inadequately short further complicates the drawing of conclusions using current observations and even more so when inferences about future climate impacts are to be drawn. A major effort must be made to improve the keeping of phenology records by the grape and wine producers in the different regions, and if possible the establishment of regional protocols for the determination and recording of crucial phenological data. This should be accompanied with an improvement in weather observation within the vineyards, so as not to depend on weather station observations, sometimes 100 or more kilometers away from the fields. Despite all these limitations, studies underway suggest that climate variability and hence climate change, have a significant impact on grape yields and the phenological cycle of vines in the region.

Finally water is a crucial issue for South America's vitiviniculture. Given the kinds of viticulture carried out in different parts of the continent, the lack of it or its excess could be a problem for the industry in the future.

4.8   ACKNOWLEDGEMENTS

The authors wish to thank the contributions made to this work by Dr. Eduardo Agosta, who provided valuable insights and discussions. They also wish to thank Dr. Ricardo Villalba who contributed with valuable information on the climate, glaciology and hydrology studies being carried out at IANIGLA-CONICET (Mendoza) for the Altas Cumbres/Central Andes region, as well as Dr. Milka Ferrer, from Universidad de la Repùblica, Uruguay and Dr. Jorge Tonietto, EMBRAPA, Brazil.

4.9   REFERENCES

Agosta, E.A., Compagnucci R.H., Vargas, W.M. (1999). "Cambios en el régimen interanual de la precipitación estival en la región Centro-Oeste Argentina", *Meterorol.* 241/2, 63-84.

Agosta, E.A., Compagnucci R.H. (2008). "The 1976/77 Austral Summer Climate Transition Effects on the Atmospheric Circulation and Climate in southern South America", *Journal of Climate.*

Agosta, E.A., Canziani, P.O., Cavagnaro, M.A. (2012). "Regional Climate Variability Impacts on the Annual Grape Yield in Mendoza, Argentina." J. Applied Met. Clim., doi: http://dx.doi.org/10.1175/JAMC-D-11-0165.1.

Alfonsir. R., Ortoloni, A.A. (1974). "Aptidão climática de culturas agrícolas." In: Zoneamento agrícola do Estado de Çáo Paulo. v.1.São Paulo. Secretaria da Agricultura, pp.109-149.

Amerine, M.A.; Winkler, A.J. (1944). "Composition and quality of musts and wines of California grapes". *Hilgardia*, v.15, 493-673.

Arblaster, J. M., Meehl, G. A. & Karoly, D. J. (2011). "Future climate change in the Southern Hemisphere: Competing effects of ozone and greenhouse gases". *Geophys. Res. Lett.* 38, L02701.

Baggiolini, M. (1952). "Les stades repères dans le développement annuel de la vigne el leur utilisation practique", *Rev. Romande d'Agriculture de Viticulture et d'Arboriculture*, 8, 4-6.

Baillod, M., Baggiolini, M. (1993). "Les stades répères de la vigne". *Revue Suisse de Viticulture Arboriculture Horticulture*, 28, 7-9.

Barbero, N., Rössler, C., Canziani, P.O. (2008). "Cambio Climatico y Viticultura: Variabilidad Climatica Presente y Futura y Aptitud Viticola en 3 Localidades de La Patagonia", *Enología*, 5, 1-8.

Barrucand, M., Rusticucci, M., Vargas, W. (2008). Temperature extremes in the south of South America in relation to Atlantic Ocean surface temperature and Southern Hemisphere circulation. J. Geophys. Res., 113, D20111, doi:10.1029/2007JD009026.

Boninsegna, J., Argollo, A., Aravena, J., Carlos. J.C., Barichivich. J., Browne C., Duncan A.S., Ferrero, M. E., Lara Aguilar, A. (2010). Dendroclimatological reconstructions in South America: A review. Palaeogeography, Palaeoclimatology, Palaeoecology, 282, 210-228

Branas, J.J., Bernon, G., Levadoux, L. (1946). "Eléments de viticulture générale", *Ecole Nationale d' Agriculture de Montpellier*.

Caló, A. et al. (1994) "The effects of temperature thresholds on grapevine (Vitis sp) bloon: an intrepretative model". *Rivista di Viticoltura e di Enologia*, Conegliano, v.47, n.1, p.3-14.

Caló, A., Costacurta, A., Carraro, R. (1998). "La stabilità all'ambiente dei caratteri delle vite: l'esempio della fenologia". *Rivista di Viticoltura e di Enologia*, Conegliano, n.1, p.3-16.

Cavagnaro M., Agosta, E.A., (2010). Influencia de la temperatura sobre la fecha de brotación de vid (vitis vinifera l.) En mendoza este. Bahía Blanca. Bahía Blanca, octubre. Congreso. XIII Reunión Argentina y VI Reunión Latinoamericana de Agrometeorología. Asociación Argentina de Agrometeorología (AADA).

Cavagnaro, M., Canziani P.O. (2011), Variabilidad térmica y duración del ciclo fenológico de la variedad Chardonnay (Vitis Vinifera L.) en el este de Mendoza, Argentina, XVII Congreso Brasileño de Agrometeorología – 18 al 20 de julio de 2011 –Guaraparí – Espíritu Santo, Brasil.

CONAMA (2006). "Estudio de la Variabilidad Climática En Chile Para El Siglo XXI, Informe Final", *Comisión Nacional del Medio Ambiente (Chile)*, 71pp.

Coombe, B.G. (1995). "Growth stages of the grapevine". *Aust. J. Grape and Wine Res.* 1:100-110.

Eichhorn, K.W., Lorenz, D.H. (1977). "Phänologische Entwicklungsstadien der Rebe, Nachrichtenblatt des Deutschen Pflanzenschutzdienstes", *Braunschweig*, 29, 119-120.

Falvey, M., Garreaud, R. (2009). "Regional cooling in a warming world: Recent temperature trends in the SE Pacific and along the west coast of subtropical South America (1979-2006)", *J. Geophys. Res.*, 114, D04102, doi:10.1029/2008JD010519

Ferrer, M., Pedocchi, R., Michelazzo, M., González Neves, G., Carbonneau, A. (2007). Delimitación y descripción de regiones vitícolas del Uruguay en base al método de clasificación climática multicriterio utilizando índices bioclimáticos adaptados a las condiciones del cultivo, Agrociencia, XI ,47 – 56.

Folland, C.K., Renwick, J.A., Salinger, M.J., Mullan, A.B. (2002). Relative influences of the Interdecadal Pacific Oscillation and ENSO on the South Pacific Convergence Zone. Geophys. Res. Lett., 29 (13): 10.1029/2001GL014201.

Fregoni, M. (2003). L'indice bioclimatico di qualitá Fregoni. In: Fregoni, M., Schuster, D., Paoletti, A. (Eds): Terroir, Zonazione Viticoltura, 115-127. Piacenza, Italy (Phytoline: Piacenza)

Gladstones, J. (1992). "Viticulture and Environment". *Winetitles*, Adelaide. 310 pp

Graham, N.E. (1994). "Decadal-scale climate variability in the tropical and North Pacific during the 1970s and 1980s: Observations and model results". *Climate Dynamics* 10:135-162.

Grassi, B., Redaelli, G., Canziani, P.O., Visconti, G. (2011). Effects of the PDO phase on the tropical belt width, J. Clim., 25, 3282.3290.

Hormazabal, S., Lyon, G. (2000). Etude Comparee du climat viticole des régions. Mediterraneennes de la France et du Chili. Tesis de Magister, Ecole Nationale Supérieure Agronomique de Montpellier. 179pp.

Hormazabal Baglietto, S. (2003). Zonificación Vitícola – La Experiencia en Chile, Taller – Seminario: Zonificación del cultivo de la vid, terroir – terruño y potencial de cosecha, cyted.

Huglin, P. (1978). "Nouveau mode d'évaluation des possibilités héliothermiques d'un milieu viticole". In : *Symposium International sur l'Ecologie de la Vigne, 1, 1978*. Constança, Ministère de l'Agriculture et de l'Industrie Alimentaire. p.89-98.

Huth, R., Canziani, P.O. (2003). "Classification of hemispheric monthly mean stratospheric potential vorticity fields", *Annales Geophysicae*.

IPCC (2007). "Climate Change 2007: The Physical Science Basis. Contribution of Working Group I to the Fourth Assessment Report of the Intergovernmental Panel on Climate Change" [Solomon, S., D. Qin, M. Manning, Z. Chen, M. Marquis, K.B. Averyt, M. Tignor and H.L. Miller (eds.)]. *Cambridge University Press*, Cambridge, United Kingdom and New York, NY, USA, 996 pp.

Karpechko, A.Y., Gillett, N.P., Gray, L.J., Dall'Amico, M. (2010). "Influence of ozone recovery and greenhouse gas increases on Southern Hemisphere circulation", *Journal of Geophysical Research*. Volume 115, Issue D22.

Le Quesne, C., Acuña, C., Boninsegna, J.A., Rivera, A., Barichivich, J. (2009). Long-term glacier variations in the Central Andes of Argentina and Chile, inferred from historical records and tree-ring reconstructed precipitation, Palaeogeography, Palaeoclimatology, Palaeoecology, 281, 334-344.

Leiva, J.C. (2005). "Impactos del cambio climático sobre los recursos hídricos en la Cordillera de Los Andes – Un caso de estudio: evidencia, pronostico y consecuencias en la cuenca superior del río Mendoza" en "Situación Ambiental Argentina 2005" A. Brown, U. Martínez Ortiz, M. Acerbi y J. Corcuera Editores. *Fundación Vida Silvestre Argentina*, 2006. 587 p. ISBN 950-9427-14-4. 387-390.

Lozano, P. (2000). "Modelos de predicción de fenología y evolución de madurez en función de grados día, en cuatro cultivares de vid (*Vitis vinifera* L.)". 34 p. Tesis de Ingeniero Agrónomo. Universidad de Talca, Escuela de Agronomía, Talca, Chile.

Mantua, N. J., Hare, S. (2002). The Pacific Decadal Oscillation. J Oceanography, 58, 35-44.

Masiokas, M.H., Villalba, R., Luckman, B., LeQuesne, C., Aravena, J.C. (2006). "Snowpack variations in the central Andes of Argentina and Chile, 1951-2005: Large-scale atmospheric influences and implications for water resources in the region". *Journal of Climate* 19 (24), 6334-6352.

Morales, L., Canessa, M., Mattar, C., Orrego, R., Matus, F. (2006). "Caracterización y zonificación edáfica y climática de la región de Coquimbo, Chile". *J. Soil Sc. Plant Nutr.* 6 (3) 2006 (52-74).

Mullins, M.G., Bouquet, A., Williams, L.E. (1992). "Biology of the grapevine". 239 p. *Cambridge University*, New York, USA.

Nitta T., Yamada S. (1989). "Recent warming of tropical sea surface temperature and its relationship to the Northern Hemisphere circulation", *J. Meteor. Soc. Japan*, 67, 375-382.

Ortega-Farías, S., Lozano, P., Moreno, Y., León, L. (2002). "Desarrollo de modelos predictivos de fenología y evolución de madurez en vid para vino cv. Cabernet Sauvignon y Chardonnay", *Agric. Téc.* [online]. 2002, vol.62, n.1, pp. 27-37. Disponible en: <http://www.scielo.cl/scielo.php?script=sci_arttext&pid=S0365-28072002000100003&lng=es&nrm=iso>. ISSN 0365-2807. doi: 10.4067/S0365-28072002000100003.

Pohl, B., Fachereau, N. (2012). "The Southern Annular mode seen through weather regimes", *J. Clim.*, 25.

Polvani, L. M., Waugh, D. W., Correa, G. J. P. & Son, S-W. (2011). "Stratospheric ozone depletion: The main driver of 20th century atmospheric circulation changes in the Southern Hemisphere", *J. Clim.* 24, 795–812.

Pouget, R. (1988). "Le débourrement des bourgeons de la vigne: méthode de prévision et principes d'établissement d'une échelle de précocité de débourrement", *Connaissance de la Vigne et du Vin*, 22, n°2,105-123.

Pouget, R. (1966). "Étude du rythme végétatif: caractéres physiologiques liés a la précocité de débourrement chez la vigne", *Annales de l'amélioration des plantes*, 16, 81-100.

Pouget, R. (1969). "Étude méthodologique de la précocité relative de débourrement chez la vigne", *Annales de l'amélioration des plantes*, 19, n°1, pp. 81-90.

Pouget, R. (1972). "Considérations générales sur le rythme végétatif et la dormance des bourgeons de la vigne", *Vitis*, 11, 198-217.

Power, S., Casey, T., Folland, C., Colman, A., Mehta, V. (1999). Inter-decadal modulation of the impact of ENSO on Australia. Climate Dynamics, 15, 319-324.

Prieto, M. Del R., Herrera, R., Dussel, P. (2000). "Archival evidence for some aspects of historical climate variability in Argentina and Bolivia during the 17th and 18th centuries". *Southern Hemisphere Paleo and Neoclimates*. W. Volkheimer and P. Smolka (eds). Springer.Verlag, Berlin-Heidelberg, 381 pp.

Prieto, R., Gimeno, L., García, R., Herrera, R., Dussel, P., Ribera, P. (2001). "Interannual oscillations and trend in the snow occurrence in the Argentine-Chilean Central Andes region since 1885", *Australian Meteorological Magazine*, 50:2, pp. 164-168.

Prieto, R, Herrera, R. (2003). "Archival Evidence For Some Aspects Of Historical Climate Variability In Argentina And Bolivia During The Last Four Centuries", 133-137, *Ianigla 1973-2002*.

Pszczolkowski, P. (2000). "El medio natural de Chile como factor de adaptación de la vid". In: *3°Simposio Internacional: Zonificación Vitícola*, Puerto de la Cruz (Tenerife), 9-12 Mai., 2000, tomo I.

Purich, A. Son, S.-W. (2012). "Impact of Antarctic ozone depletion and recovery on Southern Hemisphere Precipitation, Evaporation and Extreme Changes", *J. Clim.*, 25, DOI: 10.1175/JCLI-D-11-00383.1, 2012.

PWC (PriceWaterhouseCoopers) (2009). "Efectos del cambio climático sobre la industria vitivinícola de la Argentina y Chile", 83pp, 2009.

Quintana, J., Aceituno, P. (2006). "Trends and interdecadal variability of rainfall in Chile". *Proceedings of 8 ICSHMO*, Foz do Iguaçu, Brazil, April 24-28, 2006, INPE, p. 371-372.

Seager, R., Naik, N., Baethgen, W., Robertson, A., Kushnir, Y., Nakamura, J., Jurburg, S. (2010). "Tropical oceanic causes of interannual to multidecadal precipitation variability across southeast South America over the past century", *Journal of Climate*, 23: DOI: 10.1175/2010JCLI3578.1.

Seguin, B. (1982). "Synthese des travaux de recherche sur l'influence du climat, du microclimat et du sol sur la physiologie de la vigne, avec quelques elements sur arbres fruitiers". *Vignes & Vins*-Special number Agrometeorologie et Vigne (Sept. 1982), 13-21.

Segunda Comunicación Nacional (2007). Segunda Comunicación Nacional de la República Argentina a la Convención Marco de las Naciones Unidas sobre Cambio Climático, Secretaría de Ambiente y Desarrollo Sustentable de la Nación (Argentina), 197pp.

Son, S.-W. et al. (2010). "Impact of stratospheric ozone on Southern Hemisphere circulation change: A multimodel assessment", *J. Geophys. Res.*, 115, D00M07, doi:10.1029/2010JD014271

Thompson, D.W.J., Solomon, S. (2002). "Interpretation of recent Southern Hemisphere climate change", *Science*, 296, 895–899.

Tonietto, J., Carbonneau, A. (2000). "Système de Classification Climatique Multicritères (CCM) Géoviticole", In: *3°Simposio Internacional: Zonificación Vitícola*, Puerto de la Cruz, Tenerife, Annales. Puerto de la Cruz, Tenerife: OIV/Gesco, p.1-16 v. II.

Tonietto, J. (2002). "Adaptation climatique de la vigne dans l'état du Rio Grande do Sul, Brésil: développement du Système de Classification Climatique Multicritères Viticole", In *International Woerkshop in Temperate Fruit Trees Aadaptation in Subtropical Areas*, 2002, Pelotas Proceedings, Pelotas Embrapa Clima Temperado/Epagri. p.1

Trenberth, K.E. (1990). "Recent observed interdecadal climate changes in the Northern Hemisphere", *Bulletin of the American Meteorological Society* 71:988-993.

UNEP Ozone Assessment 2010 (2010). UNEP/WMO   (World Meteorological Organization), *Scientific Assessment of Ozone Depletion: 2010*, Global Ozone Research and Monitoring Project– Report No. 52, Geneva, Switzerland.

Vila, H., Cañadas, M., Lucero, C.(1999). Caracterización de zonas mesoclimáticas aptas para la vid (vitis vinifera) en la Provincia de San Juan, Argentina, INTA, technical report, 66pp.

Villalba, R., Lara, A., Masiokas, M.H., Urrutia, R., Luckman, B.H., Marshall, G.J., Mundo, I.A., Christie, D.A., Cook, E.R., Neukom, R., Allen, K., Fenwick, P., Boninsegna, J.A., Srur, A.M., Morales, M.S., Araneo, D., Palmer, J.G., Cuq, E., Aravena, J.C., Holz, A., LeQuesne, C. (2012). "Unusual Southern Hemisphere tree growth patterns induced by changes in the Southern Annular Mode", *Nature Geoscience*, 5, 793-798. .

Winkler, A. J., Cook, J. A., Kliewere, W. M., Lider, L. A. (1974). *General Viticulture*, (4th ed.): University of California Press, Berkeley, 740 p.

Yuchechen, A.E., Bischoff, S.A., Canziani, P.O. (2006). "Spatial and temporal perturbations variability in tropical and extratropical systems in South America", *Proceedings of 8 ICSHMO*, Foz do Iguaçu, Brazil, April 24-28, 2006, INPE

Zuluaga, P., Zuluaga, E., Lulmeli, J., De La Iglesia, F. (1971). "Ecología de la vid en la República Argentina". Universidad Nacional de Cuyo, Facultad de Ciencias Agrarias: 61-100 (Mendoza-Argentina).

5 Auswirkungen des Klimawandels auf die klimatische Eignung für den Weinbau in Österreich und Europa

von Herbert Formayer* und Robert Goler*

5.1 KLIMATISCHE ANSPRÜCHE DES WEINS

5.1.1 Einleitung

Der Weinbau als Ganzes und insbesondere die Qualität des Traubenmostes, des Ausgangsmaterials für den Wein, stellen spezielle klimatische Ansprüche. Neben dem Boden ist das Klima der wichtigste Faktor für die Eignung von landwirtschaftlichen Flächen für den Weinbau. Der direkte Zusammenhang zwischen der Witterung während der Vegetationsperiode und dem Zucker- und Säuregehalt kann sogar verwendet werden, um die klimatischen Verhältnisse in historischen Epochen zu rekonstruieren, in denen noch keine messtechnische Erfassung der Witterung möglich war.

In Mitteleuropa befindet sich der Weinbau an der klimatischen Grenze seiner Verbreitung. Als subtropische Pflanze ist die Weinrebe sehr wärmeliebend und verträgt hohe Luftfeuchtigkeit bzw. häufigen Niederschlag schlecht. In Österreich selbst ist der Weinbau daher nur in den wärmsten und trockensten Regionen im Osten und Südosten des Landes ökonomisch rentabel. Selbst hier werden in erster Linie Gunstlagen wie Südhänge für den Weinbau genutzt.

Es ist daher nicht verwunderlich, dass der Weinbau besonders stark durch den Klimawandel betroffen ist. Bereits die beobachtete Erwärmung von mehr als einem Grad innerhalb der letzten Dekaden hat zu veränderten Bedingungen in den heimischen Weinbauregionen geführt. Da wir an der kalten Grenze der Verbreitung des Weinbaus liegen, waren diese Auswirkungen in erster Linie positiv.

Alle derzeitigen Klimaszenarien gehen von einer weiteren Erwärmung in Europa aus, wobei sich je nach Verhalten der Menschen eine Erwärmung von bis zu sechs Grad gegenüber den derzeitigen Verhältnissen einstellen könnte. Neben den Temperaturveränderungen werden sich auch die Niederschlagsverhältnisse verschieben.

Ziel dieses Beitrages ist es, die klimatische Eignung von landwirtschaftlichen Flächen für den Weinbau anhand von Indikatoren, die nur von meteorologischen Kenngrößen abhängig sind, zu definieren und diese klimatische Eignung anhand von beobachteten meteorologischen Daten und Klimaszenarien flächig darzustellen. Dies wird einerseits für Österreich mit einer räumlichen Auflösung von einem Kilometer durchgeführt, andererseits für ganz Europa mit einer räumlichen Auflösung von 25 km.

5.1.2 Datenbasis und Klimaszenarien

Als Datenbasis für die Berechnung der Weinindizes werden für Europa die E-OBS Daten (Haylock et al., 2008) verwendet. Hierbei handelt es sich um einen flächendeckenden Datensatz für ganz Europa mit einer räumlichen Auflösung von 25 km. Enthalten sind Minimum, Maximum und Mittelwert der Temperatur und die Niederschlagssumme auf Tagesbasis von 1950 bis 2011.

* Universität für Bodenkultur Wien, Institut für Meteorologie

Leider reicht die Qualität der E-OBS Daten aufgrund der zu geringen Stationsdichte im Alpenraum nicht aus, um speziell die kleinräumigen Strukturen bei der Niederschlagsverteilung realistisch abzubilden. Selbst auf der europäischen Skala muss man davon ausgehen, dass aufgrund der geringen Anzahl an Bergstationen, die Niederschlagsverteilung an und in der Umgebung von Gebirgen nur schlecht wiedergegeben ist und der Niederschlag hier tendenziell unterschätzt wird.

Für die Lokalisierung in Österreich wurden der INCA Datensatz der ZAMG (Haiden et al., 2009) verwendet. Hierzu wurden die klimatischen Differenzen bzw. Quotienten zwischen den E-OBS Rasterdaten und den INCA Daten mit 1-Kilometer-Auflösung auf Monatsbasis bestimmt und anschließend den E-OBS Tageswerten aufgeprägt (Pospichal et al., 2010). Bei der Temperatur erfolgt hierdurch neben der Lokalisierung auch eine Fehlerkorrektur der E-OBS Daten in Österreich. Beim Niederschlag werden hingegen nur die räumlichen Strukturen innerhalb des 25 km Rasters verwendet, wodurch zwar die kleinräumigen Strukturen realistischer abgebildet werden, die Niederschlagsdaten aber insgesamt noch die Schwächen des E-OBS Datensatzes haben. Da der Niederschlag für die Weinbauindizes jedoch nur eine untergeordnete Rolle spielt und die Temperaturwerte belastbar sind, sind diese Datensätze durchaus für die Berechnung der Weinindizes geeignet.

Für die Bestimmung der klimatischen Bedingungen im 21. Jahrhundert wurden zwei Regionalmodelle (RCMS) des EU-Forschungsprojektes ENSEMBLES (Van der Linden et al., 2009) verwendet. Das Regionalmodell ALADIN wurde hierbei von dem globalen Klimamodell (GCM) ARPEGE angetrieben und das Regionalmodell REMO vom GCM ECHAM5. In beiden Fällen wurde das Emissionsszenario A1B (IPCC 2000) verwendet, das als durchaus realistisches Emissionsszenario angesehen werden kann. Durch den Einsatz zweier unterschiedlicher RCMs die zudem von unterschiedlichen GCMs getrieben werden, stellen diese beiden Modelle durchaus eine repräsentative Auswahl der möglichen klimatischen Entwicklung im 21. Jahrhundert dar.

Für beide RCMs liegen Szenarien für den Zeitraum 1950 bis 2100 für ganz Europa und auf Tagesbasis mit 25 km räumlicher Auflösung vor. Da die Qualität der derzeitigen RCMs noch nicht ausreicht, um ihre Ergebnisse direkt für Indizesanalysen zu verwenden, wurde eine Fehlerkorrektur mithilfe der E-OBS Daten für die Temperaturen und den Niederschlag mittels Quantile Mapping (Deque, 2007, Formayer et al., 2010) durchgeführt. Die Lokalisierung in Österreich auf ein Kilometer wurde wieder mithilfe der INCA Daten durchgeführt.

Um die Entwicklung im 21. Jahrhundert darzustellen, wurden die mittleren klimatischen Bedingungen um die Jahrhundertmitte (2036 bis 2065) und am Ende (2071 bis 2100) mit den historischen Bedingungen in der Periode 1981 bis 2010 verglichen. Um den bereits erfolgten Klimawandel zu quantifizieren, wurde zudem die Periode 1951 bis 1980 untersucht.

In Abbildung 1 sind die Temperaturszenarien in Europa im 21. Jahrhundert dargestellt. Es wird jeweils die Differenz zwischen den Bedingungen in der Mitte des Jahrhunderts (linke Seite) und am Ende des Jahrhunderts (rechte Seite) mit der Referenzperiode 1981-2010 dargestellt. In der Mitte des Jahrhunderts sind die Unterschiede zwischen den Modellen bei der Jahresmitteltemperatur sehr gering. Großflächig beträgt die Erwärmung zwischen ein und zwei Grad. Für das Ende des Jahrhunderts ergeben sich Temperaturanstiege zwischen zwei und vier Grad, wobei sie in Mitteleuropa großteils nahe bei drei Grad liegen. Im Mittelmeerraum und im Norden von Skandinavien können jedoch auch Werte von vier und gar fünf Grad erreicht werden.

Abbildung 1:   *Klimaänderungssignale für die Jahresmitteltemperatur für die RCMs ALADIN (oben) und REMO (unten) für die Mitte (links) und das Ende (rechts) des 21. Jahrhunderts. Die Änderungen beziehen sich jeweils auf die Periode 1981-2010.*

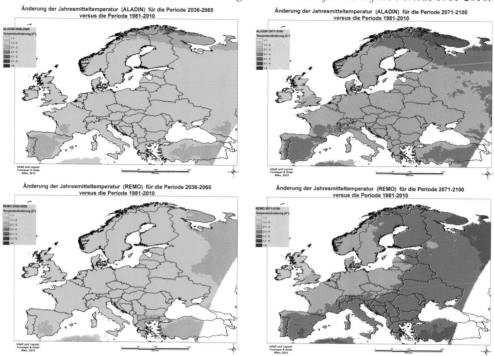

In Österreich (Abbildung 2) beträgt die weitere Erwärmung bis zur Mitte des Jahrhunderts in beiden Modellen etwas mehr als 1,5 Grad und bis zum Ende des Jahrhunderts liegen die Werte beim Modell ALADIN bei etwa 2,8 Grad und bei REMO bei 3,2 Grad.

Sowohl für ganz Europa als auch in Österreich verhalten sich die beiden Modelle in der Jahresmitteltemperatur sehr ähnlich, jedoch entwickeln die Modelle sehr unterschiedliche saisonale Erwärmungstrends (siehe Abbildung 2). ALADIN zeigt seine maximale Erwärmung im Sommer, im Winter ist die Erwärmung nur schwach. Im Modell REMO ist die Erwärmung fast genauso groß wie im Sommer. Dies liegt teilweise auch an den unterschiedlichen Niederschlagstrends.

Abbildung 2:   *Klimaänderungssignale für die Temperatur auf Monatsbasis für die RCMs ALADIN*
und REMO gemittelt über Österreich für die Mitte (links) und das Ende (rechts) des
21. Jahrhunderts. Die Änderungen beziehen sich jeweils auf die Periode 1981-2010.

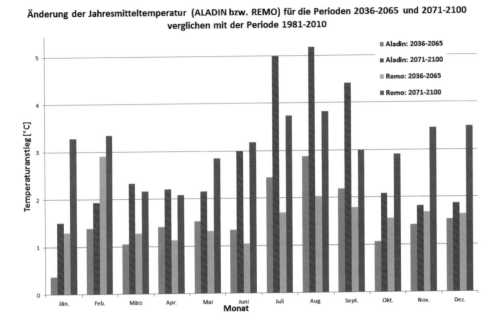

In Abbildung 3 sind die Klimaänderungssignale für den Niederschlag dargestellt. Hierbei wird der
Quotient der mittleren Jahresniederschlagssumme aus der Klimaperiode und der Referenzperiode
1981-2010 dargestellt. Werte, die kleiner als eins sind, stellen daher eine Niederschlagsabnahme dar
und Werte größer als eins eine Niederschlagszunahme.

Auch beim Niederschlag sieht man, dass die Veränderungen bis zur Mitte des Jahrhunderts deutlich
geringer sind als bis zum Ende. In beiden Perioden werden jedoch auch klare räumliche Strukturen in
beiden Modellen sichtbar. In beiden Modellen kommt es zu einer deutlichen Niederschlagsreduktion
im Mittelmeerraum. Bei ALADIN dehnt sich das Gebiet mit der Niederschlagsabnahme weiter nach
West- und auch Mitteleuropa aus. Im Norden Skandinaviens und auch Russlands hingegen kommt es
zu einer Niederschlagszunahme.

In Mitteleuropa und im Alpenraum zeigt sich bei beiden Modellen eine unterschiedliche Entwicklung.
Bis zur Mitte des Jahrhunderts zeigen beide Modelle kaum eine Niederschlagsveränderung. Über
Österreich gemittelt (Abbildung 4) beträgt diese bei ALADIN nur einige Zehntel Prozent Abnahme
und bei REMO eine Zunahme von weniger als zwei Prozent. Bis zum Ende des Jahrhunderts
verstärken sich die unterschiedlichen Trends und bei ALADIN liegt dann die Abnahme des
Jahresniederschlags bei acht Prozent und bei REMO bei einer Zunahme von fünf Prozent. Die
Niederschlagsabnahme bei ALADIN wird hauptsächlich durch eine sehr starke Niederschlagsabnahme
im Sommer verursacht.

Diese Ergebnisse zeigen, dass die Niederschlagsszenarien deutlich stärker zwischen den verschiedenen
Szenarien streuen. Bei uns in Österreich kann man jedoch von einem Gleichbleiben der
Jahresniederschlagsmenge ausgehen, wobei Änderungen von ± 10 Prozent nicht ausgeschlossen sind.

Abbildung 3: *Klimaänderungssignale für die Jahresniederschlagssumme für die RCMs ALADIN (oben) und REMO (unten) für die Mitte (links) und das Ende (rechts) des 21. Jahrhunderts. Dargestellt ist das Verhältnis der dreißigjährigen Niederschlagsmittel im Mittel der Periode 1981-2010 (< 1 = trockner; > 1= feuchter).*

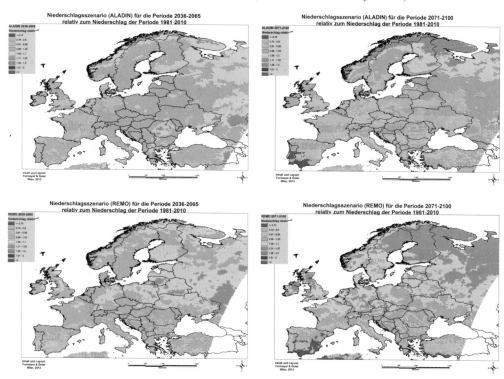

Abbildung 4:   *Klimaänderungssignale für den Jahresniederschlag für die RCMs ALADIN und REMO gemittelt über Österreich für die Mitte (links) und das Ende (rechts) des 21. Jahrhunderts. Die relativen Änderungen in Prozent beziehen sich jeweils auf die Periode 1981-2010.*

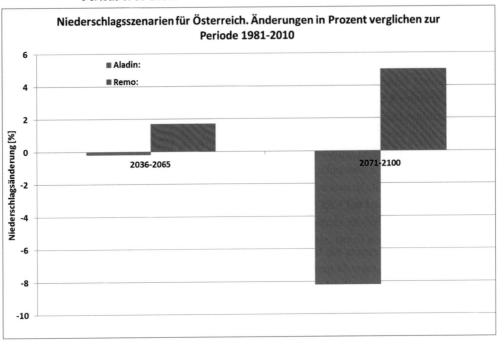

5.1.3   Temperatursummenbasierte Indikatoren

Die Entwicklung der Weintrauben während der Wachstumsperiode, ja auch der Beginn der Wachstumsperiode selbst ist in erster Linie temperaturgesteuert. Dies gilt besonders für die vegetative Phase der Weinentwicklung, also bis zum Traubenansatz. Innerhalb der reproduktiven Phase spielt auch die Sonnenstrahlung eine wichtige Rolle. Derartige Zusammenhänge können sehr gut mittels Temperatursummenverfahren abgebildet werden. Das Grundkonzept hierbei ist, dass man Temperaturwerte auf Tagesbasis akkumuliert, sobald sie ein spezielles Kriterium erfüllen. Wenn man hierbei nicht nur mit Tagesmitteltemperaturen arbeitet, sondern auch das Temperaturmaximum verwendet, welches sehr stark von der Sonneneinstrahlung abhängt, kann implizit auch der Strahlungseffekt mit berücksichtigt werden. Beim Weinbau kann man mit derartigen Methoden nicht nur die generelle thermische Eignung einer Region für den Weinbau ableiten, durch die unterschiedlichen thermischen Ansprüche der Weinsorten kann man sogar darstellen, welche Weinsorten besonders gut geeignet sind.

Eines der bekanntesten Verfahren zur Darstellung der thermischen Eignung von Weinbauregionen stellt der international häufig verwendete Huglin-Index (Huglin, 1986) dar. Bei diesem fließen das tägliche Temperaturmittel und -maximum in dem Zeitraum zwischen dem 1. April und dem 30. September ein. Eine exakte Definition ist in der Formel I dargestellt.

Formel I:

$$HI = K * \sum_{01.04}^{30.09} \frac{Tmit + Tmax - 20}{2}$$

Tmit = Tagesmittel der Temperatur
Tmax = Tagesmaximum der Temperatur
K (40°) = 1,02
K (50°) = 1,06

Generell kann man von einer thermischen Eignung einer Region für den Weinbau ausgehen, wenn der Huglin-Index im langjährigen Mittel Werte von mindestens 1500 erreicht. Dies reicht jedoch nur für Rebsorten mit sehr geringen thermischen Ansprüchen wie dem Müller Thurgau oder dem Blauen Portugieser. Wärmeliebendere Sorten wie der Merlot oder der Welschriesling bevorzugen Huglin-Werte zwischen 1900 und 2000 und die schweren Süßweinsorten benötigen sogar Huglin-Werte von mehr als 2300. In Tabelle 1 ist eine Zusammenstellung der Huglin-Werte und der entsprechenden Rebsorten dargestellt.

Tabelle 1:   Zuordnung der Huglin-Indexwerte zu Klimaansprüchen von Rebsorten

Huglin-Index	Rebsorten
H < 1500	keine Anbauempfehlung
1500 ≤ H < 1600	Müller Thurgau, Blauer Portugieser
1600 ≤ H < 1700	Pinot Blanc, Grauer Burgunder, Aligoté, Gamay Noir, Gewürztraminer
1700 ≤ H < 1800	Riesling, Chardonnay, Silvaner, Sauvignon Blanc, Pinot Noir, Grüner Veltliner
1800 ≤ H < 1900	Cabernet Franc
1900 ≤ H < 2000	Chenin Blanc, Cabernet Sauvignon, Merlot, Semillion, Welschriesling
2000 ≤ H < 2100	Ugni Blanc
2100 ≤ H < 2200	Grenache, Syrah, Cinsaut
2200 ≤ H < 2300	Carignan
2300 ≤ H < 2400	Aramon

Quelle: Wikipedia modifiziert

In Österreich hat sich Otmar Harlfinger ausführlich mit den klimatischen Ansprüchen des Weinbaus auseinander gesetzt (Harlfinger, 2002). Er entwickelte einen für Österreich optimierten

Temperatursummenansatz basierend auf der Tagesminimum- und Tagesmaximumtemperatur und dem Temperaturwert um 14 Uhr. Durch die Summierung der Mittagstemperatur spielt bei der Temperatursumme nach Harlfinger die Strahlung eine wesentliche Rolle. Sie ist daher sehr gut geeignet, die Entwicklung des Zucker- und Säuregehaltes im Traubensaft abzubilden. In verschiedenen Studien konnte gezeigt werden, dass die Temperatursumme nach Harlfinger sogar geeignet ist, die Reifeentwicklung der Traube vorherzusagen (Formayer et al., 2013). Die exakte Definition der Harlfinger Temperatursumme ist in Formel II dargestellt. Generell kann man von einer thermischen Eignung für den Weinbau ausgehen, wenn eine Temperatursumme von 3500 erreicht wird.

Formel II:

$$\forall \; Tmin > 5°C \cap Tmax > 15°C \;\; \sum T14$$

T14 = Temperatur um 14 Uhr (Normalzeit)
Tmin = Tagesminimum der Temperatur
Tmax = Tagesmaximum der Temperatur

Da in dieser Arbeit Daten von ganz Europa und auch Klimawandelszenarien bearbeitet wurden, für welche keine Temperaturinformationen um 14 Uhr vorliegen, wurde anstelle der 14 Uhr Temperatur das Tagesmaximum für die Summierung herangezogen. Natürlich ist das Temperaturmaximum etwas wärmer als die 14 Uhr Temperatur. Da jedoch für alle Anwendungen dieselbe Methodik verwendet wurde, sollte dies kein Problem sein. Lediglich der Grenzwert für den Weinbau mit 3500 sollte mit dieser Methodik etwas zu optimistisch sein. Die exakte Definition der Harlfinger Temperatursumme in dieser Arbeit ist in Formel III dargestellt.

Formel III:

$$\forall \; Tmin > 5°C \cap Tmax > 15°C \;\; \sum Tmax$$

Tmin = Tagesminimum der Temperatur
Tmax = Tagesmaximum der Temperatur

5.1.4   Limitierung des Weinbaus aufgrund des Winterfrostes und des Niederschlags

Neben den thermischen Ansprüchen der Weinpflanze während der Vegetationsperiode spielen noch weitere klimatische Faktoren eine Rolle bei der Verbreitung des Weinbaus. Gesamteuropäisch betrachtet ist eine wesentliche Limitierung der strenge Winterfrost in weiten Teilen Zentral- und Osteuropas. Temperaturen von unter -20 °C sollten wenn möglich nie oder höchst selten vorkommen, da bei derart niedrigen Temperaturen die Rebstöcke selbst gefährdet sind und damit sehr hohe Kosten für die Wiederanpflanzung und Ernteverluste über mehrere Jahre für den Winzer anfallen. Selbst in Österreich können in Beckenlagen derart tiefe Wintertemperaturen erreicht werden. Daher findet in vielen Regionen Österreichs und speziell in der Steiermark der Weinbau in Hügellagen statt. Neben der höheren Einstrahlung an Südhängen und der reduzierten Spätfrosthäufigkeit ist auch das seltenere Erreichen von Temperaturen unter -20 °C ein Grund dafür.

In der Literatur wird meist nicht die Häufigkeitswahrscheinlichkeit von Temperaturen unter -20 °C verwendet, da früher Tagesminimumstemperaturen kaum zugänglich waren. Daher wurde dieses Winterfrostrisiko entweder an der mittleren Temperatur des kältesten Monats oder der Wintermitteltemperatur selbst fest gemacht. Übliche Angaben hierbei sind etwa -1 °C für den kältesten Monat oder -0.3 °C für die Wintermitteltemperatur (Dezember, Jänner, Februar). In dieser Arbeit verwenden wir als Grenze für den Weinbau eine Wintermitteltemperatur von -0.5 °C. In Gebieten, wo die Wintermitteltemperatur unter -0.5 °C liegt, kann man davon ausgehen, dass das Winterfrostrisiko für die Rebstöcke zu hoch ist, um einen ökonomisch rentablen Weinbau betreiben zu können.

Ein weiteres Klimakriterium ist der Wasserverbrauch. Da der Wein aus subtropischen Regionen stammt, kommt er mit einer Wasserversorgung von etwa 450 bis 500 mm Jahresniederschlag aus. Diese Niederschlagsmengen werden in ganz Europa erreicht und im Großteil von Europa deutlich überschritten. Niederschlagsmangel stellt daher meist nur bei der Anzucht neuer Rebstöcke eine Rolle, die noch kein ausgeprägtes Wurzelsystem besitzen. Für Österreich deutlich relevanter ist jedoch, dass Wein auch zu viel Niederschlag bekommen kann. Hierbei spielt auch die Niederschlagshäufigkeit eine wichtige Rolle, da viele Pilzerkrankungen sich bei häufiger Blattnässe besonders gut ausbreiten können. In Österreich geht man davon aus, dass die optimalen Niederschlagsverhältnisse bei 500 bis 900 mm liegen. In dieser Arbeit haben wir daher als Grenzwert für die Jahresniederschlagsmenge 1000 mm angenommen. In Regionen mit mehr als 1000 mm Jahresniederschlag muss man davon ausgehen, dass aufgrund der häufigen Abschattung der Sonne durch Wolken und der häufigen Blattnässe und der damit verbundenen Erkrankungen kein ökonomisch rentabler Weinbau möglich ist.

5.2   RÄUMLICHE VERTEILUNG DER INDIKATORWERTE IN ÖSTERREICH

In diesem Kapitel beschäftigen wir uns mit der räumlichen Verteilung der oben beschriebenen Klimakennzahlen in Österreich. In Abbildung 5 sind die Ergebnisse für den Harlfinger-Index dargestellt. Wie in den weiteren Abbildungen auch sind hier sechs Karten zusammengestellt. Die beiden obersten stellen die historische Entwicklung für die Zeitperiode 1951-1980 (links) und 1981-2010 (rechts dar). Man erkennt deutlich die Wirkung der Erwärmung der letzten Jahre. Während man in der Periode 1951-1980 nur im Neusiedlersee-Seewinkelgebiet außerhalb der Gunstlagen gesichert Weinbau betreiben konnte, haben sich diese Gebiete bis heute (1981-2010) schon deutlich ausgeweitet und erstrecken sich über weite Teile des niederösterreichischen Donautals und des Weinviertels sowie in den Tieflagen des Südburgenlandes und der Südoststeiermark.

In der mittleren Reihe sind die Klimaszenarien für die Mitte des 21. Jahrhunderts für das Klimamodell ALADIN (links) und REMO (rechts) dargestellt. Beide Modelle zeigen sehr ähnliche Entwicklungen. Die thermische Eignung weitet sich massiv aus und erstreckt sich faktisch über das gesamte Donautal, das Burgenland, das Grazer Becken und die Südoststeiermark. Auch das Klagenfurter Becken sowie das Rhein-, Inn- und Teile des Salzachtales werden thermisch für den Weinbau geeignet.

Für die letzten drei Jahrzehnte des Jahrhunderts (untere Reihe) zeigen wieder beide Modelle sehr ähnliche Bedingungen und außerhalb der alpinen Regionen und der Hochlagen des Wald- und Mühlviertels ist faktisch ganz Österreich thermisch für den Weinbau geeignet.

Abbildung 5:   Temperatursumme nach Harlfinger in Österreich für die Perioden 1951-1980 und 1981-2010 aus Beobachtungsdaten (oben) sowie zwei Szenarien für die Perioden 2036-2065 (Mitte) und 2071-2100 (unten). Ab Harlfinger-Werten über 3500 ist kommerzieller Weinbau ohne zusätzliche Faktoren (Gunstlagen) möglich.

Diese Karten im Großformat: siehe Ende des Kapitels

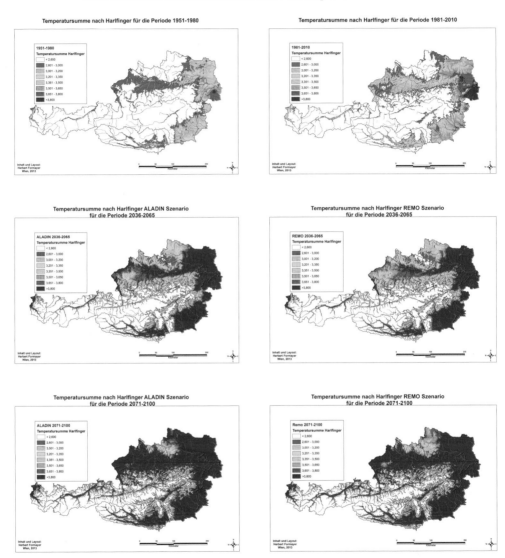

Der Huglin-Index (Abbildung 6) zeigt sehr ähnliche Ergebnisse wie der Harlfinger-Index. Während in der Periode 1951-1980 gerade einmal im Seewinkel der Anbau von Grünem Veltliner außerhalb von Gunstlagen möglich war, ist dies heute in allen österreichischen Weingebieten möglich und im Seewinkel können schon typisch mediterrane Sorten angebaut werden.

Bis zur Mitte des Jahrhunderts verändert sich das Anbaupotenzial ähnlich wie beim Harlfinger-Index, wobei in den wärmsten Regionen Österreichs auch bereits extrem wärmeliebende Sorten angebaut werden können.

Bis zum Ende des Jahrhunderts zeigt ALADIN (links) eine etwas stärkere Entwicklung. Im ALADIN Fall bestehen faktisch in allen derzeitigen Weinbaugebieten keine thermischen Limitierungen mehr und es können die wärmeliebendsten Rebsorten angebaut werden. Weinbau selbst kann wiederum in ganz Österreich außerhalb der Gebirgsregionen erfolgen.

Abbildung 6:   *Huglin-Index in Österreich für die Perioden 1951-1980 und 1981-2010 aus Beobachtungsdaten (oben) sowie zwei Szenarien für die Perioden 2036-2065 (Mitte) und 2071-2100 (unten). Ab Huglin-Werten über 1500 ist kommerzieller Weinbau ohne zusätzliche Faktoren (Gunstlagen) möglich.*

Diese Karten im Großformat: siehe Ende des Kapitels

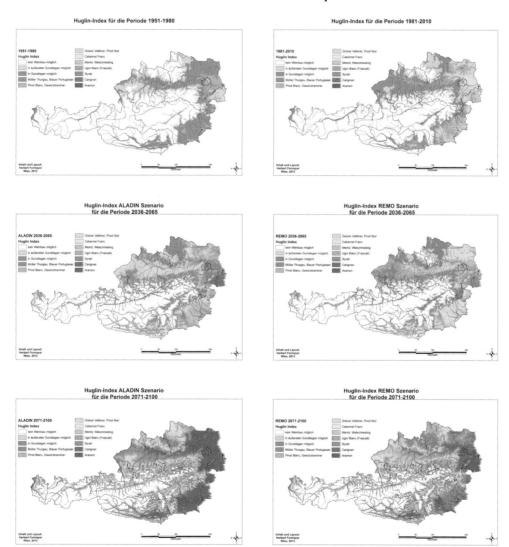

In der Abbildung 7 ist die räumliche Verteilung der Winterfrostgefahr für Österreich dargestellt. Während in der Periode 1951-1980 faktisch nur der Wiener Raum und das nördliche Burgenland, der Raum um Radkersburg und das Rheintal für den Weinbau außerhalb von Gunstlagen (hier Hügellagen oberhalb von Kaltluftseen) für den Weinbau geeignet waren, haben sich diese Gebiete bis heute stark ausgeweitet. Heute sind schon weite Teile des Donautals, das Weinviertel und das nördliche

Burgenland sowie Teile des Südburgenlandes und der östlichen Steiermark, das Rheintal und Teile des Flachgaus geeignet.

Bis zur Mitte des Jahrhunderts zeigt das Modell REMO (rechts) eine etwas stärkere Entwicklung, aber in beiden Modellen zieht sich dieses Kriterium in Seehöhenlagen um die 1000 m zurück. Ausnahme ist nur das Klagenfurter Becken, das großteils noch zu kalt ist.

Bis zum Ende des Jahrhunderts zieht sich dieses Kriterium nach dem REMO Szenario in Hochgebirgslagen jenseits der 1500 m Seehöhe zurück. Beim ALADIN Szenario ist die Änderung nicht so ausgeprägt, aber auch hier sind nur mehr Lagen oberhalb von 1000 m Seehöhe und einzelne Teile des Klagenfurter Beckens betroffen.

Abbildung 7:   *Wintermitteltemperatur in Österreich für die Perioden 1951-1980 und 1981-2010 aus Beobachtungsdaten (oben) sowie zwei Szenarien für die Perioden 2036-2065 (Mitte) und 2071-2100 (unten). Ab einer Wintermitteltemperatur unter -0.5 °C ist die Wahrscheinlichkeit für schwere Winterfröste für den kommerziellen Weinbau zu hoch.*

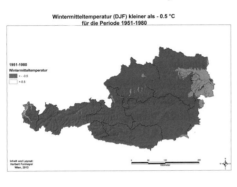
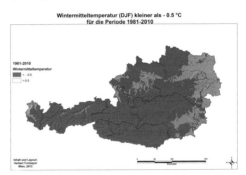
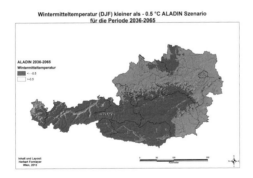
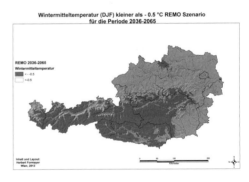
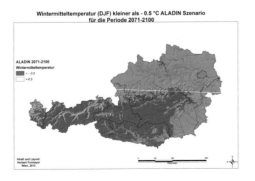
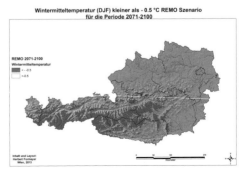

Bei den Niederschlagsverhältnissen (Abbildung 8) zeigt sich keine so dramatische Veränderung wie bei den temperaturabhängigen Indizes. Der Grenzwert von 1000 mm Jahresniederschlag wird entlang des ganzen Alpenhauptkamms bis in die Rax/Schneebergregion überschritten, wobei nur die inneralpinen Trockentäler herausfallen. Auch entlang des Nordstaus der Alpen in Tirol, Salzburg, Ober- und Teilen Niederösterreichs sowie in Kärnten und dem steirischen Randgebirge werden mehr als 1000 mm erreicht. In den Klimaszenarien vergrößert sich das Gebiet mit Überschreitung entlang des Alpennordstaus und nimmt im oberen Murtal und in Unterkärnten ab.

Abbildung 8:   *Jahresniederschlagssumme in Österreich für die Perioden 1951-1980 und 1981-2010 aus Beobachtungsdaten (oben) sowie zwei Szenarien für die Perioden 2036-2065 (Mitte) und 2071-2100 (unten). Ab einer Jahresniederschlagsmenge von mehr als 1000 mm muss man von einem hohen Risiko für Pilzerkrankungen sowie von einer deutlich reduzierten Sonneneinstrahlung ausgehen.*

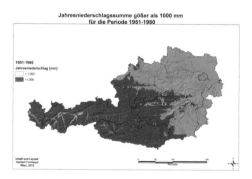
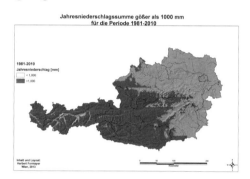
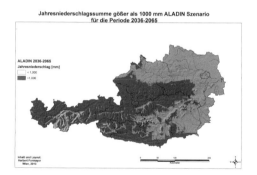
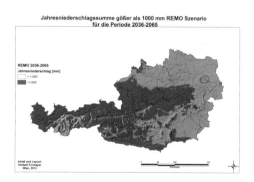
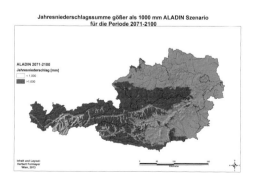
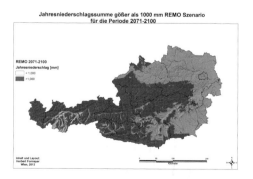

Bei der Zusammenschau aller Indikatoren (Abbildung 9) zeigt sich, dass in der Periode 1951-1980 vor allem der Winterfrost limitierend für den Weinbau war. Nur im Rheintal war der Niederschlag limitierend (vergleiche auch Abbildung 7 und Abbildung 8). Unter heutigen Verhältnissen ist noch immer der Winterfrost der Hauptfaktor, wobei die Gebiete, in denen nur der Niederschlag limitierend ist, zunehmen. Außerhalb der klassischen österreichischen Weinbaugebiete wäre heute schon ein Weinbau in Teilen des Inntales sowie im oberösterreichischen Zentralgebiet und in Teilen des Alpenvorlandes möglich.

Bis zur Mitte des Jahrhunderts nimmt die Wintertemperatur als limitierender Faktor deutlich ab und speziell im nordalpinen Vorland ist nur mehr der Niederschlag limitierend. In Gebieten ohne Niederschlags- und Winterlimitierung herrschen generell sehr günstige Bedingungen. Bis zum Ende des Jahrhunderts wird faktisch das ganze Wald- und Mühlviertel für den Weinbau geeignet sein. Limitierungen gibt es nur mehr im Hochgebirge sowie im niederschlagsreichen Nord- und Südstau. Die Ergebnisse des Klimaszenarios von REMO sehen sehr ähnlich dem in Abbildung 9 gezeigten ALADIN Szenario aus.

Abbildung 9:   *Klimatische Eignung für den Weinbau in Österreich für die Perioden 1951-1980 und 1981-2010 aus Beobachtungsdaten (oben) sowie zwei Szenarien für die Perioden 2036-2065 (Mitte) und 2071-2100 (unten).*

Diese Karten im Großformat: siehe Ende des Kapitels

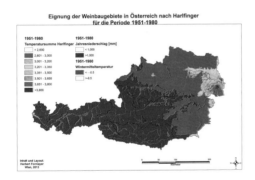
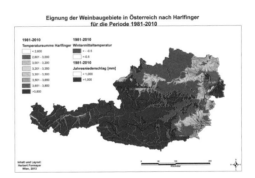
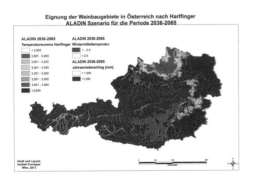
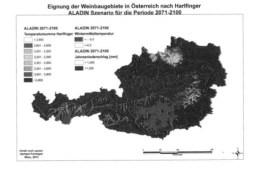

5.3   RÄUMLICHE VERTEILUNG DER INDIKATORWERTE IN EUROPA

Bei der Verteilung der Huglin-Indexwerte in Europa (Abbildung 10) zeigt sich ein deutlicher Nord-Südgradient. Entlang der Mittelmeerküste gibt es faktisch keine thermische Limitierung während der Vegetationsperiode. In der Periode 1951-1980 reichten die Weinbaugebiete in Westeuropa bis ins Loiretal und die Champagne in Frankreich sowie teilweise bis ins Rheintal. In Osteuropa verläuft die Grenze des Weinbaues faktisch breitenkreisparallel, wobei die Höhe in etwa auf der ungarisch-slowakischen Grenze verläuft.

Die bisherige Erwärmung der letzten Jahrzehnte hat sich bereits deutlich auf Europa ausgewirkt. Faktisch ganz Frankreich ist bereits für den Weinbau geeignet, wobei an der Nordseeküste nur Gunstlagen in Frage kommen. In Gunstlagen ist der Weinbau jedoch auch schon in Südengland möglich. In Mitteleuropa sind bereits weite Gebiete von Ostdeutschland, Westpolen und Tschechien für den Weinbau geeignet und in Osteuropa ist die Eignung bis zur Grenze von Weißrussland vorgestoßen.

Bei den Klimaszenarien zeigt das Modell ALADIN (links) eine deutlich stärkere Entwicklung als das REMO Modell. In Westeuropa ist die Weinbaueignung bis nach Südengland und an die deutsch/dänische Grenze vorgestoßen. Von dort erstreckt sie sich fast exakt breitenkreisparallel bis hinein nach Russland.

Bis zum Ende des Jahrhunderts sind auch südschwedische Gunstlagen für den Weinbau geeignet und in weiten Teilen der baltischen Staaten sind Gunstlagen nicht einmal mehr notwendig. In Polen herrschen großflächig thermische Verhältnisse, wie sie heute in den französischen Weinbaugebieten Bordeaux und Armagnac anzutreffen sind. In Osteuropa wäre sogar im Umland von Moskau Weinbau möglich.

Abbildung 10:   Huglin-Index in Europa für die Perioden 1951-1980 und 1981-2010 aus Beobachtungsdaten (oben) sowie zwei Szenarien für die Perioden 2036-2065 (Mitte) und 2071-2100 (unten). Ab Huglin-Werten über 1500 ist kommerzieller Weinbau ohne zusätzliche Faktoren (Gunstlagen) möglich.

Diese Karten im Großformat: siehe Ende des Kapitels

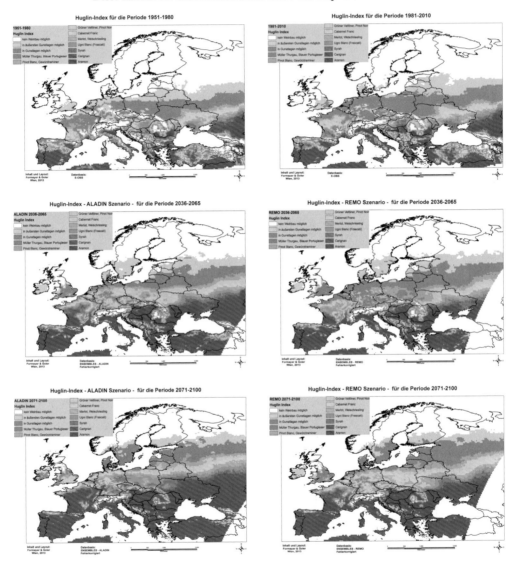

Natürlich ist die thermische Eignung während der Vegetationsperiode nur eine Voraussetzung für den Weinanbau. Viel entscheidender sind in Kontinentaleuropa die Wintertemperaturen (Abbildung 11). In der Periode 1951-1980 war ganz Skandinavien bis auf das Grenzgebiet zu Dänemark, der Alpenraum einschließlich Bayerns sowie östlich der deutsch/polnisch und deutsch/tschechischen Grenze der Winter zu kalt. Östlich von Österreich waren lediglich Ungarn und Teile von Kroatien für den Weinbau geeignet. In Osteuropa war die Südgrenze der Weinbaueignung die Nordküste des Schwarzen Meeres sowie Südrumänien. Die bisherige Erwärmung hat sich vor allem in Deutschland und Polen ausgewirkt. Ganz Deutschland – abgesehen von den Gebirgsregionen – und Westpolen sind nun bereits im Winter warm genug für den Weinbau. In Südosteuropa hat die bisherige Erwärmung noch keine größeren Auswirkungen gehabt.

Bis zur Mitte des 21. Jahrhunderts zeigt sich ein weiterer starker Rückgang der Wintertemperaturlimitierung. Hier zeigt das REMO Modell eine stärkere Reaktion. Faktisch ganz Polen ist nun für den Weinbau geeignet und auch in Südschweden werden die Gebiete immer ausgedehnter. In der Slowakei und in Rumänien sind nur mehr die Gebirgsregionen nicht geeignet und auch in der Südukraine wird Weinbau möglich.

Bis zum Ende des Jahrhunderts dehnt sich der Weinbau nach dem REMO Szenario beinahe überall bis an die russische Grenze aus. Lediglich die kontinentalen Gebirgsregionen sowie Skandinavien abgesehen von Südschweden sind nicht für den Weinbau aufgrund der Wintertemperatur geeignet. Beim ALADIN Szenario bleiben zusätzlich noch Teile von Weißrussland und der Ukraine nicht für den Weinanbau geeignet.

Abbildung 11:   *Wintermitteltemperatur in Europa für die Perioden 1951-1980 und 1981-2010 aus Beobachtungsdaten (oben) sowie zwei Szenarien für die Perioden 2036-2065 (Mitte) und 2071-2100 (unten). Ab einer Wintermitteltemperatur unter -0,5 °C ist die Wahrscheinlichkeit für schwere Winterfröste für den kommerziellen Weinbau zu hoch.*

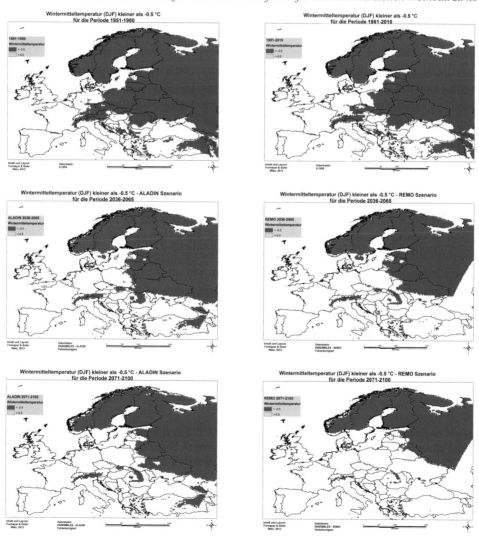

Das Niederschlagskriterium von mehr als 1000 mm Jahresniederschlag, das in Österreich eine wichtige Rolle spielt, ist für Europa nicht relevant. Faktisch nur in Gebirgsregionen werden in Europa Niederschlagsmengen von mehr als 1000 mm erreicht (Abbildung 12). Zudem zeigt es sich, dass es durch den Klimawandel zu keinen nennenswerten Verschiebungen dieser Zonen kommen wird.

Abbildung 12:   *Jahresniederschlagssumme in Europa für die Perioden 1951-1980 und 1981-2010 aus Beobachtungsdaten (oben) sowie zwei Szenarien für die Perioden 2036-2065 (Mitte) und 2071-2100 (unten). Ab einer Jahresniederschlagsmenge von mehr als 1000 mm muss man von einem hohen Risiko für Pilzerkrankungen sowie von einer deutlich reduzierten Sonneneinstrahlung ausgehen.*

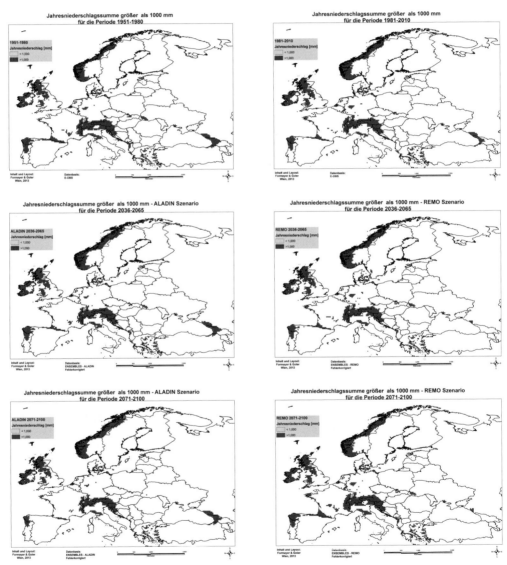

Eine Zusammenschau aller Weinbaukriterien anhand des ALADIN Szenarios ist in Abbildung 13 dargestellt. In der Periode 1951-1980 (links oben) waren der wichtigste limitierende Faktor für den Weinanbau in Europa die kalten kontinentalen Winter. Lediglich an der Nordseeküste und in England waren die thermischen Bedingungen während der Wachstumsperiode nicht ausreichend für den

Weinbau. Die Niederschlagslimitierung spielte kaum eine Rolle, da diese nur in Gebirgsregionen auftritt und dort meist auch eine Temperaturlimitierung gegeben war.

Bereits bis heute (1981-2010; rechts oben) hat sich einiges verändert. Vor allem in Ostdeutschland und Westpolen sind sowohl die Winter warm genug geworden, als auch die thermischen Bedingungen während der Wachstumsphase haben sich hin zur Weinbaueignung entwickelt. In den bisherigen Weinbaugebieten ist nun das Klima für weit wärmeliebendere Rebsorten geeignet.

Bis zur Mitte des 21. Jahrhunderts (unten links) erfolgt eine Ausweitung der potenziellen Weinbaugebiete nach Südengland, ganz Deutschland, Polen und Tschechien. In Alpenraum selbst wird nun immer häufiger der Niederschlag der limitierende Faktor. Bis zum Ende des Jahrhunderts sind faktisch nur noch große Teile Skandinaviens und Russland nicht für den Weinanbau geeignet. Ansonsten ist der Weinbau abgesehen von einzelnen Gebirgsregionen zumindest aus klimatologischer Sicht überall möglich.

Abbildung 13:   Klimatische Eignung für den Weinbau in Europa für die Perioden 1951-1980 und 1981-2010 aus Beobachtungsdaten (oben) sowie zwei Szenarien für die Perioden 2036-2065 (Mitte) und 2071-2100 (unten).

Diese Karten im Großformat: siehe Ende des Kapitels

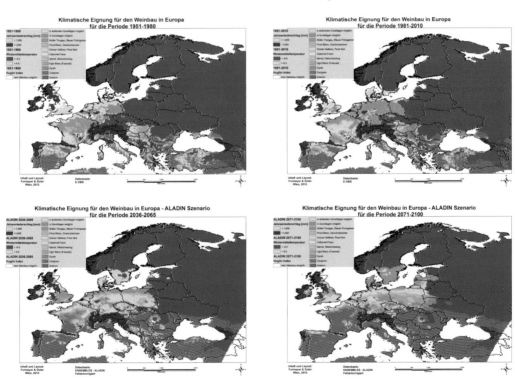

5.4   ZUSAMMENFASSUNG UND SCHLUSSFOLGERUNGEN

In dieser Arbeit wurde versucht, die Auswirkungen des bisherigen Klimawandels sowie den zu erwartenden Klimawandel im 21. Jahrhundert auf die klimatologische Eignung von Gebieten für den Weinbau abzuschätzen. Hierfür wurde in Österreich mit einer räumlichen Auflösung von 1 km und für Europa mit einer Auflösung von 25 km gearbeitet. Als klimatische Indikatoren für die Weinbaueignung wurden der Harlfinger- und der Huglin-Index für die thermische Eignung während der Wachstumsperiode verwendet. Zudem wurden ein thermischer Indikator für den Winterfrost und ein Indikator für zu hohen Niederschlag verwendet.

Historisch gesehen war bisher der Winterfrost die wichtigste Limitierung für den Weinbau in Kontinentaleuropa. Thermische Limitierungen während der Wachstumsphase treten hingegen erst in etwa nördlich des 50. Breitengrades auf und sind derzeit Hauptgrund, warum auf den Britischen Inseln kaum Wein angebaut wird.

Zu viel Niederschlag (Jahresniederschlagsmengen von mehr als 1000 mm) kommt nur in Gebirgsregionen vor und spielt daher auf der europäischen Skala keine Rolle, gewinnt aber in Österreich durch den Klimawandel immer mehr an Gewicht.

Die Erwärmung der letzten Jahrzehnte hat bereits zu deutlichen Auswirkungen auf die klimatologische Weinbaueignung geführt. In allen klassischen Weinbaugebieten hat es in etwa eine Verschiebung von zwei bis drei Huglin-Klassen hin zu wärmeliebenderen Weinsorten gegeben. Eine massive Ausweitung der Eignung für den Weinbau gab es bereits im deutsch/polnischen Grenzgebiet. Nicht umsonst spricht man bereits von einer Renaissance des polnischen Weinbaus und klimatologisch betrachtet kann man diese Entwicklung nur befürworten.

Betrachtet man die weitere Entwicklung in Europa im 21. Jahrhundert, so wird es zu einer weiteren Ausweitung der Weinbaugebiete nach Norden und Osten kommen. Ganz Deutschland und Polen werden sukzessive klimatische Bedingungen bekommen, wie sie derzeit in den klassischen Weinbaugebieten der Toskana oder in Frankreich anzutreffen sind. Abgesehen von Russland und weiten Teilen Skandinaviens wird außerhalb der Hochgebirge überall in Europa Weinbau klimatologisch möglich sein.

Die in dieser Arbeit verwendeten Temperaturindizes geben leider keine Auskunft, ob es in gewissen Regionen eventuell zu heiß für den Weinanbau werden könnte bzw. ob es in mediterranen Gebieten aufgrund der Niederschlagsreduktion zu einer Unterversorgung mit Wasser kommen könnte. Aufgrund der starken Erwärmung in den klassischen mediterranen Weinbaugebieten im 21. Jahrhundert muss man auf jeden Fall davon ausgehen, dass es zu einer Veränderung der angebauten Rebsorten und einer Veränderung der Traubenmosteigenschaften und damit des Weingeschmackes kommen wird.

In Österreich hat die bisherige Erwärmung der letzten Dekaden sicherlich einen Vorteil für den Weinbau gebracht, liegen die österreichischen Weinbaugebiete doch sehr nahe an der klimatologischen Grenze des Weinbaus. Mit der Erwärmung haben sich die Gebiete, die auch ohne Gunstlagen für den Weinbau geeignet sind, deutlich ausgeweitet. Aber auch bei uns ist der Huglin-Index um etwa zwei Stufen in die Höhe gestiegen. Dies hat Auswirkungen auf die Ausprägung des Traubenmostes und damit letztlich auf die Weinqualität.

Auch in Österreich ist derzeit der Winterfrost der hauptlimitierende Faktor. Im Laufe des 21. Jahrhunderts wird diese Limitierung immer geringer und bis zum Ende des Jahrhunderts wird der Weinbau in Österreich bis in Lagen über 1000 m Seehöhe möglich sein, solange nicht der Niederschlag limitierend wirkt. Dies wird vor allem entlang des Alpenhauptkammes und in den Nordstaulagen Tirols, Salzburgs und Oberösterreichs der Fall sein.

Für die Weinbauern stellen diese massiven Veränderungen in diesen wenigen Jahrzehnten eine große Herausforderung dar. Durch das sich ständig erwärmende Klima wird es nicht leicht sein, eine gleichbleibende Qualität sicherzustellen. Zudem wird man rechtzeitig damit beginnen müssen, Rebsorten zu pflanzen, die mit den thermischen Verhältnisse der nächsten Jahrzehnte zurechtkommen. Nicht zuletzt wird es auch bei uns in Österreich immer wichtiger werden, schonend und effizient mit dem Wasser umzugehen.

Wie sich die gesamteuropäische Weinproduktion entwickeln wird, ist schwer vorhersagbar. Sollten jedoch klimabedingt mediterrane Weinbaugebiete ausfallen, so stehen sicherlich genügend klimatisch geeignete Flächen vor allem in Deutschland und Polen, aber auch in Österreich zur Verfügung, um diese Ausfälle zu kompensieren.

5.5   LITERATUR

Déqué, M. (2007): Frequency of precipitation and temperature extremes over France in an anthropogenic scenario: Model results and statistical correction according to observed values Global and Planetary Change 57 (2007) 16–26.

Formayer, H & P. Haas (2010): Correction of RegCM3 model output data using a rank matching approach applied on various meteorological parameters. In Deliverable D3.2 RCM output localization methods (BOKU-coontribution of the FP 6 CECILIA project. http://www.cecilia-eu.org/

Formayer, H., O. Harlfinger, E. Mursch-Radlgruber, H. Nefzger, N. Groll, H. Kromp-Kolb (2013): Objektivierung der geländeklimatischen Bewertung der Weinbaulagen Österreichs am Beispiel Retz. In: Prettenthaler F. und H. Formayer (Hg.) (2013): Weinbau und Klimawandel. Erste Analysen aus Österreich und führenden internationalen Weinbaugebieten. Band IX der Studien zum Klimawandel in Österreich. S.251-275.

Haiden, T., A. Kann, G. Pistotnik, K. Stadlbacher, C. Wittmann (2009): Integrated Nowcasting through Comprehensive Analysis (INCA) – System description. ZAMG report, 60p. http://www.zamg.ac.at/fix/INCA_system.pdf

Harlfinger, O. (2002): Klimahandbuch der österreichischen Bodenschätzung. Klimahandbuch der österreichischen Bodenschätzung. Teil2. Strahlung, Weinbau, Phänologie. Universitätsverlag Wagner. 259 pp. ISBN: 3-7030-0376-6

Haylock, M. R., N. Hofstra, A. M. G. Klein Tank, E. J. Klok, P. D. Jones, M. New (2008): A European daily highresolution gridded data set of surface temperature and precipitation for 1950–2006, J. Geophys. Res., 113, D20119, doi:10.1029/2008JD010201.

Huglin, P. (1986): *Biologie et écologie de la vigne.* Lavoisier (Edition Tec & Doc), Paris 1986, ISBN 2-60103-019-4. S. 292 (371 S.).

IPCC, 2000 – Nebojsa Nakicenovic and Rob Swart (Eds.) (2000): Emissions Scenarios Cambridge University Press, UK. pp 570.

Pospichal, B., H. Formayer, P. Haas, and I. Nadeem (2010): Bias correction and localization of regional climate scenarios over mountainous area on a 1x1 km grid. EMS Annual Meeting Abstracts. Vol. 7, EMS2010-792,2010 10th EMS / 8th ECAC.

Van der Linden P., and J. F. B. Mitchell (eds.) (2009): ENSEMBLES: Climate change and its impacts: Summary of research and results from the ENSEMBLES project. Met Office Hadley Centre, Fitzroy Road, Exeter EX1 3PB, UK. 160pp.

Temperatursumme nach Harlfinger

Status quo 1951 – 2010

Temperatursumme nach Harlfinger für die Periode 1951-1980

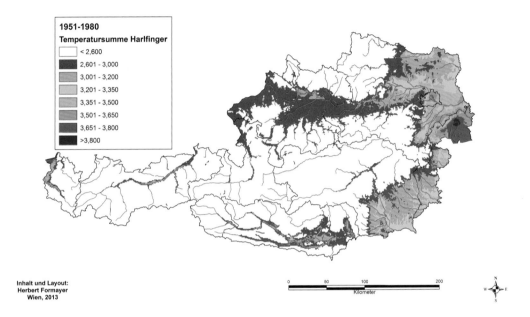

1951-1980
Temperatursumme Harlfinger

- < 2,600
- 2,601 - 3,000
- 3,001 - 3,200
- 3,201 - 3,350
- 3,351 - 3,500
- 3,501 - 3,650
- 3,651 - 3,800
- >3,800

Inhalt und Layout:
Herbert Formayer
Wien, 2013

0   50   100   200
Kilometer

Temperatursumme nach Harlfinger für die Periode 1981-2010

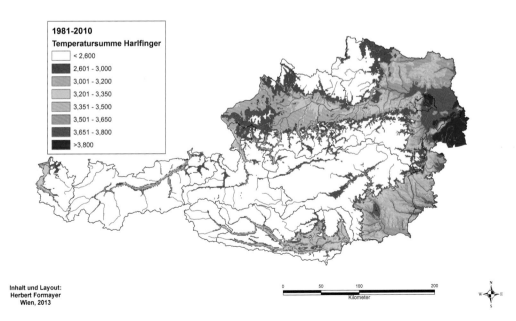

1981-2010
Temperatursumme Harlfinger

- < 2,600
- 2,601 - 3,000
- 3,001 - 3,200
- 3,201 - 3,350
- 3,351 - 3,500
- 3,501 - 3,650
- 3,651 - 3,800
- >3,800

Inhalt und Layout:
Herbert Formayer
Wien, 2013

0   50   100   200
Kilometer

Szenarien 2071 – 2100

Temperatursumme nach Harflinger ALADIN Szenario
für die Periode 2071-2100

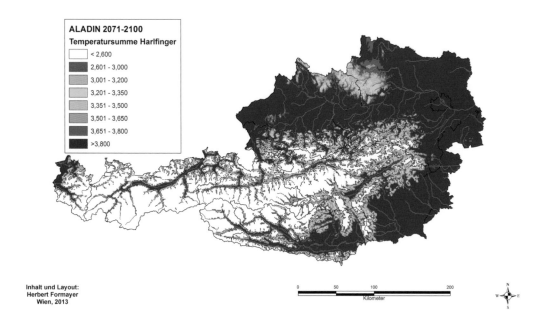

ALADIN 2071-2100
Temperatursumme Harlfinger

- < 2,600
- 2,601 - 3,000
- 3,001 - 3,200
- 3,201 - 3,350
- 3,351 - 3,500
- 3,501 - 3,650
- 3,651 - 3,800
- >3,800

Inhalt und Layout:
Herbert Formayer
Wien, 2013

0   50   100   200
Kilometer

Temperatursumme nach Harflinger REMO Szenario
für die Periode 2071-2100

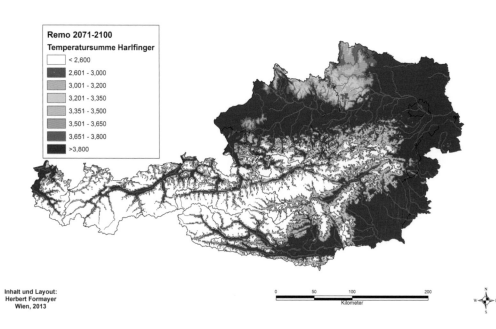

Remo 2071-2100
Temperatursumme Harlfinger

- < 2,600
- 2,601 - 3,000
- 3,001 - 3,200
- 3,201 - 3,350
- 3,351 - 3,500
- 3,501 - 3,650
- 3,651 - 3,800
- >3,800

Inhalt und Layout:
Herbert Formayer
Wien, 2013

0   50   100   200
Kilometer

Szenarien 2036 – 2065

Temperatursumme nach Harflinger ALADIN Szenario
für die Periode 2036-2065

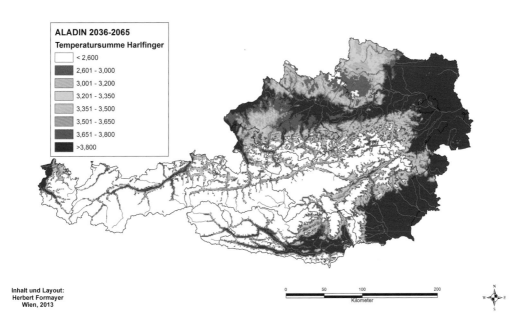

ALADIN 2036-2065
Temperatursumme Harlfinger

- < 2,600
- 2,601 - 3,000
- 3,001 - 3,200
- 3,201 - 3,350
- 3,351 - 3,500
- 3,501 - 3,650
- 3,651 - 3,800
- >3,800

Inhalt und Layout:
Herbert Formayer
Wien, 2013

0   50   100   200
Kilometer

Temperatursumme nach Harflinger REMO Szenario
für die Periode 2036-2065

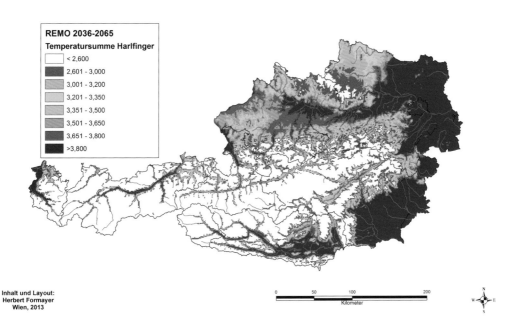

REMO 2036-2065
Temperatursumme Harlfinger

- < 2,600
- 2,601 - 3,000
- 3,001 - 3,200
- 3,201 - 3,350
- 3,351 - 3,500
- 3,501 - 3,650
- 3,651 - 3,800
- >3,800

Inhalt und Layout:
Herbert Formayer
Wien, 2013

0   50   100   200
Kilometer

Huglin-Index Österreich

Status quo 1951 – 2010

Huglin-Index für die Periode 1951-1980

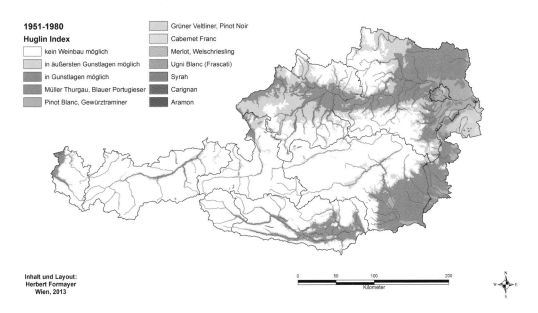

1951-1980

Huglin Index

- kein Weinbau möglich
- in äußersten Gunstlagen möglich
- in Gunstlagen möglich
- Müller Thurgau, Blauer Portugieser
- Pinot Blanc, Gewürztraminer

- Grüner Veltliner, Pinot Noir
- Cabernet Franc
- Merlot, Welschriesling
- Ugni Blanc (Frascati)
- Syrah
- Carignan
- Aramon

Inhalt und Layout:
Herbert Formayer
Wien, 2013

0   50   100   200
Kilometer

N
W   E
S

Huglin-Index für die Periode 1981-2010

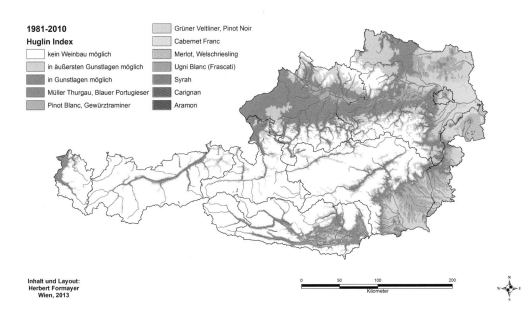

1981-2010

Huglin Index

- kein Weinbau möglich
- in äußersten Gunstlagen möglich
- in Gunstlagen möglich
- Müller Thurgau, Blauer Portugieser
- Pinot Blanc, Gewürztraminer

- Grüner Veltliner, Pinot Noir
- Cabernet Franc
- Merlot, Welschriesling
- Ugni Blanc (Frascati)
- Syrah
- Carignan
- Aramon

Inhalt und Layout:
Herbert Formayer
Wien, 2013

0   50   100   200
Kilometer

N
W   E
S

Szenarien 2071 – 2100

Huglin-Index ALADIN Szenario
für die Periode 2071-2100

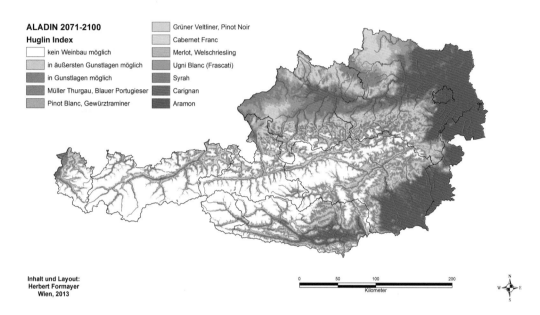

ALADIN 2071-2100

Huglin Index

- kein Weinbau möglich
- in äußersten Gunstlagen möglich
- in Gunstlagen möglich
- Müller Thurgau, Blauer Portugieser
- Pinot Blanc, Gewürztraminer
- Grüner Veltliner, Pinot Noir
- Cabernet Franc
- Merlot, Welschriesling
- Ugni Blanc (Frascati)
- Syrah
- Carignan
- Aramon

Inhalt und Layout:
Herbert Formayer
Wien, 2013

0   50   100   200
Kilometer

Huglin-Index REMO Szenario
für die Periode 2071-2100

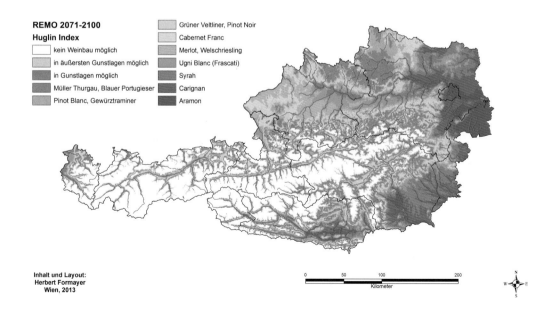

REMO 2071-2100

Huglin Index

- kein Weinbau möglich
- in äußersten Gunstlagen möglich
- in Gunstlagen möglich
- Müller Thurgau, Blauer Portugieser
- Pinot Blanc, Gewürztraminer
- Grüner Veltliner, Pinot Noir
- Cabernet Franc
- Merlot, Welschriesling
- Ugni Blanc (Frascati)
- Syrah
- Carignan
- Aramon

Inhalt und Layout:
Herbert Formayer
Wien, 2013

0   50   100   200
Kilometer

Szenarien 2036 – 2065

Huglin-Index ALADIN Szenario
für die Periode 2036-2065

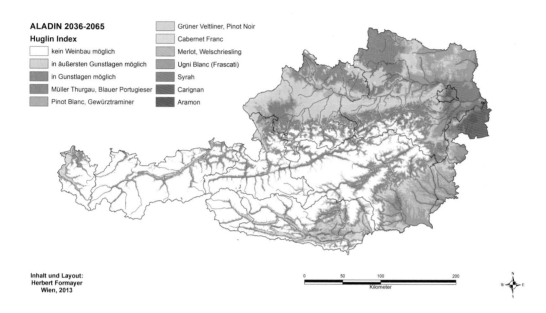

ALADIN 2036-2065

Huglin Index

- kein Weinbau möglich
- in äußersten Gunstlagen möglich
- in Gunstlagen möglich
- Müller Thurgau, Blauer Portugieser
- Pinot Blanc, Gewürztraminer
- Grüner Veltliner, Pinot Noir
- Cabernet Franc
- Merlot, Welschriesling
- Ugni Blanc (Frascati)
- Syrah
- Carignan
- Aramon

Inhalt und Layout:
Herbert Formayer
Wien, 2013

0   50   100   200
Kilometer

N W E S

Huglin-Index REMO Szenario
für die Periode 2036-2065

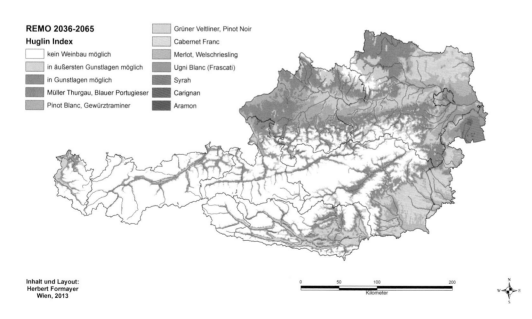

REMO 2036-2065

Huglin Index

- kein Weinbau möglich
- in äußersten Gunstlagen möglich
- in Gunstlagen möglich
- Müller Thurgau, Blauer Portugieser
- Pinot Blanc, Gewürztraminer
- Grüner Veltliner, Pinot Noir
- Cabernet Franc
- Merlot, Welschriesling
- Ugni Blanc (Frascati)
- Syrah
- Carignan
- Aramon

Inhalt und Layout:
Herbert Formayer
Wien, 2013

0   50   100   200
Kilometer

N W E S

Weinbaueignung nach Harlfinger

Status quo 1951 – 2010

Eignung der Weinbaugebiete in Österreich nach Harlfinger für die Periode 1951-1980

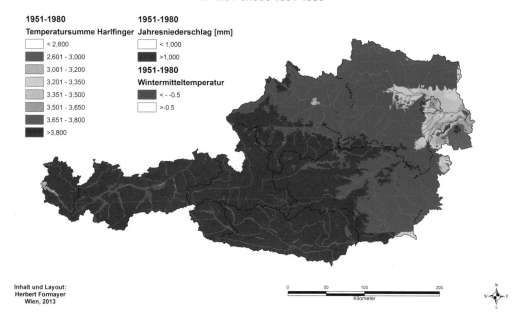

1951-1980
Temperatursumme Harlfinger
- < 2,600
- 2,601 - 3,000
- 3,001 - 3,200
- 3,201 - 3,350
- 3,351 - 3,500
- 3,501 - 3,650
- 3,651 - 3,800
- >3,800

1951-1980
Jahresniederschlag [mm]
- < 1,000
- >1,000

1951-1980
Wintermitteltemperatur
- < - -0.5
- >-0.5

Inhalt und Layout:
Herbert Formayer
Wien, 2013

0   50   100   200
Kilometer

Eignung der Weinbaugebiete in Österreich nach Harlfinger für die Periode 1981-2010

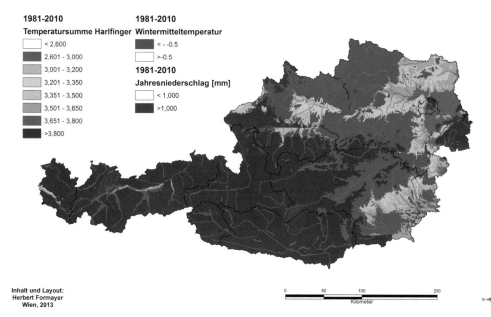

1981-2010
Temperatursumme Harlfinger
- < 2,600
- 2,601 - 3,000
- 3,001 - 3,200
- 3,201 - 3,350
- 3,351 - 3,500
- 3,501 - 3,650
- 3,651 - 3,800
- >3,800

1981-2010
Wintermitteltemperatur
- < - -0.5
- >-0.5

1981-2010
Jahresniederschlag [mm]
- < 1,000
- >1,000

Inhalt und Layout:
Herbert Formayer
Wien, 2013

0   50   100   200
Kilometer

ALADIN Szenario 2071 – 2100

Eignung der Weinbaugebiete in Österreich nach Harlfinger
ALADIN Szenario für die Periode 2071-2100

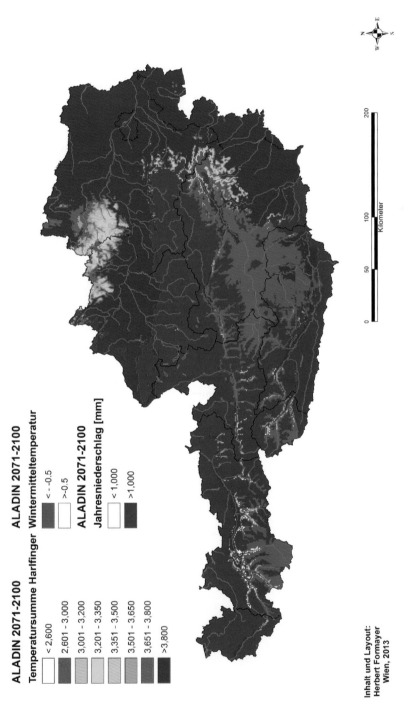

ALADIN 2071-2100
Temperatursumme Harlfinger

- < 2,600
- 2,601 - 3,000
- 3,001 - 3,200
- 3,201 - 3,350
- 3,351 - 3,500
- 3,501 - 3,650
- 3,651 - 3,800
- >3,800

ALADIN 2071-2100
Wintermitteltemperatur

- < - -0.5
- >-0.5

ALADIN 2071-2100
Jahresniederschlag [mm]

- < 1,000
- >1,000

Inhalt und Layout:
Herbert Formayer
Wien, 2013

0   50   100   200
Kilometer

ALADIN Szenario 2036 – 2065

Eignung der Weinbaugebiete in Österreich nach Harlfinger
ALADIN Szenario für die Periode 2036-2065

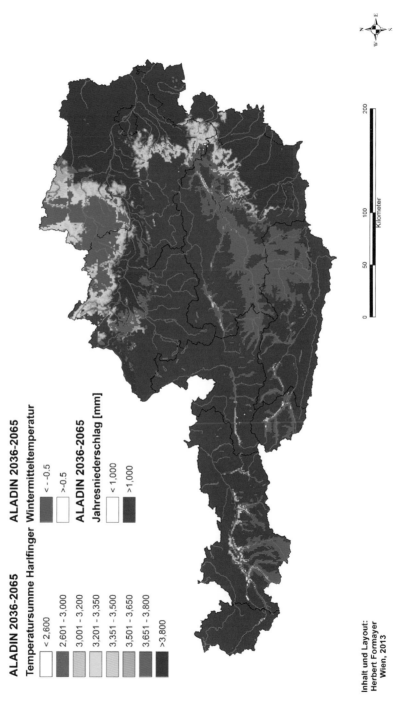

ALADIN 2036-2065
Temperatursumme Harlfinger

< 2.600

2.601 - 3.000

3.001 - 3.200

3.201 - 3.350

3.351 - 3.500

3.501 - 3.650

3.651 - 3.800

>3.800

ALADIN 2036-2065
Wintermitteltemperatur

< - -0,5

>-0,5

ALADIN 2036-2065
Jahresniederschlag [mm]

< 1.000

>1.000

Inhalt und Layout:
Herbert Formayer
Wien, 2013

0   50   100   200
Kilometer

Huglin-Index Europa

Status quo 1951 – 2010

Huglin-Index für die Periode 1951-1980

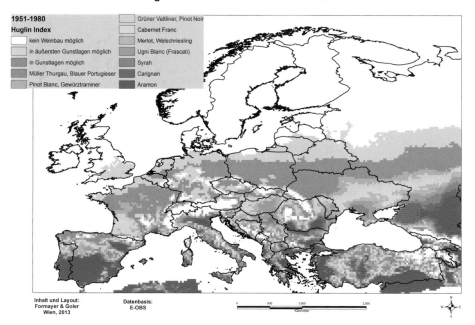

Huglin-Index für die Periode 1981-2010

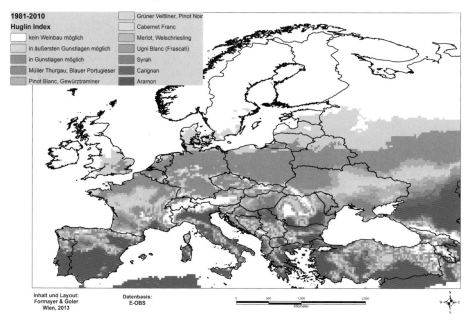

Szenarien 2071 – 2100

Huglin-Index – ALADIN Szenario – für die Periode 2071-2100

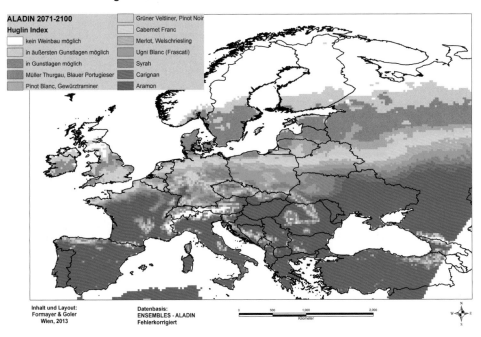

ALADIN 2071-2100

Huglin Index

- kein Weinbau möglich
- in äußersten Gunstlagen möglich
- in Gunstlagen möglich
- Müller Thurgau, Blauer Portugieser
- Pinot Blanc, Gewürztraminer
- Grüner Veltliner, Pinot Noir
- Cabernet Franc
- Merlot, Welschriesling
- Ugni Blanc (Frascati)
- Syrah
- Carignan
- Aramon

Inhalt und Layout:
Formayer & Goler
Wien, 2013

Datenbasis:
ENSEMBLES - ALADIN
Fehlerkorrigiert

Huglin-Index – REMO Szenario – für die Periode 2071-2100

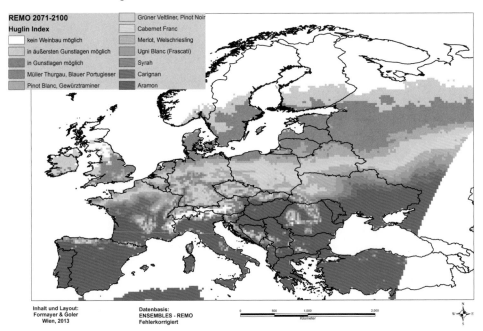

REMO 2071-2100

Huglin Index

- kein Weinbau möglich
- in äußersten Gunstlagen möglich
- in Gunstlagen möglich
- Müller Thurgau, Blauer Portugieser
- Pinot Blanc, Gewürztraminer
- Grüner Veltliner, Pinot Noir
- Cabernet Franc
- Merlot, Welschriesling
- Ugni Blanc (Frascati)
- Syrah
- Carignan
- Aramon

Inhalt und Layout:
Formayer & Goler
Wien, 2013

Datenbasis:
ENSEMBLES - REMO
Fehlerkorrigiert

Szenarien 2036 – 2065

Huglin-Index – ALADIN Szenario – für die Periode 2036-2065

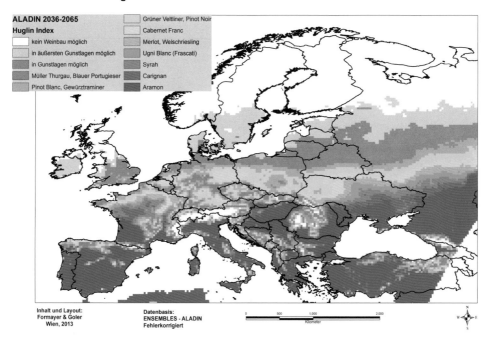

Huglin-Index – REMO Szenario – für die Periode 2036-2065

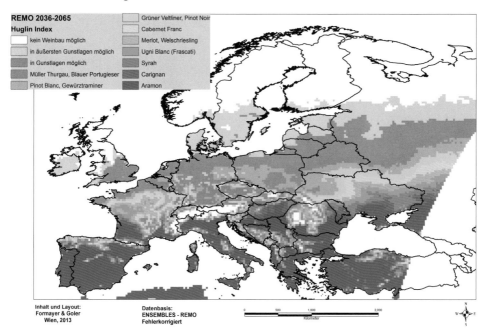

Weinbaueignung in Europa

Status quo 1951 – 2010

Klimatische Eignung für den Weinbau in Europa
für die Periode 1951-1980

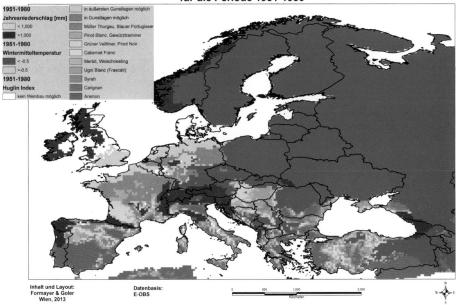

Klimatische Eignung für den Weinbau in Europa
für die Periode 1981-2010

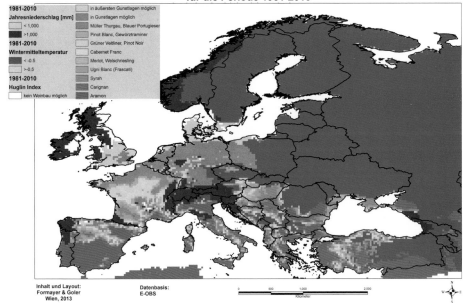

ALADIN Szenario 2071 – 2100

Klimatischer Eignung für den Weinbau in Europa – ALADIN Szenario
für die Periode 2071-2100

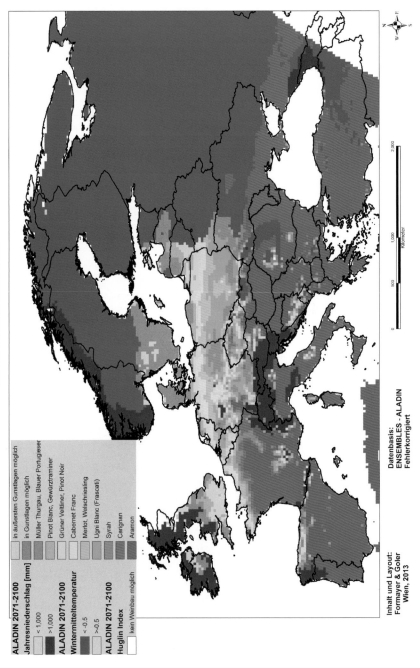

ALADIN 2071-2100
Jahresniederschlag [mm]
- < 1,000
- >1,000

ALADIN 2071-2100
Wintermitteltemperatur
- in äußersten Gunstlagen möglich
- in Gunstlagen möglich
- Müller Thurgau, Blauer Portugieser
- Pinot Blanc, Gewürztraminer
- Grüner Veltliner, Pinot Noir
- Cabernet Franc
- Merlot, Welschriesling
- Ugni Blanc (Frascati)
- Syrah
- Carignan
- Aramon

< -0.5
> -0.5

ALADIN 2071-2100
Huglin Index
- kein Weinbau möglich

Inhalt und Layout:
Formayer & Goler
Wien, 2013

Datenbasis:
ENSEMBLES - ALADIN
Fehlerkorrigiert

0   500   1,000   2,000
Kilometer

N
W E
S

ALADIN Szenario 2036 – 2065

Klimatischer Eignung für den Weinbau in Europa – ALADIN Szenario
für die Periode 2036-2065

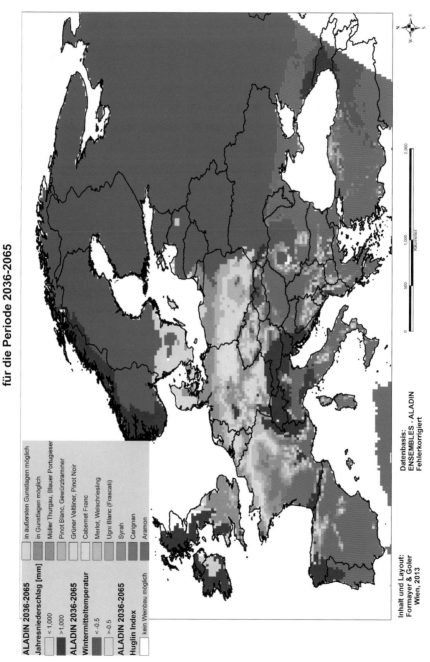

ALADIN 2036-2065
Jahresniederschlag [mm]
- < 1,000
- >1,000

ALADIN 2036-2065
Wintermitteltemperatur
- < -0.5
- >-0.5

ALADIN 2036-2065
Huglin Index
- in äußersten Gunstlagen möglich
- in Gunstlagen möglich
- Müller Thurgau, Blauer Portugieser
- Pinot Blanc, Gewürztraminer
- Grüner Veltliner, Pinot Noir
- Cabernet Franc
- Merlot, Welschriesling
- Ugni Blanc (Frascati)
- Syrah
- Carignan
- Aramon
- kein Weinbau möglich

Inhalt und Layout:
Formayer & Goler
Wien, 2013

Datenbasis:
ENSEMBLES - ALADIN
Fehlerkorrigiert

6   Klimabedingte Produktionsrisiken im Weinbaugebiet Traisental

von Gerhard Soja*

6.1   EINLEITUNG

Der Weinbau trägt in Österreich auf einer Fläche von etwa 45.500 ha zur landwirtschaftlichen Wertschöpfung von rund 20.200 Betrieben bei. Wenngleich die mit Weingärten bestandene Flächensumme nur etwa 1,42 % der landwirtschaftlichen Nutzfläche Österreichs darstellt, trägt dieser Anteil durch den hohen Veredelungsgrad und durch einen Exportanteil von 25-30 % überproportional zum landwirtschaftlichen Produktionswert bei. Weinbau wird in Österreich primär in Regionen betrieben, welche gegen saisonale Wetterextreme oder Trockenheit besonders empfindlich sind. Der österreichische Weinbau ist daher durch eine nicht vernachlässigbare Vulnerabilität gekennzeichnet, welche angesichts der eingangs geschilderten wirtschaftlichen Bedeutung des Weinbaus signifikante wirtschaftliche Auswirkungen zur Folge haben kann. Bereits als sich die ersten Studien mit den Effekten des Klimawandels auf die Wirtschaft beschäftigten, waren Abschätzungen möglicher Effekte auf den Weinbau enthalten (Lough et al., 1983).

Gemeinsame Auswertungen der Wetter-, Wachstums- und Produktivitätsdaten der letzten Jahrzehnte haben durch Veränderungen in der Phänologie und im Ertrag Reaktionen auf Witterungsunterschiede in verschiedenen Jahren identifiziert und dadurch die Klima-Empfindlichkeit des Weinbaus zu quantifizieren ermöglicht (Esteves und Orgaz, 2001; Caprio und Quamme, 2002; Harlfinger et al., 2002; Chloupek et al., 2004; Duchene und Schneider, 2005; Lobell et al., 2007; Soja und Soja, 2007; Tomasi et al., 2011; Vrsic et al., 2012).

Klima-Modelle sagen auch für den Weinbau relevante Einflüsse durch veränderte Klimabedingungen voraus, welche sich vor allem durch unterschiedliche Niederschlagsmuster (Ramos, 2006), häufigeres Auftreten extremer Wetterereignisse (Adams et al., 2001) bzw. generell in der Notwendigkeit der Anpassung an größere Klimavariabilität äußern (Hajdu, 1998; Cartalis et al., 2002; Jones, 2004; Belliveau et al., 2006; Lobell et al., 2006; Duchene et al., 2010). Die notwendigen Anpassungen hängen auch eng mit dem Erhalt der lokalen Qualität der Weine zusammen, welche von spezifischen meteorologischen Einflussmustern abhängen (Jones und Davis, 2000; Grifoni et al., 2006; Duchene et al., 2012). Nicht erfolgreiche Anpassungen an veränderte Klimabedingungen können lokal zur Aufgabe der Trauben- bzw. Weinproduktion führen (White et al., 2006), andererseits eröffnen sich für nicht-traditionelle Weinbaugebiete neue Produktionsmöglichkeiten (Rogers, 2004; Jones et al., 2005, Gustafsson und Martensson, 2005). Trotz der zahlreichen in die Zukunft weisenden Studien sind regionsspezifische Untersuchungen unerlässlich, da von globalen Klimaänderungsszenarien nur mit großen Unsicherheiten auf kleinräumige Veränderungen zu schließen ist (Formayer et al., 2004). Kleinklimatische Studien haben bei phänologischen Indikatoren während der vergangenen Jahrzehnte den früheren Beginn bestimmter Entwicklungsstadien und das frühere Erreichen erwünschter Zuckergrade nachgewiesen (Stock, 2005; Wolfe et al., 2005). Speziell im Weinbau sind optimale Anpassungsmöglichkeiten an den Klimawandel nicht nur regional, sondern – wenn möglich – bis zum

* AIT Austrian Institute of Technology, Health & Environment Department

Maßstab der Lagenspezifität zu analysieren. Dies erhebt die Fokussierung auf ein bestimmtes Weinbaugebiet zur *conditio sine qua non*. Der vorliegende Beitrag möchte daher exemplarisch anhand eines spezifischen Weinbaugebietes (Traisental, 790 ha Weinbaufläche) die Vulnerabilität der lokalen Weinproduktion gegen veränderte Klimabedingungen vorstellen.

6.2   METHODIK

Berechnungen der Evapotranspiration für Weingärten erfolgten nach FAO 56 (Allen et al., 1998); die Referenz-Evapotranspiration wurde mit der Software ET0-Calculator, v.3.1, berechnet (Raes, 2009). Der Abfluss von Niederschlag wurde nach Campbell und Diaz (1988) und die Interzeption durch die Vegetation nach Hoyningen-Huene (1983) berücksichtigt. Die Homogenisierung der Daten stammte vom HISTALP-Datensatz (http://www.zamg.ac.at/histalp/; Böhm et al., 2009). Für die Berechnung der Wärmesummen diente der Huglin-Index entsprechend Huglin (1978) sowie Tonnietto und Carbonneau (2004). Für statistische Berechnungen wurde das Programm STATISTICA, v.7 und v.8, herangezogen (Statsoft, Tulsa, OK, USA).

6.3   ERGEBNISSE

6.3.1   Evapotranspiration Traisentaler Weingärten 1971-2008

Die Wasserhaushaltsgröße "Evapotranspiration" kombiniert die pflanzliche Transpiration und die Verdunstung der Bodenoberfläche. Ein Erwärmungstrend, beginnend mit den 1970er-Jahren, gilt als nachgewiesen, bei den Niederschlägen wird hingegen subjektiv oft eine höhere Frequenz von Trockenperioden wahrgenommen. In Kombination müsste sich daraus eine Erhöhung der kulturspezifischen Evapotranspiration ergeben. Wie Abbildung 2 jedoch zeigt, sind langfristig unveränderte Bestandes-Evapotranspirationssummen im Bereich von 400 bis 600 mm während der Vegetationsperiode für Wein zu erkennen, und auch die Referenz-Evapotranspiration (Abbildung 1) änderte sich in diesem Zeitraum nicht wesentlich. Aus diesem "Nicht-Trend" ist abzuleiten, dass zumindest kurzfristig noch kein gegenüber dem aktuellen Status erhöhter Bewässerungsbedarf für die Weingärten besteht. Allerdings kann dies nicht in die Zukunft extrapoliert werden – selbst wenn die Regensummen nicht wieder abnehmen, würde die weiterhin ansteigende Lufttemperatur für höheren Wasserbedarf und stärkere Bodenaustrocknung sorgen. Durch die derzeit noch weitgehend konstante Evapotranspiration ergibt sich bei geringfügig steigenden Niederschlagssummen eine kleine Abnahme des sommerlichen Bodenwasserdefizits (Abbildung 3). Die nachfolgenden Analysen zeigen, wie sich bestimmte Klima-Komponenten im Untersuchungszeitraum verändert bzw. gegenseitig kompensiert haben, sodass die Evapotranspiration von 1971 – 2008 als mehr oder minder konstant angenommen werden kann.

Abbildung 1:   Referenz-Evapotranspiration und nutzbarer Niederschlag (Gesamtniederschlag minus Abfluss minus Interzeption) im Traisental (Basis: Klimadaten Krems, homogenisierter Datensatz) 1971 – 2008 (April – Oktober)

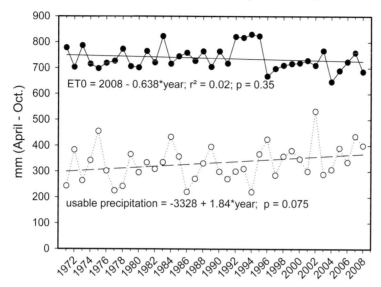

Quelle: Berechnung nach Allen et al., 1998.

Abbildung 2:   Bestands-Evapotranspiration auf den wichtigsten Weingartenböden (Bodenformen 43 und 44 laut Bodenkarte des Kartierungsgebietes Herzogenburg) des Traisentals 1971 – 2008 (April – Oktober)

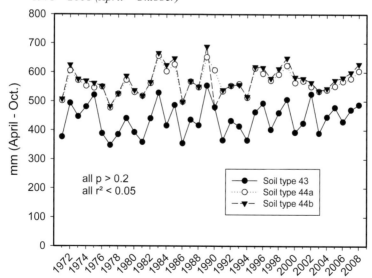

Quelle: Berechnung nach Allen et al., 1998.

Abbildung 3:   *Bodenwasserdefizit (nutzbarer Niederschlag minus Bestandes-Evapotranspiration auf den wichtigsten Weingartenböden (Bodenformen 43 und 44 laut Bodenkarte) des Traisentals 1971 – 2008 (April – Oktober)*

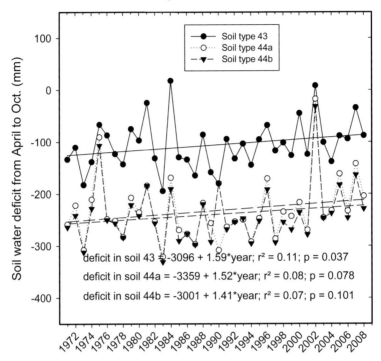

6.3.2   Faktor Temperatur

Für den Weinbau wird anstelle der Berechnung von Wärmesummen (akkumulierte Summe von Temperatur-Tagesmitteln über einem bestimmten Schwellenwert), wie es für andere land-wirtschaftliche Kulturen üblich ist, häufiger der so genannte Huglin-Index verwendet. Er ist eine modifizierte Wärmesumme mit dem Schwellenwert 10 °C, wobei das Tagesmaximum eine höhere Gewichtung erfährt (siehe Formel 1; Huglin, 1978).

Formel 1:   *Berechnung des Huglin-Index aus dem Tagesmittel und Tagesmaximum der Luft-temperatur. Der Breitengrad-abhängige Faktor GNB (Tageslängen-Korrektur) wurde für 48 ° mit 1,05 angenommen.*

$$H = G_{NB} * \Sigma \{(T_{max}-10)/2 + (T_{mean}-10)/2)\}$$
(summiert vom 01.04. bis 30.09.)

Berechnet für die Jahressumme der Monate April bis September, zeigt sich im langfristigen Trend eine signifikante Zunahme dieses Index (Abbildung 4). Zur Jahressumme (langjähriger Durchschnitt für die Station Krems: 1777) tragen die Sommermonate Juni, Juli und August etwa 2/3 bei, die restlichen Monate April, Mai und September gemeinsam nur 1/3 bei (Tabelle 1). Ganz anders sieht jedoch der Beitrag der einzelnen Monate zum ansteigenden Trend aus (Abbildung 4): Die ersten drei Monate April bis Juni verursachen etwa 70 % dieses Trends, während Juli nur mehr 20 %, August 10 % und

September fast nichts beiträgt (Abbildung 5). Dies bedeutet, dass der Erwärmungstrend keineswegs gleichmäßig übers Jahr verteilt ist. Die Erwärmung findet primär im Frühjahr bis Juni statt, schwächt sich im Sommer ab und ist im September nicht mehr nachweisbar. Der auf Basis von Klimamodellen prognostizierte Temperaturanstieg ist also auch aus den gemessenen Daten nachweisbar, allerdings findet er derzeit differenzierter statt, als dies die Modelle vorhersagen. Aus dem beobachteten Trend kann aber nicht abgeleitet werden, dass die Prognose der Modelle falsch wäre – schließlich kann bis zum Vorhersagezeitraum 2040-2060 der Trend dennoch mit den Modellen wieder übereinstimmen und die momentane Abweichung würde im Rahmen der Unschärfe liegen. Für die kurz- bis mittelfristige Zukunft hat aber die Extrapolation des beobachteten Trends dennoch ihre Berechtigung und sollte für abzuleitende Schlussfolgerungen nicht außer Acht gelassen werden.

Abbildung 4:   *Verlauf des Huglin-Index mit Klimadaten der Station Krems 1971 – 2008 und Trendanalyse mit einfacher linearer Regression (April – September)*

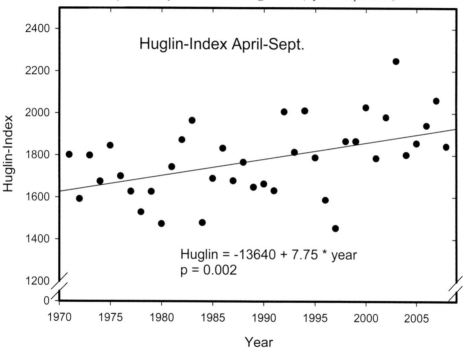

Tabelle 1:   *Beiträge der einzelnen Monate April – September zum jährlichen Huglin-Index (Berechnung siehe Formel 1) im Mittel der Jahre 1971 – 2008*

Monate	April	Mai	Juni	Juli	August	September	Summe
Indexwert	105.3	257.3	342.1	419.3	406.8	246.4	1777.3
Prozent-anteil	5.9	14.5	19.2	23.6	22.9	13.9	100.0

Datenbasis: Temperaturdaten der Station Krems

Der Vergleich der Wärmeansprüche verschiedener Sorten zeigt, dass in rezenteren Jahren immer mehr
anspruchsvollere Sorten ausreichend hohe Indices vorgefunden haben. Dies bedeutet, dass das
Weinbaugebiet Traisental zunehmend weniger von Sorten mit bescheidenen Wärme-Ansprüchen
abhängig sein wird. Zwar charakterisieren derzeit Riesling und Grüner Veltliner das DAC-Gebiet
Traisental, doch könnten bei Fortsetzung dieses Trends in Zukunft auch mit wärmebedürftigeren
Sorten zufrieden stellende Qualitäten erzielt werden. Für die Reife von Riesling wird ein Huglin-Index
von 1700-1800 als erforderlich angesehen, für Grünen Veltliner 1600-1700 (Stock et al., 2007;
Wimmer, 2009). Diese Untergrenzen wurden seit 1998 immer erreicht. Problematische Jahre mit sehr
kühler Witterung, welche dem Weinbau zuwider laufen (HI<1500), traten seit 1971 nur in drei Jahren
auf (1980, 1984, 1997).

Abbildung 5:   *Beitrag einzelner Monate zum Trend zunehmender Huglin-Indices*
                  (siehe Abbildung 4)

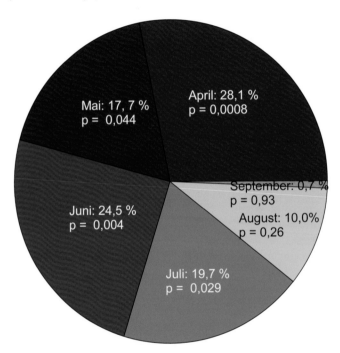

Die der Auswertung zugrunde liegenden Temperaturwerte stammen von der Station Krems mit einer
Seehöhe von etwa 203 m. Die Weinbaugebiete des Traisentals liegen allerdings in Seehöhen von 230-
350 m. Für eine exakte Anwendung des Huglin-Index an die Standortverhältnisse des Traisentals sind
daher Umrechnungsfaktoren entsprechend Tabelle 2 anzuwenden.

Tabelle 2:   *Korrekturfaktoren für Temperatursummen-Indices für verschiedene Höhenstufen des Traisentals (Faktor 1.000 = Krems, ebene Lage)*

Seehöhe Traisental	Faktor für Temperatursummen
250 m	0.9762
300 m	0.9567
350 m	0.9334
400 m	0.9099

Datenbasis: Harlfinger et al., 2002.

Der Trend ansteigender Wärmesummenindices, wie er sich im Huglin-Index wiederspiegelt, kann nicht ohne korrespondierenden Anstieg der Durchschnittstemperaturen zustanden kommen. Abbildung 6 zeigt, dass Minima, Mittel und Maxima der Temperaturen während der Vegetationsperiode für Wein allesamt hochsignifikant angestiegen sind. Der Anstieg der Maxima war etwas ausgeprägter (ca. 0,6 °C pro Dekade) als der Anstieg der Minima (0,5 °C pro Dekade). Während des Untersuchungszeitraumes 1971 – 2008 war also im Mittel eine Erwärmung von rund 1,5 °C während der Vegetationsperiode von Wein zu beobachten. Dies ist naturgemäß ein höherer Wert als das globale Mittel der Temperaturerhöhung im gleichen Zeitraum, da sich Landmassen schneller erwärmen als der Ozean.

Abbildung 6:   *Langfrist-Trends von Temperaturmittel, mittleren Temperaturminima und -maxima für den Zeitraum April-Oktober (in °C, homogenisierte Daten der Wetterstation Krems) 1971 – 2008, mit Angabe der Regressionsfunktionen, der Bestimmtheitsmaße und der Signifikanzen der Steigungen b der Regressionsgeraden (H0: b=0)*

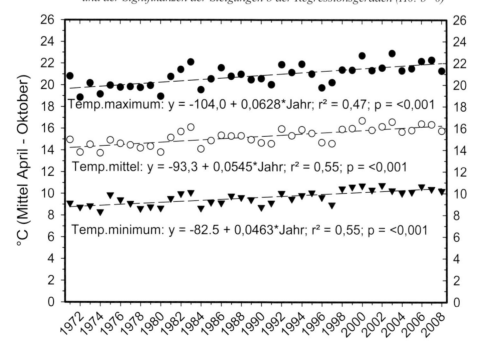

Der besonders im Frühjahr auffällige Temperaturanstieg geht mit einer Beschleunigung der
Entwicklung in Form früherer Austriebs- und Blühtermine einher (Stock et al., 2007). Das trägt zu
einer potentiellen Verlängerung der Vegetationsperiode bei, allerdings besteht weiterhin die Gefahr
einer Schädigung durch Spätfrost. Dieses Risiko würde sich nur dann verringern oder gleich bleiben,
wenn der Termin des letztes Spätfrostes ebenfalls nach vor rückte. Eine Auswertung der Termine, an
welchem Tag des Jahres im Frühjahr das letzte Mal Lufttemperaturen (in 2 m Höhe) unter 0 °C
auftraten, ließ jedoch keinen Trend in Richtung einer Verfrühung erkennen. Weder bei einer
willkürlichen Zweiteilung des Untersuchungszeitraumes in die Perioden 1943 bis 1978 und 1979 bis
2008 (Abbildung 7, Abbildung 8) noch bei einer Gesamtauswertung des Zeitraumes (p=0,377) war
eine signifikante Verfrühung oder Verzögerung des letzten Frosttermins erkennbar. Daraus ist zu
schließen, dass bei gleichzeitig früherem Austrieb die Gefahr für eine Frostschädigung sogar noch
größer ist als früher, da ein Spätfrost im Mai z.B. noch 2007 aufgetreten ist (Abbildung 8). In jüngster
Vergangenheit hat insbesondere der Spätfrost am 18.5.2012 verheerende Schäden in einigen
Weinbaugebieten verursacht. Wie groß der Schaden in einem spezifischen Jahr tatsächlich ist, kommt
allerdings auf den aktuellen Fortschritt der Vegetationsentwicklung, auf lokale Windströmungen und
den vertikalen Temperaturgradienten in der jeweiligen Nacht an.

*Abbildung 7:   Letzter Tag mit Nachtfrost (julianische Tage) in Krems (Lufttemperatur in 2 m Höhe
                  < 0 °C) in den Jahren 1943 – 1978. Wegen des nicht signifikanten p der Steigung der
                  Regressionsgerade wurde keine Regressionsfunktion angegeben*

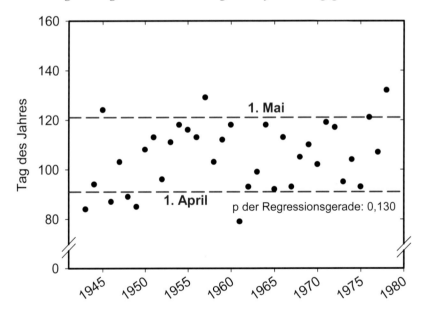

Abbildung 8:   *Letzter Tag mit Nachtfrost (julianische Tage) in Krems (Lufttemperatur in 2 m Höhe < 0 °C) in den Jahren 1979 – 2008. Wegen des nicht signifikanten p der Steigung der Regressionsgerade wurde keine Regressionsfunktion angegeben*

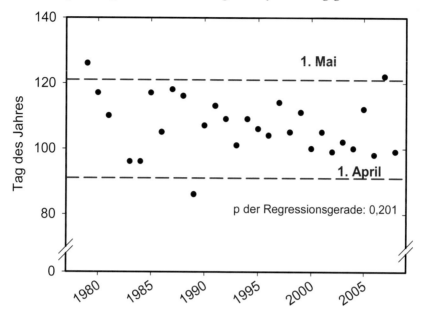

Die Auswertungen der langjährigen Temperaturverläufe während der Vegetationsperiode belegen somit eine Erwärmungstendenz, welche die in Abbildung 1 gezeigte Konstanz der Evapotranspiration nicht hinreichend erklären. Ein weiterer zu berücksichtigender meteorologischer Parameter sind die Strahlungsverhältnisse, welche ebenfalls in die Berechnung der Evapotranspiration eingehen. Der Vergleich der durchschnittlichen Sonnenscheindauer in den Jahren 1971 – 2008 weist einen hochsignifikanten Anstieg nach (Abbildung 9). Im Verlauf dieser Periode verlängerte sich die Zeit mit Sonneneinstrahlung pro Jahrzehnt um 20 Minuten. Die zunehmend sonnigeren Verhältnisse sind für den Weinbau günstig zu bewerten. Da sonnigere Verhältnisse mit einer höheren Stomataleitfähigkeit und daher höheren Transpirationsraten einhergehen, würde dieser Trend ebenso wie die steigenden Temperaturen eher ansteigende, aber nicht konstante Evapotranspirationsraten erklären.

Abbildung 9:   *Mittlere Sonnenscheindauer (in h/d) in Krems 1971 – 2008 (April – Oktober).*
Regressionsfunktion, Bestimmtheitsmaß und Signifikanz der Steigung b der
Regressionsgeraden (H0: b=0): y=-60,46+0,0335*Jahr; r²=0,385; p=0,00003

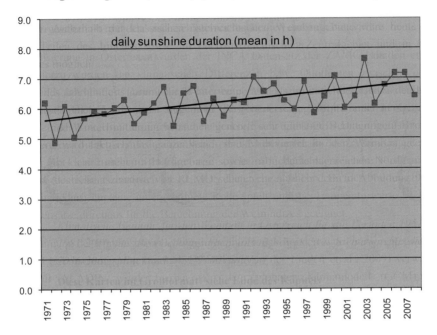

6.3.3   Faktor Luftfeuchtigkeit

Der Langfrist-Trend der relativen Luftfeuchtigkeit für die Station Krems zeigt, dass ein zwar nur schwach ausgeprägter, im Mittel jedoch signifikanter Trend in Richtung feuchterer Luft beobachtbar war (Abbildung 10). Über den Untersuchungszeitraum 1971 – 2008 hinweg bedeutete das eine Zunahme der mittleren relativen Luftfeuchtigkeit von 64 auf 68 %. Diese Erhöhung weist auf einen nicht vernachlässigbaren Beitrag der Luftfeuchtigkeit hin, durch welchen die Erwärmung und die sonnigeren Bedingungen teilweise kompensiert wurden und dadurch zur langfristigen Konstanz der Evapotranspiration beigetragen haben.

Abbildung 10: Langfrist-Trend der Mittel der relativen Luftfeuchtigkeiten (offene Rundsymbole), mittleren Luftfeuchteminima (Dreiecke) und -maxima (geschlossene Rundsymbole) für den Zeitraum April-Oktober (in %, Daten der Wetterstation Krems) 1971 – 2008, mit Angabe der Regressionsfunktionen, der Bestimmtheitsmaße und der Signifikanzen der Steigungen b der Regressionsgeraden (H0: b=0)

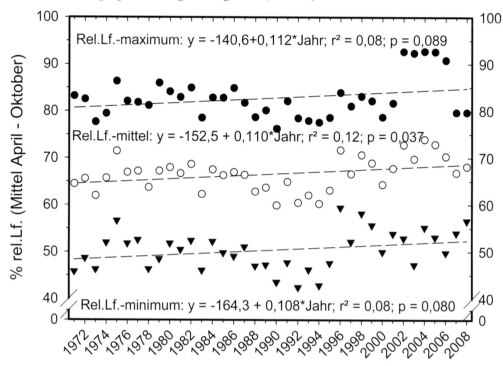

6.3.4 Faktor Niederschlag

Einer der am häufigsten verwendeten Indices zur Charakterisierung der Aridität eines Gebietes ist der hydrothermale Index. Dieser Index errechnet sich aus Monatsmittel der Temperatur und Monatssumme des Niederschlages (Formel siehe Legende zu Abbildung 11). Dieser Index wird monatlich ermittelt und kann über einen bestimmten Zeitraum gemittelt werden; aus Kompatibilitätsgründen zur Berechnung des Huglin-Index wurde bei dieser Auswertung ebenfalls pro Jahr die Periode April – September herangezogen. Die Grafik (Abbildung 11) weist darauf hin, dass während der gesamten Untersuchungsperiode kein gerichteter Trend für den hydrothermalen Index zu beobachten war. Die Ausreißer-ähnlichen Werte in manchen Jahren kamen durch starke Abweichungen einzelner Monate zustande (wie z.B. durch den fast niederschlagsfreien April 2000, während die anderen Monate dieses Jahres nicht auffällig vom Mittel abwichen). Trotz der langfristig zunehmenden Temperaturen weist daher dieser Index bis dato keine langfristig zunehmende Gefahr von Trockenstressperioden nach. Für eine detaillierte Analyse wären allerdings ergänzende Untersuchungen weiterer vegetationsrelevanter Trockenheits-Indices zu empfehlen.

Abbildung 11: Entwicklung des hydrothermalen Index (TI) 1971 – 2008 als Jahresmittel der Monate
April-September (TI = 3t/r; t = Monatsmittel der Temperatur in °C, r = Summe des
Monatsniederschlags in mm)

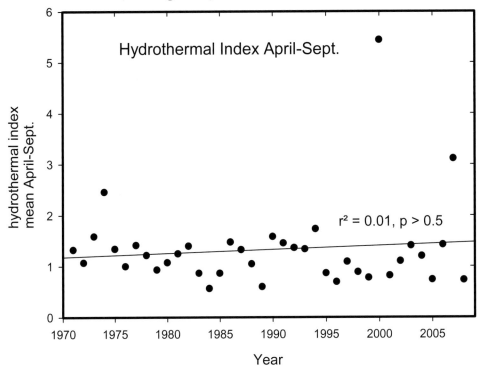

Niederschlagsdaten standen von zwei Quellen zur Verfügung: von den langjährigen homogenisierten Stationsdaten von Krems sowie vom HISTALP-Datensatz von Efthymiadis et al. (2006) mit jener 10'x10'-grid cell, welche für das Traisental relevant ist. Der Kremser Datensatz wurde für die Monate April bis Oktober ausgewertet, welche auch als Input für die Berechnung der Evapotranspiration dienten. Über den Zeitraum 1971 – 2008 war für die Vegetationsperiode ein leichter, nur marginal signifikanter Trend zunehmender Niederschlagssummen nachzuweisen (Abbildung 12). Wenngleich die Streuung zwischen einzelnen Jahren beträchtlich war, bedeutete der Trend im Mittel doch eine Zunahme von knapp 70 mm im Laufe der 37 Jahre des Untersuchungszeitraums. Die in dieser Auswertung nicht enthaltenen Jahre 2009 und 2010 würde den Trend eher verstärken und 2011 eher abschwächen, während 2012 durchschnittliche Niederschlagssummen aufwies. Dass solche sich scheinbar abzeichnenden Trends allerdings sehr vorsichtig zu beurteilen sind und bei Analyse längerer Zeiträume auch wieder verschwinden können, zeigt Abbildung 12. In dieser Grafik wird der gesamte homogenisierte Datensatz der Station Krems von 1867 – 2008 dargestellt. Es ist zu erkennen, dass es vom Beobachtungsfenster abhängt, ob ein ansteigender, abfallender oder gleich bleibender Trend der Niederschlagssummen errechnet wird. Während sich über den gesamten Auswertungszeitraum hinweg ein signifikanter, aber nur leicht abfallender Trend der Sommerniederschläge ergibt, zeigt eine Dreiteilung in Perioden von ca. je 47 Jahren durchaus unterschiedliche Trends. Während sich die Regressionskoeffizienten der ersten und zweiten Periode mit p=0.042 signifikant unterscheiden, ist der Unterschied zwischen zweiter und dritter Periode wegen der etwas längeren Amplitude der Trendschwankungen als 47 Jahre noch nicht signifikant (p=0.106; Clogg et al., 1995). Der von regionalen Klimamodellen prognostizierte Trend abnehmender Sommerniederschläge ist aus den

Auswertungen der bisher gemessenen Daten daher längerfristig noch nicht ersichtlich, was aber nicht gegen die Möglichkeit einer Trendumkehr in kommenden Jahrzehnten spricht. Schließlich sind die Simulationen regionaler Klimamodelle auf einen Vorhersagezeitraum 2040-2060 fokussiert und nicht auf die Erklärung der vergangen Jahrzehnte.

Abbildung 12:   *Niederschlagssummen (in mm) 1867 – 2008 (homogenisierte Daten der Wetterstation Krems für die Monate April bis Oktober), mit Angabe der Regressionsgeraden und -funktionen für den Gesamtzeitraum (rot) und drei Zeitfenster (1867-1913 grün, 1914-1960 blau, 1961-2008 pink), des Gesamtmittels (schwarz strichliert bei 436 mm) und der Signifikanz der Steigung b der Regressionsgeraden (H0: b=0)*

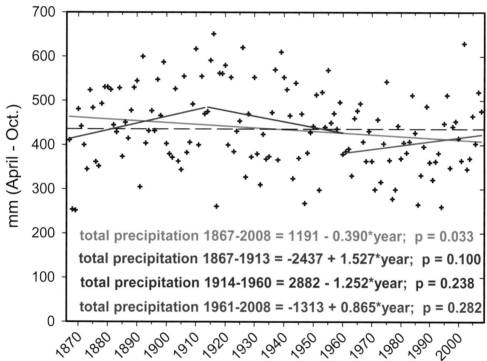

6.4   ZUSAMMENFASSUNG UND SCHLUSSFOLGERUNGEN

In diesem Beitrag wurde der Schwerpunkt auf Auswertungen der bisher beobachtbaren klimatischen Trends im Gebiet Krems – Traisental gelegt. Mit diesen Analysen sollte untersucht werden, inwieweit Prognosen regionaler Klimamodelle zu derzeitigen Trends passen und sich bereits jetzt mit Messungen belegen lassen oder ob die Modellszenarien erst langfristig zu erkennen sein werden, wenn sich aktuelle Trends bei einzelnen Klimaparametern (insbesondere Niederschlag) geändert haben.

Die wichtigsten Anpassungserfordernisse des Weinbaus im Traisental werden in dieser Studie aus den schon jetzt nachweisbaren Trends sich verändernder Klimaparameter abgeleitet. Ergebnisse von Modellsimulationen werden erst in zweiter Linie als relevant für notwendige Anpassungsmaßnahmen gesehen, da deren Eintritt wahrscheinlich erst in einigen Jahrzehnten zu erkennen ist (abgesehen von den eindeutigen Temperaturzunahmen). Allerdings muss gerade bei einer ausdauernden Kultur wie

Wein über einen Zeitraum von mehreren Dekaden geplant werden. Die Rebenzüchtung benötigt zusätzliche 1-2 Jahrzehnte, um zu neuen Sorten mit speziellen Stresstoleranzen, Krankheitsresistenzen oder veränderten Reifungseigenschaften bzw. Inhaltsstoffmustern zu gelangen.

Die genauere Analyse des Erwärmungstrends der letzten Jahrzehnte hat gezeigt, dass insbesondere das Frühjahr und der Beginn des Sommers wärmer werden und sich daher der Beginn des Rebenaustriebs nach vorne verschiebt. Da gleichzeitig die Termine des letzten Spätfrostes nicht nach vor rücken, bleibt die Gefahr einer Frostschädigung nach dem Austrieb weiterhin real und muss bei der Standort- und Sortenwahl berücksichtigt werden.

Der Trend zunehmend sonnigerer Bedingungen während der Vegetationsperioden ist bei den Maßnahmen zur Traubenfreistellung insbesondere bei Südexpositionen der Reihen und bei sonnenbrand-gefährdeten Sorten wie Riesling zu berücksichtigen.

Die Niederschlagsverhältnisse der letzten Jahrzehnte zeigen im Sommer einen geringfügig zunehmenden Trend. Durch die parallel zunehmende Luftfeuchtigkeit besteht zusätzlich eine größere Infektionsgefahr bei Pilzkrankheiten. Bei den Kultur- bzw. Pflanzenschutzmaßnahmen ist dieser Trend zu berücksichtigen und unterstreicht die Bedeutung eines Warndienstes.

Die Kombination aus den Trends von Temperatur, Niederschlag, Einstrahlung und Wind haben im Zeitraum 1971-2008 weitgehend konstante Evapotranspirations-Ansprüche an den Bodenwasserhaushalt im Traisental ergeben. Daraus ist zwar vorerst kein steigender Bewässerungsbedarf ableitbar, doch sollte im Sinne der vorausschauenden Vorsicht und der nicht vernachlässigbaren Möglichkeit einer Trendumkehr in den Niederschlagsmustern das Thema Bewässerung weiterhin diskutiert werden. Dieser Bedarf würde nicht nur bei Eintritt der Klimamodell-Prognosen mit sinkenden Sommerniederschlagssummen schlagend werden, sondern auch gleich bleibende Regensummen erzeugen bei weiterhin steigenden Temperaturen ein höheres Wasserdefizit.

Die Verlängerung der Vegetationsperiode hat sich in den letzten 20-25 Jahren durch frühere Erreichung höherer Mostgewichte, aber auch durch früheren Säureabbau mit Verschiebung des Apfel- und Weinsäure-Verhältnisses niedergeschlagen. Es ist daher zu überlegen, ob die nun bereits im September statt Anfang Oktober stattfindende End-Ausreifung der Trauben von Grünem Veltliner und Riesling mit dem bekannten Sortencharakter dieser Weine kompatibel ist oder einer spezifischen Sorten- bzw. Typenauswahl in Richtung langsamerer Reifung bedarf.

6.5   ABSTRACT AND CONCLUSIONS

This contribution focuses on the assessment of climatic trends that could be observed in recent decades in the region of Krems / Traisen–valley. The analyses studied the agreement between the outputs of future scenarios of regional climate models and current trends of monitoring data. In the case of disagreement, future changes in current climate (primarily precipitation) trends might lead to a better match with the model scenario outputs.

The most important adaptation requirements for viticulture in the Traisen valley were derived in this study from detectable trends of changing climate parameters. The results of climate simulations will be only secondarily important for necessary adaptation measure selection – apart from temperature increases, their relevance can be confirmed only in several decades from now. However, a permanent crop like grapevine requires a planning horizon of at least 1-2 decades to breed new cultivars with modified stress tolerances, disease resistances, altered maturation behavior and secondary constituent patterns.

The analyses of the warming trends since the 1970ies have shown that primarily spring and the early summer months have become warmer, resulting in an acceleration of bud break. However, the dates of the last late frost in spring do not shift to correspondingly earlier dates; therefore late frost damage continues to constitute a risk for buds and young shoots shortly after emergence. This continued risk requires careful selection of the location and of the cultivar / strain when new vineyards are planted.

The trend of increasingly sunnier conditions during the vegetation period should be considered during leaf management measures for better grape exposure, especially in south-exposed rows and for cultivars with higher risk for sunburn like Riesling.

Precipitation pattern of the previous decades showed a slightly increasing trend in summer. The resulting higher relative air humidity raised the risk of fungal infections. Crop management measures and pesticide applications have to be aware of this trend that underlines the importance of an alert system for pests and diseases.

The combination of trends in temperature, precipitation, solar radiation and wind has resulted in more or less constant evapotranspiration rates and stresses for soil water relations in the Traisen valley in the years 1971-2008. Although this development does not yet provide evidence for increasing irrigation demand, this topic should be closely monitored and discussed because anticipatory prudence requires paying attention to the possibility of reversal of the current precipitation patterns. The irrigation demand would not only gain importance when summer precipitation decreases but also when constant precipitation amounts are accompanied by concurrently increasing temperature.

During the last 20-25 years the extension of the vegetation period has resulted in higher sugar concentrations in the grape juice, in earlier acid losses and in shifts of the malic acid / tartaric acid ratio. Therefore deliberations are necessary if the final maturation of the grapes of Grüner Veltliner and Riesling that now takes place already in September instead of early October is still compatible with the known characteristics of the resulting cultivar-specific wine or if the selection of cultivars and strains requires a screening for slower maturation.

Acknowledgements

Diese Untersuchungen wurden im Rahmen des Projektes WEINKLIM durchgeführt, das vom österreichischen Lebensministerium sowie vom Amt der Niederösterreichischen Landesregierung finanziert wurde. Das Zustandekommen dieser Ergebnisse ist folgenden Personen zu verdanken, ohne deren Entgegenkommen und Engagement die Studie unvollständig geblieben wäre: Raquel Rodriguez-Pascual und Marlene Soja für die Mitwirkung bei den agrarmeteorologischen Auswertungen, Josef Eitzinger und Gerhard Kubu / Universität für Bodenkultur sowie Gerhard Hohenwarter / ZAMG für die Überlassung von meteorologischen Daten von Krems und Umgebung, Karl Bauer und Erhard Kührer / Fachschule Krems für die Überlassung von Klima-Analysedaten

6.6 BIBLIOGRAPHIE

Adams, R., Chen, C.C., McCarl, B.A., Schimmelpfennig, D.E. (2001): Climate variability and climate change: Implications for agriculture. Advances in the Economics of Environmental Resources 3: 95-113.

Allen, R.G., Pereira, L.S., Raes, D., Smith, M. (1998): Crop evapotranspiration – guidelines for computing water requirements – FAO Irrigation and Drainage Paper 56. FAO, Rome.

Belliveau, S., Smit, B., Bradshaw, B. (2006): Multiple exposures and dynamic vulnerability: Evidence from the grape industry in the Okanagan Valley, Canada. Global Environmental Change-Human and Policy Dimensions 16: 364-378.

Böhm, R., Auer, I., Schöner, W., Ganekind, M., Gruber, C., Jurkovic, A., Orlik, A., Ungersböck, M. (2009): Eine neue Webseite mit instrumentellen Qualitäts-Klimadaten für den Großraum Alpen zurück bis 1760. Wiener Mitteilungen Band 216: Hochwässer: Bemessung, Risikoanalyse und Vorhersage.

Campbell, G.S., Diaz, R. (1988): Simplified soil-water balance models to predict crop transpiration. In: Bidinger, F.R., Johansen, C. (eds.): Drought research priorities for the dryland tropics. ICRISAT, Parancheru, India; p. 15-26.

Caprio, J.M., Quamme, H.A. (2002): Weather conditions associated with grape production in the Okanagan Valley of British Columbia and potential impact of climate change. Canadian Journal of Plant Science 82: 755-763.

Cartalis, C., Nikitopoulou, T., Proedrou, M. (2002): Climate changes and their impact on agriculture in Greece: a critical aspect for medium- and long-term environmental policy planning. International Journal of Environment and Pollution 17: 211-219.

Chloupek, O., Hrstkova, P., Schweigert, P. (2004): Yield and its stability, crop diversity, adaptability and response to climate change, weather and fertilisation over 75 years in the Czech Republic in comparison to some European countries. Field Crops Research 85: 167-190.

Clogg, C.C., Petkova, E., Haritou, A. (1995): Statistical methods for comparing regression coefficients between models. American Journal of Sociology 100, 1261-1293.

Duchene, E., Butterlin, G., Dumas, V., Merdinoglu, D. (2012): Towards the adaptation of grapevine varieties to climate change: QTLs and candidate genes for developmental stages. Theoretical and Applied Genetics 124, 623-635.

Duchene, E., Huard, F., Dumas, V., Schneider, C., Merdinoglu, D. (2010): The challenge of adapting grapevine varieties to climate change. Climate Research 41, 193-204.

Duchene, E., Schneider, C. (2005): Grapevine and climatic changes: a glance at the situation in Alsace. Agronomy for Sustainable Development 25: 93-99.

Efthmyiadis, D., Jones, P.D., Briffa, K.R., Auer, I., Böhm, R., Schöner, W., Frei, C., Schmidli, J. (2006): Construction of a 10-min-gridded precipitation data set for the Greater Alpine Region for 1800-2003. J. Geophys. Res. 111, D01105, doi:10.1029/2005JD006120.

Esteves, M.A., Orgaz, M.D.M. (2001): The influence of climatic variability on the quality of wine. International Journal of Biometeorology 45: 13-21.

Formayer, H., Harlfinger, O., Mursch-Radlgruber, E., Nefzger, H., Groll, N., Kromp-Kolb, H. (2004): Objektivierung der geländeklimatischen Bewertung der Weinbaulagen Österreichs in Hinblick auf deren Auswirkung auf die Qualität des Weines am Beispiel der Regionen um Oggau und Retz. Endbericht an das BMLFUW.

Grifoni, D., Mancini, M., Maracchi, G., Orlandini, S., Zipoli, G. (2006): Analysis of Italian wine quality using freely available meteorological information. American Journal of Enology and Viticulture 57: 339-346.

Gustafsson, J.G., Martensson, A. (2005): Potential for extending Scandinavian wine cultivation. Acta Agriculturae Scandinavica Section B-Soil and Plant Science 55: 82-97.

Hajdu, E. (1998): Climate tolerance in the background of reliable vine yield. Acta Horticulturae 473: 83-91.

Harlfinger, O., Koch, E., Scheifinger, H. (2002): Klimahandbuch der österreichischen Bodenschätzung. Klimatographie Teil 2. Universitätsverlag Wagner, Innsbruck, 256 pp.

Hoyningen-Huene, J.v. (1983): Die Interzeption des Niederschlages in landwirtschaftlichen Pflanzenbeständen. Verlag Paul Parey, Hamburg-Berlin. (DVWK-Schrift Nr. 57).

Huglin, P. (1978): Nouveau mode d'évaluation des possibilités héliothermique d'un milieu viticole. C. R. Acad. Agric. 1978, 1117-1126.

Jones, G.V. (2004): Making wine in a changing climate. Geotimes 49: 24-28.

Jones, G.V., Davis, R.E. (2000): Using a synoptic climatological approach to understand climate-viticulture relationships. International Journal of Climatology 20: 813-837.

Jones, G.V., White, M.A., Cooper, O.R., Storchmann, K. (2005): Climate change and global wine quality. Climatic Change 73: 319-343.

Lobell, D.B., Cahill, K.N., Field, C.B. (2007): Historical effects of temperature and precipitation on California crop yields. Climatic Change 81: 187-203.

Lobell, D.B., Field, C.B., Cahill, K.N., Bonfils, C. (2006): Impacts of future climate change on California perennial crop yields: Model projections with climate and crop uncertainties. Agricultural and Forest Meteorology 141: 208-218.

Lough, J.M., Wigley, T.M.L., Palutikof, J.P. (1983): Climate and climate impact scenarios for Europe in a warmer world. Journal of Climate and Applied Meteorology 22, 1673-1684.

Raes, D. (2009): ET0-Calculator. Land and Water Digital Media Series Nr. 36, FAO, Rome.

Ramos, M.C. (2006): Soil water content and yield variability in vineyards of Mediterranean northeastern Spain affected by mechanization and climate variability. Hydrological Processes 20: 2271-2283.

Rogers, P. (2004): Climate change and security. IDS Bulletin-Institute of Development Studies 35: 98-101.

Soja, A.-M., Soja, G. (2007): Effects of weather conditions on agricultural crop production in Austria between 1869 and 2003. Die Bodenkultur 58: 67-84.

Stock, M. (Hg.)(2005): KLARA – Klimawandel – Auswirkungen, Risiken, Anpassung. Potsdam-Institut für Klimafolgenforschung.

Stock, M., Badeck, F., Gerstengarbe, F.-W., Hoppmann D., Kartschall, T., Österle, H., Werner, P. C., Wodinski, M. (2007): Perspektiven der Klimaänderung bis 2050 für den Weinbau in Deutschland (Klima 2050). Projektbericht Potsdam-Institut für Klimafolgenforschung, 119 pp.

Tomasi, D., Jones, G.V., Giust, M., Lovat, L., Gaiotti, F. (2011): Grapevine Phenology and Climate Change: Relationships and Trends in the Veneto Region of Italy for 1964-2009. American Journal of Enology and Viticulture 62, 329-339.

Tonnietto, J., Carbonneau, A. (2004): A multicriteria climatic classification system for grape-growing regions worldwide. Agricultural and Forest Meteorology 124, 81–97.

Vrsic, S., Vodovnik, T. (2012): Reactions of grape varieties to climate changes in North East Slovenia. Plant Soil and Environment 58, 34-41.

White, M.A., Diffenbaugh, N.S., Jones, G.V., Pal, J.S., Giorgi, F. (2006): Extreme heat reduces and shifts United States premium wine production in the 21st century. Proceedings of the National Academy of Sciences of the United States of America 103: 11217-11222.

Wimmer, A. (2009): Die Klimaänderung (in) der Wachau: Die Klimaänderung der Wachauer Winzer. Dissertation Wirtschaftsuniversität Wien und www.diplom.de, 287 pp.

Wolfe, D.W., Schwartz, M.D., Lakso, A.N., Otsuki, Y., Pool, R.M., Shaulis, N.J. (2005): Climate change and shifts in spring phenology of three horticultural woody perennials in northeastern USA. International Journal of Biometeorology 49: 303-309.

7 Klima und Weinbau in nördlichen Grenzlagen am Beispiel der Steiermark

von Brigitte Schicho*

7.1 KLIMAWANDEL UND WEINBAU

7.1.1 Einführung

Dass es einen durch den Menschen beeinflussten Klimawandel gibt, ist heute unbestritten. Global ist die Durchschnittstemperatur im Zeitraum von 1850 bis 2010 um ca. 0,8 °C gestiegen. Diese Temperaturänderung ist aber regional sehr unterschiedlich: In Österreich beträgt die Erwärmung im gleichen Zeitraum etwa das Doppelte, in der Südoststeiermark stieg die Temperatur allein im Zeitraum von 1961 bis 2004 um 2,41 °C (Abbildung 1).

Klimamodellierungen deuten darauf hin, dass sich der Trend des Temperaturanstieges auch weiterhin fortsetzt, noch unklar ist aber der tatsächliche Temperaturanstieg in den nächsten Jahrzehnten, weil dies in starkem Ausmaß vom menschlichen Wirtschaften abhängt. Doch selbst, wenn jetzt rasch wirksame Maßnahmen ergriffen werden, werden diese erst in einigen Jahrzehnten greifen und bis dahin muss in jedem Fall mit einer Änderung des Klimas gerechnet werden. Auch ist davon auszugehen, dass sich nicht nur die Temperaturen, sondern auch die Niederschläge, was ihre Menge, Häufigkeit und Intensität betrifft, ändern werden.

Dies hat unmittelbare Folgen auf verschiedene Ökosysteme, was zum Teil heute schon beobachtbar ist: Vom augenscheinlichen Verschwinden der Gletscher bis hin zur Einwanderung bisher nicht heimischer Arten aus wärmeren Regionen und gleichzeitigem Anstieg der Vegetationszonen z.B. in den Alpen, was letztlich auch zum Aussterben hochalpiner Arten führt. Der Mensch – insbesondere der Landwirt – ist gezwungen, seine Wirtschaftsweise den geänderten Rahmenbedingungen anzupassen, hängt doch das Wachstum der Pflanzen unmittelbar mit den herrschenden Klimaverhältnissen zusammen. Wie praktisch bei allen Pflanzen ist es auch beim Wein so, dass er nur in einem bestimmten Temperaturbereich gedeiht, und bei den Niederschlägen sollte ein bestimmtes Quantum weder unter- noch überschritten werden.

Die steirischen Weinbaugebiete gehören zu den klimatisch kühlen Weinbaugebieten, die vielfach auch als Grenzlagen bezeichnet werden. Das heißt, dass aufgrund von relativ niedrigen Temperaturen die Weingärten nicht an beliebigen Plätzen angelegt werden können. Wie weit sich Änderungen des Klimas auf den Weinbau in diesen Grenzlagen auswirken, soll im Folgenden am Beispiel der Steiermark geklärt werden.

Grundsätzlich reicht Weinbau auf der Nordhalbkugel bis zu etwa 50° nördlicher Breite, auf der Südhalbkugel bis zu etwa 40° südlicher Breite (Redl et al., 1996, S. 17; Abbildung 2). Einschränkungen aus dieser Regel ergeben sich aber durch die Entfernung zum Meer und den dadurch bedingten ozeanischen bzw. kontinentalen Einfluss auf das Klima. Ein kontinentales Klima weist sehr tiefe Wintertemperaturen auf, ein ozeanisches Klima wiederum ist mitunter sehr feucht; beides sind Aspekte, die den Weinbau unmöglich machen können.

* Das vorliegende Kapitel entstand im Rahmen eines Werkvertrages mit der JOANNEUM RESEARCH Forschungsgesellschaft mbH auf Basis von Brigitte Schichos an der Karl-Franzens-Universität Graz durchgeführten Dissertation.

Abbildung 1:   *Jahresmitteltemperatur in der Südoststeiermark 1961 bis 2004*

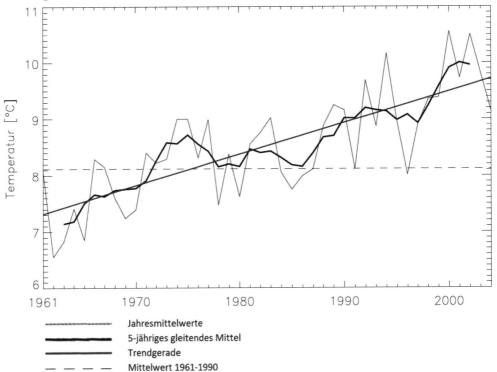

Quelle: Kabas, 2005, S. 101

Weitere Aspekte, die dazu führen, dass die Grenzlage auch weiter nördlich bzw. südlich der oben angegebenen Linie sein kann, sind im Geländeklima begründet, wobei Folgendes relevant ist:

1) Talböden erweisen sich oft aufgrund von häufigen Inversionswetterlagen (Zunahme der Lufttemperatur mit der Höhe) als ungeeignet: Im Kaltluftsee steigt nicht nur das winterliche Frostrisiko, sondern auch die Häufigkeit von Nebel und damit die Begünstigung von Pilzerkrankungen.

2) Je nach Exposition und Neigung der Hänge gibt es große Unterschiede hinsichtlich der Sonneneinstrahlung und damit des Wärmegenusses. In den südlichen Expositionen steigt der Strahlungsgewinn mit der Neigung, in den anderen Expositionen sinkt er (Tabelle 1).

3) Mit zunehmender Höhe nimmt die Temperatur im Durchschnitt um ungefähr 0,6 °C pro 100 m ab (Liljequist, Cehak, 1984, S. 36).

4) Unterschiedliche Böden haben eine unterschiedliche Wärmespeicherkapazität.

5) Je nach Farbe ist auch die Albedo der Böden unterschiedlich. Unter Albedo versteht man die Reflexion einer Oberfläche, welche umso größer ist, je heller diese ist. Eine geringere Reflexion wiederum bedeutet eine stärkere Erwärmung.

Tabelle 1:   *Direkte Sonnenstrahlung (April bis Oktober) in den steirischen Weinbaugebieten in kJ/cm² in Abhängigkeit von Hangneigung und -richtung*

Hangneigung	Hangrichtung							
	N 0°	NE 45°	E 90°	SE 135°	S 180°	SW 225°	W 270°	NW 315°
0°	163	163	163	163	163	163	163	163
5°	153	156	163	170	171	170	163	158
10°	143	148	161	173	178	173	161	148
15°	132	140	158	176	183	176	158	140
20°	121	130	153	178	186	178	155	130
25°	108	119	150	178	189	179	148	119

Quelle: Formayer, Harlfinger, 2004

In den Grenzlagen reifen die Trauben langsamer, was aber eine optimale Entwicklung der fruchtigen Traubeninhaltsstoffe begünstigt. Für den Weißwein ist darüber hinaus der Temperaturunterschied zwischen Tag und Nacht relevant, da die Aromastoffe, die tagsüber durch die Assimilation gebildet werden, in vergleichsweise kühleren Nächten besser in den Trauben gespeichert werden können, während die Inhaltsstoffe bei höheren Temperaturen vermehrt veratmet werden. So weisen Weißweine aus wärmeren Klimazonen wenig Säure und primäre Fruchtaromen auf und wirken durch den hohen Alkoholgehalt oft unharmonisch.

Rotweine sind im Allgemeinen wärmeliebender und deshalb auch in wärmeren Regionen der Welt vermehrt anzutreffen (Bernhart, Luttenberger, 2003, S. 20). Die durchschnittliche Julitemperatur liegt in den besten Weißweingebieten knapp unter 20 °C, in den besten Rotweingebieten zwischen 20 und 25 °C (Redl et al., 1996, S. 18).

Zwischen der absoluten Nord- und Südgrenze des potentiellen Weinbauklimas gibt es sehr unterschiedliche Klimazonen, in denen der Wein gedeiht, und jede Weinbauregion hat ihre eigenen Besonderheiten und Probleme: Während in manchen Regionen bewässert werden muss, ist es in anderen Regionen so feucht, dass Weinbau aufgrund des massiven Pilzbefallsdrucks ohne modernen Pflanzenschutz kaum möglich wäre. Auch gibt es unterschiedliche Weinsorten, die unterschiedliche Ansprüche an die thermischen Verhältnisse haben: Die Palette reicht dabei von den sehr wärmeliebenden Sorten Aramon oder Carignan bis zu Müller-Thurgau oder Burgunder (Huglin, 1986, S. 300 f.). Erstere Sorten gibt es in Ländern wie Algerien oder Marokko, letztere in Deutschland, Österreich oder der Schweiz (Tischelmayer, 2007). Im Zusammenhang mit der globalen Erwärmung ist aber zu erwarten, dass sich dieses Sortenspektrum räumlich verschieben wird.

Abbildung 2:   Die weltweite Verbreitung des Weinbaus

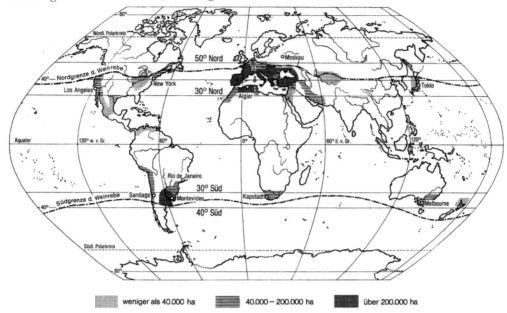

Quelle: Redl et al., 1996, S. 16

7.1.2   Die Weinqualität als Spiegel der Witterung

Die Auswirkungen unterschiedlicher Temperatur- und Niederschlagsverhältnisse auf den Wein können nur erfasst werden, wenn man Klima- und Weinbaudaten der vergangenen Jahre zusammenführt. Ausreichende Datenmengen über den Wein stehen für die Steiermark ab 1985 zur Verfügung, nur in Einzelfällen gibt es Aufzeichnungen bis 1972 zurück. Diese Daten liegen in dieser Arbeit in einer bis dahin nicht vorhandenen Sammlung vor. Betrachtet werden mit den Lesegutaufzeichnungen von Blauer Wildbacher, Sauvignon Blanc, Welschriesling und Zweigelt die wichtigsten steirischen Weinsorten. Die Lesegutaufzeichnungen dokumentieren das jeweilige Lesedatum sowie den Gehalt an Zucker und Säure im Lesegut der einzelnen Jahre. Mit dem gewählten Untersuchungszeitraum ist eine große Bandbreite an unterschiedlichen Jahrgängen abgedeckt. Sie reicht von 1980, als das „*seit Menschengedenken*" in klimatischer Hinsicht schlechteste Jahr für den steirischen Wein war, über 1997, welches Jahr vor allem im Weißweinsektor von der Fachwelt als qualitativ sehr hochstehend beurteilt wurde, bis zum Jahr 2003 mit seinem extremen Hitzesommer. Unter Betrachtung der Vergangenheit ist es möglich aufzuzeigen, welche Temperatur- und Niederschlagsverläufe sich wie auf die Weinqualität der einzelnen Jahre auswirken. Daraus können Rückschlüsse für zukünftige klimatische Verhältnisse gezogen werden.

7.1.2.1 Das Lesedatum und der Gehalt an Zucker und Säure im Lesegut der Jahre 1980 bis 2004

Das Lesedatum hängt zum großen Teil von der Witterung des jeweiligen Jahres ab: Den größten Einfluss hat dabei die Temperatur, da der Aufbau von Zucker und der Abbau von Säure vor allem durch diese gesteuert werden. Der Termin der Lese wird letztendlich durch die Weinbautreibenden bestimmt, die bestimmte Konzentrationen von Zucker und Säure wollen, die durch die Wahl des Lesetermins aber auch verhindern möchten, dass aufgrund ungünstiger Witterung im Herbst, zum

Beispiel durch zu viel Niederschlag, noch Qualitätseinbußen oder gar Schäden entstehen. Deswegen ist der Gehalt an Zucker und Säure im Lesegut zwar auch temperaturabhängig, gibt aber nicht unbedingt Aufschluss darüber, ob das jeweilige Jahr besonders kalt oder warm war.

Einen Überblick über die Verhältnisse im Untersuchungszeitraum geben Abbildung 7 bis Abbildung 14. Für diese wurden die Lesegutaufzeichnungen eines jeden Jahres über alle Standorte gemittelt, was eine gewisse Ungenauigkeit mit sich bringt, da die Verteilung der vorhandenen Daten über die steirischen Weinbaugebiete nicht jedes Jahr gleich ist. Dennoch ist die Mittelwertbildung für die Beurteilung der Gesamtdaten im Hinblick auf die Auswirkungen der Witterung auf die einzelnen Weinjahrgänge hinreichend genau, wie auch die Regressionsanalysen in Kapitel 7.1.2.3 zeigen.

Abbildung 3:   *Die Entwicklung der Anbauflächen der betrachteten Sorten in der Steiermark*

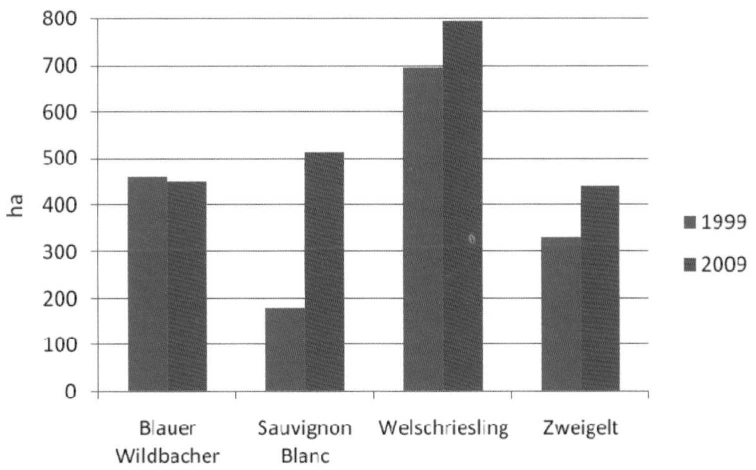

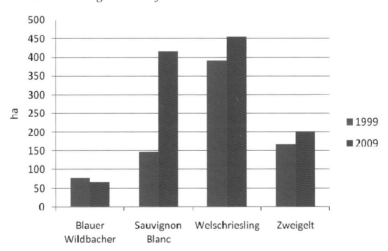

Quelle: Arbeithuber et al., 2011, S. 27

Abbildung 4:   *Die Entwicklung der Anbauflächen der betrachteten Sorten in der Südsteiermark*

Quelle: Arbeithuber et al., 2011, S. 28

Abbildung 5:   Die Entwicklung der Anbauflächen der betrachteten Sorten in der Südoststeiermark

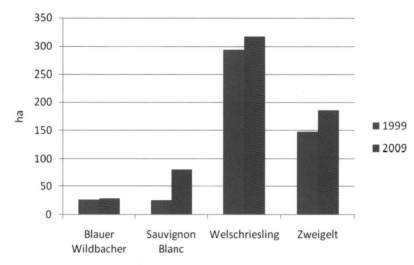

Quelle: Arbeithuber et al., 2011, S. 29

Abbildung 6:   Die Entwicklung der Anbauflächen der betrachteten Sorten in der Weststeiermark

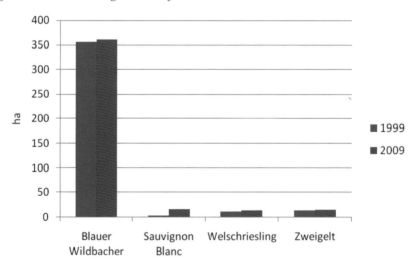

Quelle: Arbeithuber et al., 2011, S. 30

Blauer Wildbacher

Dieser Wein dürfte schon seit der Keltenzeit bekannt sein. Üblicherweise wird aus diesen Trauben der Schilcher gekeltert, ein Roséwein, der vor allem durch seine ausgeprägte Säure gekennzeichnet ist. Die Bezeichnung „Schilcher" darf ausschließlich in der Steiermark verwendet werden (Österreich Wein Marketing GmbH, 2010). Selten findet man den Blauen Wildbacher auch als Rotwein. Mit rund 360 ha werden 80 % des Blauen Wildbachers in der Weststeiermark angebaut (Abbildung 3, Abbildung 4, Abbildung 5 und Abbildung 6).

Beim Blauen Wildbacher steht das Lesedatum vor 1987 nur dreimal (1979, 1981, 1983) zur Verfügung und wird daher in Abbildung 7 erst ab 1987 berücksichtigt. Die Zucker- und Säurewerte wurden aber jedes Jahr festgehalten.

Tabelle 2:   *Lesegutaufzeichnungen Blauer Wildbacher, Datenbasis 1979 bis 2004*

Mittleres Lesedatum	12.10.
Frühestes Lesedatum (im Jahr)	15.9. (2003)
Spätestes Lesedatum (im Jahr)	27.10. (2004)
Mittlere °KMW	15,4
Maximum °KMW (im Jahr)	19,9 (1983)
Minimum °KMW (im Jahr)	10,3 (1980)
Mittlere Säure [‰]	15,3
Minimum Säure [‰] (im Jahr)	11,4 (2000)
Maximum Säure [‰] (im Jahr)	24,5 (1980)

Quelle: eigene Auswertung

Abbildung 7:   *Lesedatum Blauer Wildbacher*

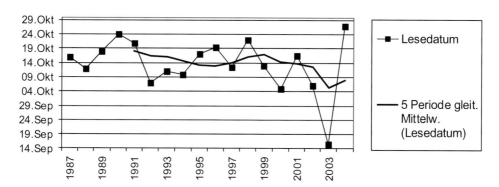

Quelle: eigene Auswertung

Abbildung 8:   Entwicklung von Zucker und Säure beim Blauen Wildbacher

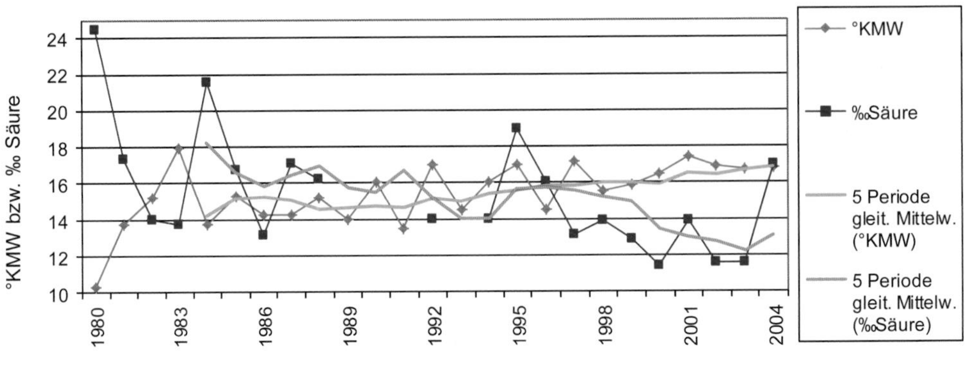

Quelle: eigene Auswertung

Sauvignon Blanc

Diese Rebsorte, welche als ausgezeichnet gilt, erfreut sich weltweit und auch in der Steiermark immer größerer Popularität und ist bevorzugt in Grenzlagen anzutreffen (Dippel et al., 2003, S. 428). In der Steiermark nahm die Anbaufläche dieser Sorte von 178 ha im Jahr 1999 auf 513 ha im Jahr 2009 zu (Abbildung 3, Abbildung 4, Abbildung 5 und Abbildung 6). Die Herkunft des Sauvignon Blanc ist vermutlich in Frankreich zu suchen (Regner, 2008, S. 6, Dippel et al., 2003, S. 428).

Tabelle 3:   Lesegutaufzeichnungen Sauvignon Blanc, Datenbasis 1985 bis 2004

Mittleres Lesedatum	7.10.
Frühestes Lesedatum	16.9. (2003)
Spätestes Lesedatum	19.10. (2004)
Mittlere °KMW	17,7
Maximum °KMW	20 (2000)
Minimum °KMW	15,4 (1996)
Mittlere Säure [‰]	8,9
Minimum Säure [‰]	4,9 (2003)
Maximum Säure [‰]	11,9 (1989)

Quelle: eigene Auswertung

Abbildung 9:   Lesedatum Sauvignon Blanc

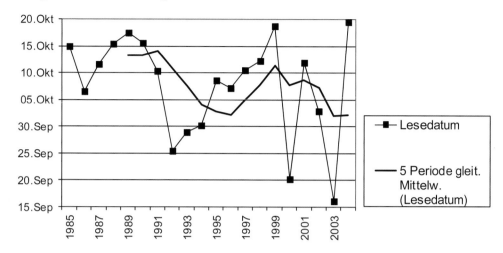

Quelle: eigene Auswertung

Abbildung 10:   Entwicklung von Zucker und Säure beim Sauvignon Blanc

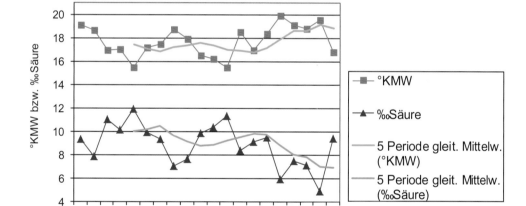

Quelle: eigene Auswertung

Welschriesling

Dieser erst relativ spät im Jahr reifende Wein ist die häufigste Rebsorte der Steiermark. Es handelt sich dabei um einen trockenen und fruchtigen Wein. Die Herkunft dieser Sorte ist vermutlich Frankreich oder Italien (Österreich Wein Marketing GmbH, 2010).

Bereits im 19. Jahrhundert erreichte dieser Wein in warmen Jahren Zuckergradationen von bis zu 24 °KMW, der Säuregehalt konnte bis auf 5 ‰ zurückgehen (wobei nicht näher erläutert ist, welche Weinbaugebiete dies betrifft). Allerdings wurde und wird der Welschriesling eher als Massenwein betrachtet (Goethe H. und R., 1873, Text zu Tafel V; Weinhandel Weisbrod & Bath, 2010).

Welschriesling wird auf 793 ha angebaut, im Jahr 1999 waren es um rund 100 ha weniger (Abbildung 3, Abbildung 4, Abbildung 5 und Abbildung 6).

Im Diagramm „Lesedatum Welschriesling" (Abbildung 11) ist einmal das gesamtsteirische Mittel (blau) und einmal das jeweilige Lesedatum nur von Graßnitzberg (rot) dargestellt (Graßnitzberg hat hier die kontinuierlichsten Lesegutaufzeichnungen vorzuweisen). Gut zu sehen ist hier, dass die Termine von Graßnitzberg praktisch immer früher als das gesamtsteirische Mittel sind, was sich gut mit der Klimagütezonierung nach Harlfinger, wonach Graßnitzberg in Zone A (also der für den Weinbau am besten geeigneten Zone) liegt, deckt (vgl. Abbildung 25).

Tabelle 4:   *Lesegutaufzeichnungen Welschriesling, Datenbasis 1972 bis 2004*

Mittleres Lesedatum	16.10.
Frühestes Lesedatum	11.9. (2003)
Spätestes Lesedatum	5.11. (1984)
Mittlere °KMW	15,1
Maximum °KMW	17,5 (1992)
Minimum °KMW	11 (1980)
Mittlere Säure [‰]	9,1
Minimum Säure [‰]	5,9 (2003)
Maximum Säure [‰]	12 (1996)

Quelle: eigene Auswertung

Abbildung 11:   *Lesedatum Welschriesling*

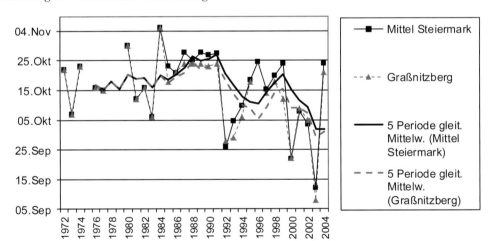

Quelle: eigene Auswertung

Abbildung 12: Entwicklung von Zucker und Säure beim Welschriesling

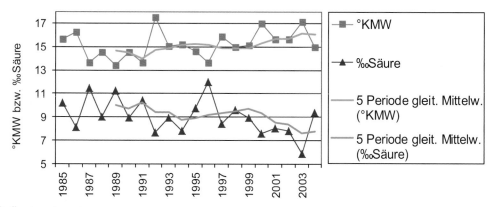

Zweigelt

Die nach dem Blauen Wildbacher wichtigste Rotweinsorte der Steiermark, der Zweigelt, ist eine Züchtung von Prof. Dr. F. Zweigelt (Höhere Bundeslehranstalt und Bundesamt für Wein- und Obstbau in Klosterneuburg). Seit 1922 gibt es diese Kreuzung aus St. Laurent und Blaufränkisch (Redl et al., 1996, S. 130). Der Zweigelt ist neben dem Blauen Wildbacher der einzige Rotwein, der in nennenswertem Ausmaß angebaut wird, und hat sein häufigstes Vorkommen in der Südsteiermark (Abbildung 3, Abbildung 4, Abbildung 5 und Abbildung 6). Während die Anbaufläche des Blauen Wildbachers in der Zeit von 1999 bis 2009 leicht gesunken ist, ist jene von Zweigelt im gleichen Zeitraum um rund ein Drittel (von 331 auf 441 ha) gestiegen.

Tabelle 5: Lesegutaufzeichnungen Zweigelt, Datenbasis 1985 bis 2004

Mittleres Lesedatum	8.10.
Frühestes Lesedatum	23.9. (2000)
Spätestes Lesedatum	18.10. (2004)
Mittlere °KMW	16,7
Maximum °KMW	18 (2003)
Minimum °KMW	15,2 (1989)
Mittlere Säure [‰]	8,8
Minimum Säure [‰]	6,8 (2000)
Maximum Säure [‰]	12,3 (1989)

Quelle: eigene Auswertung

Abbildung 13:   Lesedatum Zweigelt

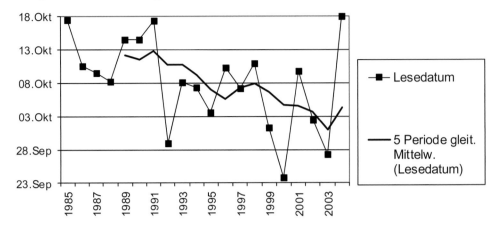

Quelle: eigene Auswertung

Abbildung 14:   Entwicklung von Zucker und Säure beim Zweigelt

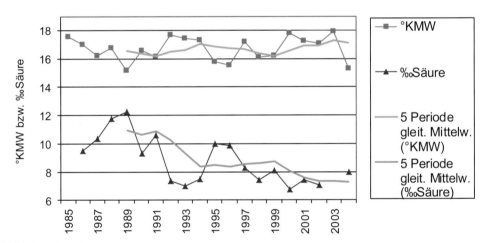

Quelle: eigene Auswertung

Fazit

Bei allen betrachteten Sorten ist festzustellen, dass im Untersuchungszeitraum der Zuckergehalt
gestiegen und der Säuregehalt gesunken sind. Daraus aber direkt Rückschlüsse auf zunehmende
Temperaturen zu ziehen, ist nur zum Teil möglich, weil durch die Wahl des Lesetermins der Gehalt an
Zucker und Säure beeinflusst wird. Im Laufe der Geschichte herrschten unterschiedliche Geschmäcker
vor: In den 1950er Jahren waren eher die süßen Weine gefragt, welche aber gerade in der Steiermark
recht bald von säurebetonten abgelöst wurden, so dass Mitte der 1980er Jahre die Steiermark auch vom
Weinskandal verschont bleiben konnte. Zu dieser Zeit wurde es dann österreichweit sehr wichtig, nicht
auch nur in die geschmackliche Nähe von Spätlesen oder Prädikatsweinen zu kommen. Ab den 1990er
Jahren war wieder mehr Fülle im Wein gefragt, so dass wieder tendenziell bei höherem Zucker- und
niedrigerem Säuregehalt gelesen wird (Bernhart, Luttenberger, 2003, S. 18). Aussagekräftiger ist die

Tatsache, dass die Lesetermine der betrachteten Jahre von 1980 bis 2004 stark schwankten, tendenziell aber immer früher waren (trotz der eben angesprochenen Tatsache), weil der Wein früher reif wurde. An der Schwankung des Lesetermins von Jahr zu Jahr kann man gut erkennen, wie der Wein auf die jeweiligen Witterungseinflüsse reagiert.

7.1.2.2 Die Temperaturverhältnisse im Untersuchungszeitraum 1980 bis 2004

Im Untersuchungszeitraum 1980 bis 2004 sind die Temperaturen in den steirischen Weinbaugebieten deutlich gestiegen. Dies betrifft sowohl die mittlere 14-Uhr-Temperatur von 1. Mai bis 30. September (Abbildung 15) als auch die Temperatursummen im Frühling und im Sommer (Abbildung 16 und Abbildung 17).

Abbildung 15:   Die mittlere 14-Uhr-Temperatur von 1. Mai bis 30. September in den steirischen Weinbaugebieten

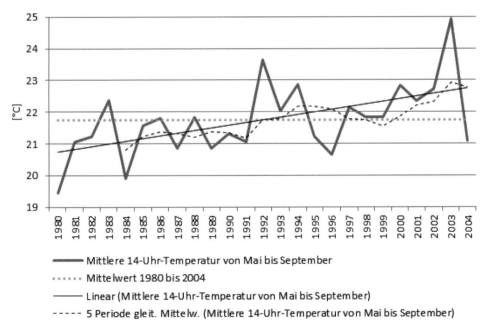

Quelle: eigene Auswertung, Datenbasis: ZAMG

Abbildung 16:   Die Temperatursumme im Frühling

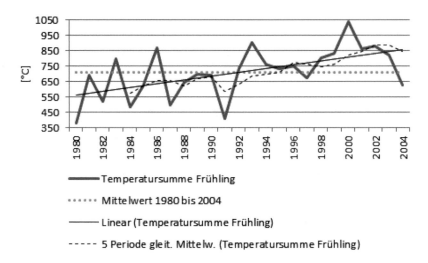

Quelle: eigene Auswertung, Datenbasis: ZAMG

Abbildung 17:   Die Temperatursumme im Sommer

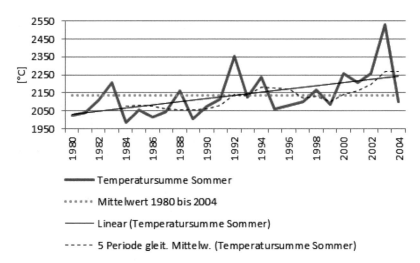

Quelle: eigene Auswertung, Datenbasis: ZAMG

Abbildung 18: Die Temperatursumme im Herbst

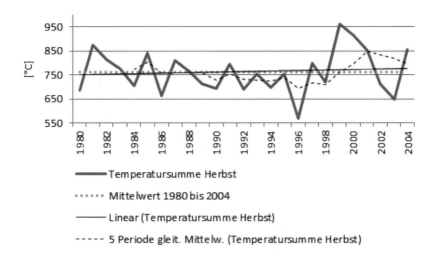

Temperatursumme Herbst

Mittelwert 1980 bis 2004

Linear (Temperatursumme Herbst)

5 Periode gleit. Mittelw. (Temperatursumme Herbst)

Quelle: eigene Auswertung, Datenbasis: ZAMG

Nur minimal hingegen ist die Temperatursumme im Herbst des betrachteten Zeitraumes gestiegen (Abbildung 18). Grundsätzlich muss aber gesagt werden, dass aus einer 25-jährigen Datenreihe noch kein zuverlässiger Trend ablesbar ist.

7.1.2.3 Korrelation zwischen Klima- und Weinbaudaten

Das Wachstum des Weines bildet die Witterungsverhältnisse des jeweiligen Jahres ab. Man kann davon ausgehen, dass die Jahre, in denen früh gelesen wird bzw. der Zuckergehalt hoch und der Säuregehalt niedrig sind, eher warm sind und vice versa. Dies liegt daran, dass bei höheren Temperaturen der Zucker schneller auf- und die Säure schneller abgebaut werden, als bei niedrigeren Temperaturen. Auch die Niederschlagsverhältnisse zeigen Auswirkungen auf die Weinqualität: In Regionen mit einem beschränkten Wasserangebot kann dies, wenn nicht geeignete Maßnahmen getroffen werden, qualitätsmindernd wirken. In der Steiermark sind Niederschläge in der Regel für den Weinbau in mehr als ausreichendem Maß vorhanden, so dass hierzulande eher mit einem erhöhten Pilzbefallsdruck zu rechnen ist. Auf diese Aspekte wird in einem eigenen Abschnitt am Ende dieses Kapitels eingegangen.

Aus Tabelle 2, Tabelle 3, Tabelle 4 und Tabelle 5 ist ersichtlich, welche Jahre besonders warm bzw. kalt waren. Als wärmste Jahre (mit den tiefsten gemessenen Säurewerten, den höchsten gemessenen Zuckergehalten oder dem frühesten Lesedatum) treten hier die Jahre 1983, 1992, 2000 und 2003 in Erscheinung.

- 1983: Maximaler Zuckergehalt: Blauer Wildbacher

- 1992: Maximaler Zuckergehalt: Welschriesling

- 2000: Minimaler Säuregehalt: Blauer Wildbacher, Zweigelt
  Maximaler Zuckergehalt: Sauvignon Blanc
  Spätestes Lesedatum: Zweigelt

- 2003: Minimaler Säuregehalt: Sauvignon Blanc, Welschriesling
  Maximaler Zuckergehalt: Zweigelt
  Spätestes Lesedatum: Blauer Wildbacher, Sauvignon Blanc, Welschriesling

Betrachtet man die Temperaturverhältnisse dieser Jahre, so stellt man fest, dass diese tatsächlich außergewöhnlich warm waren.

Das Jahr 1983 war in allen Jahreszeiten wärmer als im Durchschnitt, vor allem der Frühling war außergewöhnlich mild. Dabei waren die Niederschläge, mit Ausnahme jener im Winter, geringer als im Schnitt. Das warme und trockene Jahr führte zum im Untersuchungszeitraum höchsten Zuckergehalt beim Blauen Wildbacher, obwohl auch zwei Wochen früher als im Durchschnitt gelesen wurde. Der Welschriesling wurde mit einem relativ hohen Zuckergehalt (1,9 °KMW mehr als üblich) um zehn Tage früher als normal gelesen. Allerdings gibt es vom Jahr 1983 nur Aufzeichnungen aus Hitzendorf (Blauer Wildbacher) und Graßnitzberg (Welschriesling) und somit ist die Aussagekraft der Daten zu diesem Jahr nicht sehr hoch.

Im Jahr 1992 war der zweitwärmste Sommer des Untersuchungszeitraumes. Der September war mild und hatte leicht unterdurchschnittliche Niederschläge, während der gesamte Herbst aber relativ kühl und verregnet war. Da die Lese aber meist im September abgeschlossen wurde, spielte dies kaum eine Rolle. Das warme und trockene Jahr (der Sommer war der niederschlagsärmste überhaupt) führte beim Welschriesling zum höchsten gemessenen Zuckergehalt des Untersuchungszeitraumes (mit 19,9 °KMW um 4,5 °KMW höher als im Mittel), obwohl auch drei Wochen früher als im Durchschnitt gelesen wurde.

Der Frühling des Jahres 2000 war der wärmste des Untersuchungszeitraumes, auch der Sommer und Herbst waren überdurchschnittlich warm. Die Temperatursumme über das gesamte Jahr betrachtet ist die höchste des Untersuchungszeitraumes. Die Niederschläge waren dabei insgesamt im langjährigen Mittel, allerdings war dies hauptsächlich auf die relativ hohen Herbstniederschläge zurückzuführen. Das warme Wetter führte im Weinbau zu Rekorden: Der Blaue Wildbacher hatte in diesem Jahr das Minimum an Säure, der Sauvignon Blanc das Maximum an Zucker und der Zweigelt das Minimum an Säure und das früheste Lesedatum des Untersuchungszeitraumes.

Der heißeste Sommer des Untersuchungszeitraumes war 2003, auch der Frühling war bereits sehr warm. Der September hingegen war – wie der gesamte Herbst – eher kühl. Hatte der Winter noch verhältnismäßig viel Niederschlag, war der Rest des Jahres trocken. Besonders trocken mit nur 51 % der durchschnittlichen Niederschläge war der Frühling. Die Trockenheit führte dazu, dass in Junganlagen und auf Terrassen Trockenstress auftrat. In diesem Jahr war das Freistellen der Traubenzone durch Entfernung von Laub nicht empfehlenswert, damit die Trauben keinen „Sonnenbrand" bekamen (Krautstoffl, Thurner, 2006, S. 52). Durch den heißen Sommer bedingt, war dies ein außergewöhnlicher Weinjahrgang: So hatten der Sauvignon Blanc und der Welschriesling in diesem Jahr das Minimum an Säure, der Zweigelt den höchsten Zuckergehalt im Untersuchungszeitraum. Darüber hinaus wurde 2003 um bis zu fünf Wochen früher (Welschriesling) als normal gelesen, dies waren die frühesten Lesetermine des Untersuchungszeitraumes. Lediglich der Zweigelt wurde im Jahr 2000 um noch vier Tage früher gelesen als 2003.

Als kälteste Jahre (mit den höchsten gemessenen Säurewerten, den tiefsten gemessenen Zuckergehalten oder dem spätesten Lesedatum) treten die Jahre 1980, 1984, 1989, 1996 und 2004 in Erscheinung (Tabelle 2, Tabelle 3, Tabelle 4 und Tabelle 5).

- 1980:   Maximaler Säuregehalt Blauer Wildbacher
            Minimaler Zuckergehalt Blauer Wildbacher, Welschriesling

- 1984:   Spätestes Lesedatum Welschriesling

- 1989:   Maximaler Säuregehalt Sauvignon Blanc, Zweigelt
            Minimaler Zuckergehalt Zweigelt

- 1996:   Maximaler Säuregehalt Welschriesling
            Minimaler Zuckergehalt Sauvignon Blanc

- 2004:   Spätestes Lesedatum Blauer Wildbacher, Sauvignon Blanc, Zweigelt

1980, das mit Abstand kälteste Jahr des Untersuchungszeitraumes, hatte auch den kältesten Frühling aufzuweisen. Die Niederschläge waren durchschnittlich, wobei im Winter und Frühling relativ wenig und im Herbst relativ viel Niederschlag fiel. Der Zuckergehalt beim Blauen Wildbacher war am niedrigsten, der Säuregehalt am höchsten, ebenso war der Zuckergehalt des Welschrieslings am geringsten (eine Säuremessung von Welschriesling ist von 1980 nicht vorhanden). Der Lesetermin von Welschriesling war zwei Wochen später als im Durchschnitt. Allerdings gibt es vom Jahr 1980 nur Aufzeichnungen aus Hitzendorf (Blauer Wildbacher) und Graßnitzberg (Welschriesling). 1980 war laut Auskunft verschiedener Fachleute das "*seit Menschengedenken*" schlechteste Jahr für den steirischen Wein. Nach einem späten Austrieb war auch der Reifebeginn sehr spät, so dass Ende Oktober erst ein Drittel der Ernte eingebracht war, Anfang November kam aber der erste Schnee, der die Ausreifung der Beeren unmöglich machte.

1984 waren die Temperaturen in allen Jahreszeiten unterdurchschnittlich. Der Frühling war ausgesprochen kalt und der Sommer war der kälteste des Untersuchungszeitraumes. Dabei war das Jahr aber auch vergleichsweise trocken – mit Ausnahme der Niederschläge im Winter, welche um 50 % über dem Mittelwert lagen. Die niedrigen Temperaturen haben dazu geführt, dass in diesem Jahr der Lesetermin des Welschriesling der späteste des gesamten Untersuchungszeitraumes war. Dazu muss aber einschränkend hinzugefügt werden, dass alles, was 1980 nicht bis Ende Oktober gelesen wurde, aufgrund des frühen Wintereinbruchs ohnehin unbrauchbar war. So sind die Gehalte an Zucker 1984 deutlich höher und die Gehalte an Säure deutlich niedriger als 1980.

Das Jahr 1989 hatte im Frühling und im September normale Temperaturen, aber der Sommer war der zweitkälteste des Untersuchungszeitraumes, auch die Monate Oktober und November waren relativ kühl. Die Niederschläge waren über das Jahr betrachtet im Durchschnitt, die Verteilung war allerdings sehr unregelmäßig: Mit ca. 30 % über dem Normalwert fielen die meisten Niederschläge im Frühling und Sommer. Durch den kalten und feuchten Sommer bedingt, hatte der Wein in diesem Jahr bei einer der betrachteten Sorten den niedrigsten Zuckergehalt (Zweigelt) und bei zwei Sorten den höchsten Säuregehalt (Sauvignon Blanc und Zweigelt). Es ist aber anzunehmen, dass im Jahr 1980 die Zucker- und Säurewerte noch deutlich darunter bzw. darüber waren, dies kann aber nur bei den Sorten Blauer Wildbacher und Welschriesling anhand von Daten belegt werden.

1996 waren, abgesehen vom Frühling, die Temperaturen unterdurchschnittlich, der September sowie der gesamte Herbst waren die kältesten des Untersuchungszeitraumes. Außer während des Sommers hatte dieses Jahr darüber hinaus sehr viel Niederschlag. So ergibt sich bei der Betrachtung der Weinbaudaten ebenso das Bild eines kalten Jahres mit dem niedrigsten Zuckergehalt beim Sauvignon Blanc und dem höchsten Säuregehalt beim Welschriesling (1980 steht aber kein Säurewert zur Verfügung).

2004 war nur der Herbst wärmer als im Durchschnitt, der September alleine war leicht unter, der Frühling und der Sommer stärker unter dem Durchschnitt. Der Frühling und der Sommer waren darüber hinaus auch eher verregnet, während das gesamte Jahr durchschnittliche Niederschläge hatte. Der warme und trockene Herbst ließ die Lese auch erst relativ spät im Oktober stattfinden: Das Lesedatum von Blauem Wildbacher, Sauvignon Blanc und Zweigelt war jeweils das späteste des Untersuchungszeitraumes (wobei es aber von diesen drei Sorten von 1980 bis 1984 keine bzw. nur unzureichende Aufzeichnungen des Lesedatums gibt). Durch die späte Lese bedingt weichen die Zucker- und Säurewerte nicht sehr stark von den Mittelwerten des gesamten Untersuchungszeitraumes ab.

Zusammenhänge von Temperatur- und Weinbaudaten

Die Zusammenhänge von Temperatur und Wein werden auch durch Regressionsanalysen deutlich. Für ihre Erstellung wurden, so wie auch schon für die Darstellungen in Kapitel 7.1.2.1 und 7.1.2.2, jeweils sowohl von den Klima- als auch von den Weinbaudaten die Mittelwerte aller jeweils vorhandenen Standorte gebildet. Die Mittelwertbildungen waren aus mehreren Gründen sinnvoll und erforderlich:

- Von den einzelnen Weinbaustandorten gibt es kaum längere zusammenhängende Zeitreihen. Außerdem sind die Standorte über das gesamte steirische Weinbaugebiet verteilt.

- Die Seehöhe, die Exposition und die Hangneigung sind in den Daten nicht berücksichtigt.

- Die Klimastationen liegen in der Regel nicht neben Weingärten, so dass diese Daten auch nicht das Klima im Weingarten wiedergeben. So wird durch die Bildung der Mittelwerte das Klima des gesamten Steirischen Beckens abgebildet. Sollten diese gemittelten Werte im Hinblick auf die Temperatur nun insgesamt etwas zu hoch oder niedrig sein, ist es insbesondere im Zusammenhang mit den folgenden Regressionsanalysen nicht relevant, weil dies auf die Steigung (und damit auf die Aussage, wie sich einzelne Parameter bei unterschiedlichen Verhältnissen quantitativ verändern werden) der Regressionsgeraden keine Auswirkung hat. Statt dieser obengenannten Variante nur eine Station zu nehmen, würde keinen derartigen repräsentativen Querschnitt darstellen, weil dadurch nur ein Punkt des Steirischen Beckens wiedergegeben wäre.

Die Standorte der in dieser Arbeit betrachteten Wetterstationen sind:

Bad Gleichenberg, Bad Radkersburg, Deutschlandsberg, Feldbach, Fürstenfeld, Gleisdorf, Graz Messendorfberg, Laßnitzhöhe, Leibnitz und Silberberg

Die Weinbaudaten wurden, nach Sorten gegliedert, an folgenden Standorten erhoben:

Blauer Wildbacher:

Aichegg, Deutschlandsberg, Hitzendorf, Hollenegg, Ligist, Oberlatein, Stainz, Wies, Wildbach

Sauvignon Blanc:

Burgfeld, Glanz, Graßnitzberg, Kitzeck, Klöchberg, Kohlgraben (Söchau), Leutschach, Mahrensdorf, Pößnitz, Ratsch, Schlossberg, Silberberg, Steinbach, Sulztal, Zieregg

Welschriesling:

Burgfeld, Feldbach, Glanz, Graßnitzberg, Kitzeck, Klöchberg, Kohlgraben (Söchau), Leutschach, Mahrensdorf, Pößnitz, Ratsch, Schlossberg, Silberberg, St. Anna am Aigen, St. Peter am Ottersbach, Sulztal, Wolfgruben

Zweigelt:

Burgfeld, Feldbach, Glanz, Graßnitzberg, Kitzeck, Klöchberg, Kohlgraben (Söchau), Leutschach, Mahrensdorf, Pößnitz, Ratsch, Remschnigg, Silberberg, St. Anna am Aigen, St. Peter am Ottersbach, Sulztal

Im Folgenden werden exemplarisch die Ergebnisse der Regressionsanalysen der mittleren 14-Uhr-Temperatur von 1. Mai bis 30. September (Mittelwert aller in diesem Zeitraum um 14 Uhr gemessenen Temperaturen) und des Lesedatums des Welschrieslings wiedergegeben. Bei Betrachtung der Diagramme darf nicht außer Acht gelassen werden, dass der jeweilige Schnittpunkt mit der y-Achse (in diesem Fall die Temperatur) keine Bedeutung hat, da der Gültigkeitsbereich der Gleichung für die Regressionsgerade aufgrund der pflanzenphysiologischen Eigenschaften nur ein beschränkter ist.

Abbildung 19:   *Korrelation zwischen mittlerer 14-Uhr-Temperatur von Mai bis September und Lesedatum beim Welschriesling*

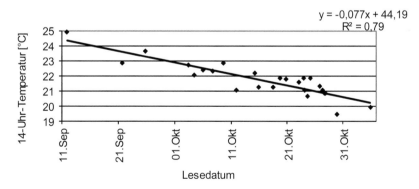

Quelle: eigene Auswertung

*Abbildung 20:   Korrelation zwischen mittlerer 14-Uhr-Temperatur von Mai bis September und
°KMW beim Welschriesling*

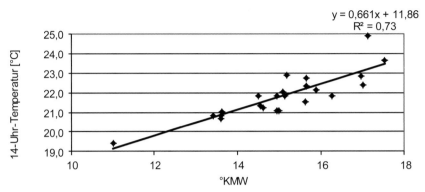

Quelle: eigene Auswertung

*Abbildung 21:   Korrelation zwischen mittlerer 14-Uhr-Temperatur von Mai bis September und
‰ Säure beim Welschriesling*

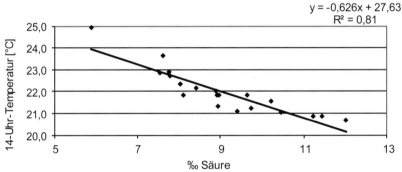

Quelle: eigene Auswertung

Abbildung 19, Abbildung 20 und Abbildung 21 zeigen als Beispiel für den Welschriesling die
Zusammenhänge zwischen

- der mittleren 14-Uhr-Temperatur von 1. Mai bis 30. September

und

- dem Lesedatum bzw. den Zucker- und Säurewerten zum Lesedatum.

Für eine Erhöhung der mittleren 14-Uhr Temperatur von Mai bis September von jeweils 1 °C bedeutet
dies am Beispiel Welschriesling:

- eine Verschiebung des Lesetermins um 12,5 Tage nach hinten

- einen Anstieg des Zuckergehalts um 1,5 °KMW

- eine Verringerung des Säuregehalts um 1,6 Promille

Die Temperatur wirkt sich also deutlich auf den Wein aus. Dies wurde nicht nur anhand des
Welschrieslings, welcher hier exemplarisch dargestellt ist, sondern auch für die Sorten Blauer

Wildbacher, Sauvignon Blanc und Zweigelt so festgestellt. Die Auswirkungen der Temperaturerhöhung auf den Wein sind in der Tabelle 6 zusammengefasst.

Tabelle 6: *Einfluss der mittleren 14-Uhr-Temperatur von Mai bis September auf das Lesedatum, sowie auf die Konzentration an Zucker und Säure im Most*

	Erhöhung je °C		
	Lesetermin [Tage]	**Zuckergehalt [°KMW]**	**Säuregehalt [‰ Säure]**
Blauer Wildbacher	-11,1	2,1	-3,3
Sauvignon Blanc	-11,1	1,9	-2
Welschriesling	-12,5	1,5	-1,6
Zweigelt	-9,1	1,3	-2,9

Quelle: eigene Auswertung

Die Zusammenhänge zwischen den Temperaturen und den Lesegutaufzeichnungen des Welschrieslings sind am besten gegeben, bei den anderen Sorten stellen sich die Zusammenhänge wie folgt dar:

- Das R^2 beim Lesedatum reicht von 0,52 [Zweigelt] bis 0,68 [Blauer Wildbacher].

- Das R^2 bei der Zuckerkonzentration reicht von 0,45 [Sauvignon Blanc] bis 0,59 [Zweigelt].

- Das R^2 bei der Säurekonzentration reicht von 0,47 [Zweigelt] bis 0,71 [Sauvignon Blanc].

Dass die Zusammenhänge beim Welschriesling am besten gegeben sind, liegt vermutlich daran, dass diese Sorte in der Steiermark traditionell als sehr trocken gilt. Um dies beizubehalten, ist es notwendig, dass bei hohen Temperaturen früh gelesen wird, da sonst dieser Wein nicht mehr dem entspricht, was von einem steirischen Welschriesling erwartet wird. Darüber hinaus sind vom Welschriesling in Summe die meisten Datensätze vorhanden, so dass das Mittel am ehesten weite Teile der Steiermark repräsentiert. Auch die Zusammenhänge zwischen Temperatur und Zucker- bzw. Säuregehalt sind beim Welschriesling sehr hoch, wenngleich diese Parameter letztendlich ja das Lesedatum bedingen, da bei einem bestimmten Zucker- und Säureverhältnis gelesen wird. Allerdings kann dennoch nicht beliebig früh oder spät gelesen werden, um das optimale Gleichgewicht zu erreichen: Eine zu frühe Lese bedingt eine unausgewogene Geschmacksstruktur, eine zu späte Lese kann witterungsbedingt zu großen Problemen führen.

Eine Überprüfung der Zusammenhänge zwischen Temperatur und Weinbauverhältnissen kann nicht nur mit der mittleren 14-Uhr-Temperatur, sondern auch mit dem Huglin-Index (1) oder der Temperatursumme (2) durchgeführt werden. Hier sind die Zusammenhänge ähnlich.

Ad 1) Pierre Huglin entwickelte einen Index, der nicht nur die Tagesmittel- und Tagesmaximumtemperaturen einfließen lässt, sondern auch die Tageslänge am jeweiligen Standort:

$$HI = K \sum_{1.4.}^{30.9.} \left(\frac{Tmit + Tmax}{2} - 10 \right)$$

wobei HI = Huglin-Index, Tmit = Tagesmitteltemperatur, Tmax = Tagesmaximumtemperatur und K= Koeffizient „Länge des Tages". K reicht von 1,02 im 40. bis 1,06 im 50. Breitengrad (Huglin, 1986, S. 300).

Ad 2) Es gibt unterschiedliche Bestimmungen der Temperatursumme, exemplarisch soll hier jene nach Harlfinger vorgestellt werden: Diese ergibt sich aus der Addition aller 14-Uhr-Temperaturen über das gesamte Jahr, sofern das tägliche Minimum nicht unter 5 °C und das tägliche Maximum nicht unter 15 °C liegt. Die Temperatursumme sollte für den Weinbau mindestens 3500 °C betragen (Harlfinger, 2002, S. 41 f.). Der Temperaturwert um 14 Uhr hängt auch stark mit der Sonneneinstrahlung am jeweiligen Tag zusammen. Deswegen gibt diese Methode, gleich wie jene nach Huglin, nicht nur über die Temperatur-, sondern auch über die Strahlungsbedingungen Auskunft (Formayer, H. et al., 2004, S. 13). Dafür gibt sie, anders als die oben verwendete mittlere 14-Uhr-Temperatur und der Huglin-Index keine Auskunft über die thermischen Verhältnisse aller Tage im betrachteten Zeitraum, weil ja das Minimum mindestens 5 °C und das Maximum mindestens 15 °C betragen müssen, um berücksichtigt zu werden.

Zusammenhänge von Niederschlags- und Weinbaudaten

Um festzustellen, wie die Zusammenhänge von Niederschlag und Wein sind, wurden auch hier Regressionsanalysen durchgeführt, nachdem die Stationsdaten der Niederschläge einer Mittelwertbildung zugeführt wurden. Da während der Vegetationsperiode mehr als die Hälfte des Niederschlages in Form von – häufig lokalen – Gewittern fällt (Abbildung 28), können einzelne Wetterstationen stark von der Realität abweichen, weil jede Wetterstation die Verhältnisse nur punktuell wiedergibt. Durch die Mittelwertbildung scheinen zwar insgesamt mehr Tage mit Niederschlag als in der Realität auf, die dabei errechneten Summen spiegeln aber die Verhältnisse doch besser wider als die Daten von nur einer einzelnen Station. Regressionsanalysen mit Niederschlags- und Weinbaudaten zeigen jedoch für die Steiermark keine Zusammenhänge. Dies hängt damit zusammen, dass in der Steiermark eher ein Zuviel als ein Zuwenig an Niederschlag vorherrscht, wobei die Niederschläge in den weststeirischen Weinbaugebieten mit ca. 1150 mm deutlich höher sind als in der Oststeiermark mit 750 mm (Abbildung 27). Verglichen mit vielen anderen Weinbauregionen Österreichs und der Welt stellen bereits diese 750 mm Jahresniederschlag einen hohen Wert dar. Zu den beispielsweise in Südeuropa oft deutlich niedrigeren Werten gesellt sich auch eine deutlich höhere Temperatur, wodurch die Verdunstung erhöht und damit das tatsächlich verfügbare Wasserangebot nochmals verringert wird. Zuwenig Feuchtigkeit führt vielfach nicht nur zu Trockenschäden, sondern auch zu Qualitätseinbußen. Durch geeignete Maßnahmen, wie beispielsweise die Auswahl von geeignetem Rebmaterial oder auch durch Bewässerung, kann dem entgegengewirkt werden.

Die in der Steiermark üblicherweise vorherrschende feuchte Witterung fördert den Pilzbefallsdruck: Oidum, Peronospora und Botryits können die Folge sein und große Schäden an den Trauben verursachen. Falls aber die Botrytis reife Beeren befällt, so ergibt sich eine Qualitätssteigerung, da der Pilz die Beerenhaut durchlöchert, weswegen Wasser austritt und damit die Beeren schrumpfen. Dabei steigt naturgemäß die Konzentration der Traubeninhaltsstoffe. Dieser Mechanismus funktioniert aber nur, wenn während dieser Phase die Witterung sonnig und trocken ist, wobei während der Nächte eine hohe Luftfeuchtigkeit vorherrschen sollte (Redl et al., 1996, S. 484 ff.).

7.2 DIE NATURRÄUMLICHEN VORAUSSETZUNGEN FÜR DEN WEINBAU IN DER STEIERMARK

7.2.1 Landschaft

Laut österreichischem Weingesetz gibt es in der Steiermark drei Weinbaugebiete: Die Süd-, die Südost- und die Weststeiermark.

Die Südsteiermark

Das amtliche Weinbaugebiet Südsteiermark umfasst alle Gemeinden des politischen Bezirkes Leibnitz, sofern diese westlich der Mur liegen (Bernhart, Luttenberger, 2003, S. 14).

In der Südsteiermark werden auf 2340 ha, das entspricht 55 % der gesamten steirischen Weinbaufläche, Weine angebaut. Damit ist die Südsteiermark das größte der steirischen Weinbaugebiete (Arbeithuber et al., 2011, S. 27 ff.).

Die Südoststeiermark

Das amtliche Weinbaugebiet Südoststeiermark umfasst die Bezirke Hartberg, Fürstenfeld, Feldbach, Weiz und Radkersburg sowie alle Gemeinden der Bezirke Leibnitz und Graz Umgebung, sofern diese östlich der Mur liegen (Bernhart, Luttenberger, 2003, S. 12).

Ein Drittel (1401 ha) der gesamten steirischen Weinbaufläche sind in der Südoststeiermark (Arbeithuber et al., 2011, S. 27 ff.).

Die Weststeiermark

Das Weinbaugebiet Weststeiermark setzt sich laut österreichischem Weingesetz aus den politischen Bezirken Deutschlandsberg, Voitsberg, Graz und Graz-Umgebung zusammen. Ausgenommen sind im Bereich des Bezirkes Graz-Umgebung die Gemeinden östlich der Mur (Bernhart, Luttenberger, 2003, S. 10).

Mit 501 ha Weingartenfläche weist das Anbaugebiet Weststeiermark den geringsten Anteil (12 %) an der steirischen Weinbaufläche auf. 361 ha oder fast drei Viertel davon werden mit dem Blauen Wildbacher bebaut (Arbeithuber et al., 2011, S. 27 ff.).

Die steirischen Weinbaugebiete befinden sich im Steirischen Tertiärbecken. Dieses – im Norden und Westen umrahmt vom Steirischen Randgebirge – ist nach Süden offen und geprägt durch lang gestreckte Riedel und Täler, die während des Pleistozäns zur heutigen Form zerschnitten wurden.

Im Riedelland, das aus jungtertiären Lockergesteinen aufgebaut ist, gibt es markante Erhebungen: Auf der einen Seite ist der Sausal mit seinen paläozoischen Schiefern, die geologisch dem Grazer Bergland zugehören, zu nennen, auf der anderen Seite die Reste vulkanischer Tätigkeit während des Miozäns, die unter anderem bei Bad Gleichenberg markant auffallen. Darüber hinaus entstanden während des Pliozäns Lavadecken, Intrusionen und Tuffstiele, welche heute an 30 – 40 Durchbruchstellen (unter anderem in Hochstraden, Riegersburg und Kapfenstein) an die Oberfläche treten (Paschinger, 1974, S. 10 ff.). Daneben gibt es im Riedelland noch Aufragungen aus Kalk, deren markanteste im Wildoner Buchkogel zu finden ist.

7.2.2   Böden

Im Steirischen Riedelland sind Braunerde- und Parabraunerdeböden vorherrschend. Es sind seichte Böden. Durch verfestigte Schichten neigen diese Böden zum Tagwasserstau, was letztendlich zu einer Pseudovergleyung führt (Paschinger, 1974, S. 28), und sie damit für den Weinbau wenig geeignet macht (Redl et al., 1996, S. 252).

Generell sind die Böden von Weingärten jedoch stark anthropogen beeinflusst, d. h., dass neben den natürlichen Bodenbildungsmechanismen vor der Bepflanzung bis zu 100 cm tief gelockert bzw. gewendet wird. Solche Böden werden in der Bodenkunde häufig auch als „Rigosole" bezeichnet. Heute geht man aber mehr und mehr dazu über, den Boden nur noch seicht (maximal etwa 25 cm tief) zu wenden und in der Tiefe zu lockern (Redl et al., 1996, S. 233 f.).

Von einem gelockerten Boden verspricht man sich weitgehende Entfernung von Wurzelresten, Aufbrechen von Verdichtungen, Durchlüftung, mehr Mittelporen und weniger Grobporen, erhöhte Wasserhaltekapazität sowie Förderung des Wurzelwachstums auch in tieferen Schichten (Redl et al., 1996, S. 262 f.).

7.2.2.1 Bodenansprüche des Weinbaus

Grundsätzlich kann gesagt werden, dass für den Weinbau gut durchlässige, tiefgründige Böden von Vorteil sind (Bernhart, Luttenberger, 2003, S. 7).

Vom Ausgangsmaterial der Bodenbildung hängen die chemische Zusammensetzung, die Geländeform und die Wasserzufuhr dort, wo die Wurzeln in tiefere Schichten gelangen, ab. In den steirischen Weinbaugebieten gibt es folgende Ausgangsmaterialien:

- Kristallines Schiefergestein (Weststeiermark, Sausal, nördliche Oststeiermark)

- Schottrige bis sandige Sedimente aus Flussablagerungen im Tertiär

- Feine Schluff- und Tonsedimente des Steirischen Beckens

- Vulkanisches Ausgangsgestein

Die Korngrößenverteilung spielt für den Bodenwasserhaushalt eine große Rolle. In der Steiermark reicht die Palette von sandigen Böden (Sandanteil zum Teil über 70 %) bis hin zu Böden mit sehr hohem (über 30 %) Tonanteil. Das Wasserspeichervermögen des Bodens hängt aber auch von seiner Gründigkeit, seiner Struktur und dem Gehalt an organischer Struktur ab (Bernhart, Luttenberger, 2003, S. 31 f.).

Der häufig benutzte Begriff „Terroir" war ursprünglich ausschließlich auf den Boden bezogen und bezeichnete den Geschmack des Bodens, auf dem ein Wein gewachsen ist. Heute ist der Begriff auf das Zusammenspiel von natürlichen (Boden, Klima, Lage, Genetik der Rebsorte) und menschlichen Faktoren ausgeweitet (Dippel et al., 2003, S. 484).

Der Frage, ob dabei der Boden wirklich eine so bedeutende Rolle spielt, wollten deutsche Forscher in den 1970er Jahren mittels radiometrischer Methoden auf den Grund gehen. Im Spurenelementmuster fanden sich nur Effekte, die auf den Jahrgang und die Sorten zurückzuführen sind, standortbezogene Hinweise fanden sich keine. Ein weiterer Versuch, die Bedeutung der Böden auf den Wein zu ermessen, wurde ebenfalls in Deutschland durchgeführt: Unterschiedliches Bodenmaterial wurde an einen zentralen Versuchsstandort gebracht, in Gefäße gefüllt und mit Wein bebaut. Die geschmacklichen Unterschiede waren hier dann auch – im Gegensatz zu den ursprünglichen Lagen – nicht mehr auszumachen. Es zeigt sich, dass die wichtigen pflanzenphysiologischen Kenngrößen des Bodens auf die Wasserversorgung, das Mineralstoffangebot, die Stickstoffverfügbarkeit und den Strahlungsgenuss einzugrenzen sind (Rupp, 2006).

7.2.2.2 Die Böden in der Weststeiermark

Die Böden sind hier überwiegend aus kristallinen Schiefern entstanden. In den Weinbaulagen sind Plattengneise aus Quarz, Feldspat, Glimmer und Granat mit leichten, lehmigen Sandböden vorherrschend. Etwas schwerer sind die Böden auf Wildbachschotter, der im Tertiär vom Gebirgsrand her in das absinkende Becken eingeschüttet wurde (Bernhart, Luttenberger, 2003, S. 164).

Um Deutschlandsberg ist der Ranker anzutreffen, ein Boden mit geringer nutzbarer Feldkapazität, hoher Wasserdurchlässigkeit und guter Durchlüftung. Dieser erosionsgefährdete Boden ist als „hitzig" einzustufen (Redl et al.,1996, S. 239).

7.2.2.3 Die Böden in der Südsteiermark

Mächtige Ablagerungen aus Schlier, Sanden, Konglomeraten und Schottern bilden hier zumeist die Ausgangsmaterialien der Bodenbildung.

In den südlichen Bereichen dieses Weinbaugebietes überwiegen seichtgründige kalkhaltige lehmige Schluffe aus Mergel, in den nördlichen Bereichen tiefgründige kalkfreie lehmige Sande (Bernhart, Luttenberger, 2003, S. 87 ff.).

Paläozoische Schiefer sind das Ausgangsmaterial der Braunerden im Bereich des Sausals. Diese warmen Böden sind mittel- bis tiefgründig, weisen eine geringe nutzbare Feldkapazität und eine hohe Wasserdurchlässigkeit auf und sind gut durchlüftet (Redl et al., 1996, S. 249).

7.2.2.4 Die Böden in der Südoststeiermark

Die Ausgangsmaterialien der Bodenbildung sind hier mit kalkhaltigen und kalkfreien, sandigen und tonigen sowie schottrigen und vulkanischen Ablagerungen sehr vielfältig (Bernhart, Luttenberger, 2003, S. 140).

In der Gegend um Klöch gibt es Rotlehm aus Basalt mit eher schlechter Wasserführung. Der Wassergehalt ist abhängig von der Gründigkeit, der Textur und der Hangneigung. Der Rotlehm ist eher schwer und schlecht durchlüftet; er ist ein kalter Boden. Die Erosionsneigung dieses Bodens kann durch Dauermulch kompensiert werden.

Ebenfalls um Klöch tritt Braunerde aus Basalt auf, ein nicht sehr tiefgründiger Boden, da das basaltische Ausgangsmaterial nur schwer verwittert. Dieser Boden hat eine geringe bis mittlere nutzbare Feldkapazität sowie eine gute Wasserdurchlässigkeit, Durchlüftung und Erwärmbarkeit. Wegen des hohen Steinanteiles wird Dauermulch empfohlen, bei offenen Böden ist die Bearbeitung nur mit Geräten mit Steinsicherung zweckmäßig (Redl et al., 1996, S. 248 ff.).

Geringer verbreitet sind in der Südoststeiermark die Rohböden aus Tegel. Dabei handelt es sich um für den Weinbau eher ungünstige Böden mit schlechter Wasserversorgung und geringem Luftgehalt. Die Nachteile für die Bewirtschaftung liegen in der schlechten Wasserdurchlässigkeit, was im Frühling und nach Regenperioden dazu führt, dass diese Böden erst relativ spät befahren werden können. Außerdem hemmen diese Böden oft die Wurzelentwicklung in die Tiefe (Redl et al., 1996, S. 237).

Vor allem in der Oststeiermark ist der Opok aus Staublehm weit verbreitet. Dieser Boden neigt zu Rutschungen, weil eine wasserdurchlässige Lehmschicht auf einer wasserundurchlässigen Tonschicht aufliegt. Seine Wasser- und Luftführung ist schlecht und er erwärmt sich nur langsam. Seine Qualität ist davon abhängig, in welcher Tiefe der verdichtete und wasserundurchlässige Unterboden beginnt. Bei der Bewirtschaftung dieses pseudovergleyten Bodens muss auf intensive Pflege geachtet werden, vor allem was die Lockerung und den Dauermulch betrifft (Redl et al., 1996, S. 250 f.). In den letzten Jahrzehnten nahm man aber mehr und mehr davon Abstand, diesen Boden noch weinbaulich zu nutzen (Bernhart, Luttenberger, 2003, S. 163).

7.2.3   Klima

Die steirischen Weinbaugebiete gehören zu den klimatisch kühlen Weinbaugebieten, die vielfach auch als Grenzlagen bezeichnet werden. Das heißt, dass aufgrund von relativ niedrigen Temperaturen die Weingärten nicht an beliebigen Plätzen angelegt werden können.

Wegen der Kaltluft- und Nebelgefährdung in Talnähe findet man in der Steiermark die Weingärten meist in den Hanglagen in einem ausreichenden Abstand zum Talboden, wie es im Steiermärkischen Landesweinbaugesetz vorgeschrieben ist. Weiters wird hier festgeschrieben, dass nordost- bis nordwestexponierte Hänge auszuschließen sind (Bernhart, Luttenberger, 2003, S. 25), da diese gerade in Grenzlagen durch die mangelnde Einstrahlung stark benachteiligt sind.

7.2.3.1 Klimaansprüche des Weines

Für den Weinanbau ist eine durchschnittliche Jahrestemperatur von mindestens 8,5 °C erforderlich, optimal sind 11 bis 16 °C. Idealerweise beträgt die Temperatur während der Blütezeit (üblicherweise in der zweiten Junihälfte) mindestens 15 °C, die mittlere Julitemperatur mindestens 18 °C (Redl et al., 1996, S. 17).

Die mittleren Wintertemperaturen sollten um 0 °C liegen, Gebiete mit längeren strengen Frostperioden (unter -20 °C) sind auszuschließen.

Die für den Weinbau ideale jährliche Niederschlagsmenge liegt zwischen 500 und 600 mm. Bei höheren Niederschlägen, so wie sie in der Steiermark gegeben sind, muss mit erhöhtem Pilzbefallsdruck gerechnet werden (Steurer, 1995, S. 30 f.). Die „ideale" Niederschlagsmenge ist aber stark von der Wasserspeicherkapazität des Bodens abhängig und beträgt in der Steiermark durchschnittlich 600 mm pro Jahr. Bei tiefgründigen Böden kann der Wein aber auch mit weniger auskommen. Wegen des Mulchsystems, das in weiten Teilen der Steiermark verbreitet ist und dem Erosionsschutz dient, kann man von einer benötigten zusätzlichen Wassermenge von 100 mm ausgehen (Bernhart, Luttenberger, 2003, S. 19 f.). Auch Terrassenkulturen benötigen mehr Niederschläge. Aber nicht nur die Niederschlagsmenge, sondern auch die Verteilung spielt eine große Rolle: So sollten während des Sommers die monatlichen Niederschläge zwischen 80 und 150 mm liegen (Bernhart, Luttenberger, 2003, S. 20).

Orientiert an den phänologischen Phasen geht man von folgender idealer Niederschlagsverteilung aus:

- Vom Austrieb bis zur Blüte: 18 %
- Von der Blüte bis zum Weichwerden der Beeren: 40 %
- Vom Weichwerden bis zur Lese: 22 %
- Von der Lese bis zum Ende der Vegetation: 20 %

(Redl et al., 1996, S. 434)

Je steiler aber ein Weingarten ist, desto rascher fließt das Niederschlagswasser oberirdisch ab und ist somit für die Rebe nicht verfügbar. Vor allem die Niederschläge von Gewittern stehen daher in steileren Lagen den Weinstöcken kaum zur Verfügung (Bernhart, Luttenberger, 2003, S. 27).

Feuchtigkeit – sowohl in Form von Regen als auch als Nebel – führt zu einem erhöhten Pilzbefallsdruck (Lazar et al., 1990, S. 61).

Die Sonnenscheindauer sollte mindestens 1100 Stunden pro Jahr betragen, optimal sind 1700 bis 2000 Stunden (Steurer, 1995, S. 30).

Zu den Windverhältnissen ist anzumerken, dass eine Durchlüftung vorteilhaft ist: Einerseits ist dadurch ein gewisser Schutz vor Nachtfrösten gegeben (hauptsächlich im Frühling relevant) und andererseits erfolgt nach Regenfällen eine raschere Abtrocknung der Blätter, wodurch die Pilzgefahr verringert wird. Gebiete, in denen öfters Starkwindereignisse auftreten, sind aber wegen der damit einhergehenden Gefahren von Scheuerschäden oder Windbruch beeinträchtigt (Steurer, 1995, S. 31).

Im Hinblick auf die Planung von Pflanzenschutzmaßnahmen sind die Windverhältnisse sehr wichtig, da auch bereits bei niedrigen Windgeschwindigkeiten Spritzmittel leicht verblasen werden.

Es zeigt sich, dass Weinbau nicht allein durch ein Kriterium, sondern nur durch ein Zusammenspiel aller Klimafaktoren ermöglicht werden kann. So ist im maritimen Bereich – zum Beispiel in Irland – zwar das Kriterium der Wintermindesttemperaturen erfüllt, allerdings sind die Sommer zu kühl und zu verregnet. Auf der anderen Seite wären im kontinentalen Osteuropa die Sommer gut geeignet, die Winter sind aber viel zu kalt (Harlfinger, 2002, S. 41), da, falls die Temperatur kurz- oder mittelfristig unter -20 °C fällt, mit Schäden am Holz gerechnet werden muss (Steurer, 1995, S.. 30). Geländeklimatisch bedingt gibt es nochmals eine Abfolge unterschiedlicher Klimazonen. So werden Talböden aufgrund der Kaltluft- und Nebelgefährdung genauso wenig weinbaulich genutzt wie zu große Höhen aufgrund mangelnder Sommerwärme (Harlfinger, 2002, S. 41).

Mit zunehmender Höhe nimmt die Jahresdurchschnittstemperatur um ca. 0,6 °C pro 100 m ab, was auch eine Abnahme des Zuckergehaltes von etwa 1 °KMW mit sich bringt. Geringeren Tagestemperaturen stehen in höheren Lagen wärmere Nachttemperaturen gegenüber. Im Vergleich zu niedrigeren Lagen sind in der Höhe auch die Windgeschwindigkeiten höher, was zur Folge hat, dass feuchte Reben schneller abgetrocknet werden, was wiederum die Pilzgefährdung reduziert. Da im Herbst in den tieferen Lagen oft Nebel auftritt, haben die höheren Lagen meist eine längere Vegetationszeit als jene im Tal. Insgesamt betrachtet sind Weine aus höheren Lagen meist fruchtiger und säurebetonter (Bernhart, Luttenberger, 2003, S. 27).

Bei ungünstigen hygrischen Verhältnissen kann der Mensch regulierend eingreifen: Bei Trockenheit kann – sofern es die Wasserressourcen zulassen – bewässert werden. Bei zu viel Niederschlag, wodurch es zu erhöhtem Pilzbefallsdruck kommt, kann dieser durch Pflanzenschutz gemindert werden.

Für die gemäßigten Breiten haben zahlreiche Autoren über die klimatischen Bedürfnisse des Weines Arbeiten verfasst. Harlfinger leitete daraus die folgenden klimatischen Bedürfnisse für den österreichischen Weinbau ab:

- *Wärmesumme > 3500 °C*

- *14-Uhr-Temperatur (Mai – September) > 21,3 °C*

- *Wintertemperatur > -0,3 °C*

- *Jahresmitteltemperatur > 9,5 °C*

- *Jahresniederschlag 600 - 700 mm*

- *Sonnenscheindauer (April – Oktober) > 1450 Stunden*

- *direkte Sonnenstrahlung (April – Oktober) > 155 kJ/cm²*

- *Zahl der Vegetationstage > 250*

(Harlfinger, 2002, S. 41)

Anhand der Stationsdaten der ZAMG von Bad Gleichenberg und Leibnitz (Periode 1961 bis 1990) sowie anhand verschiedener Klimakarten des Klimaatlas Steiermark und von Herbert Formayer / Otmar Harlfinger soll nun geprüft werden, wie gut das steirische Klima derzeit für den Weinbau geeignet ist.

Vorwegzunehmen ist aber, dass die Stationen – vor allem Leibnitz – im Bereich von Bodeninversionen liegen und deswegen vor allem die Minimumtemperaturen niedriger sind als in den höher gelegenen Weinbaugebieten.

7.2.3.2 Temperatur

An den Stationen Leibnitz und Bad Gleichenberg (ZAMG, 1961 bis 1990) liegen die Jahresmittel knapp unter 9 °C, die mittleren Sommer- und Wintertemperaturen liegen mit etwa 18 °C bzw. -1 °C ebenfalls unter den im vergangenen Abschnitt genannten Minimalwerten (Tabelle 7).

Die Juni-Durchschnittstemperaturen (Blütezeit) liegen an den beiden Wetterstationen über den von Steurer angegebenen erforderlichen mindestens 15 °C. Die mittleren Minima erreichen die -20 °C-Marke, ab welcher mit Schäden am Holz gerechnet werden muss, bei weitem nicht (Tabelle 8), wobei kurzfristig (aber sehr selten) die Temperatur auch niedriger sein kann (Tabelle 9).

Tabelle 7:   *Die mittleren Lufttemperaturen [°C] (1961 bis 1990) in Bad Gleichenberg und Leibnitz*

	Winter	Frühling	Sommer	Herbst	Jahr
Bad Gleichenberg	-1,0	9,3	18,1	9,2	8,9
Leibnitz	-1,4	9,2	18,1	9,0	8,7

Quelle: ZAMG

Abbildung 22:   Durchschnittliche Dauer der frostfreien Zeit (1971 bis 2000)

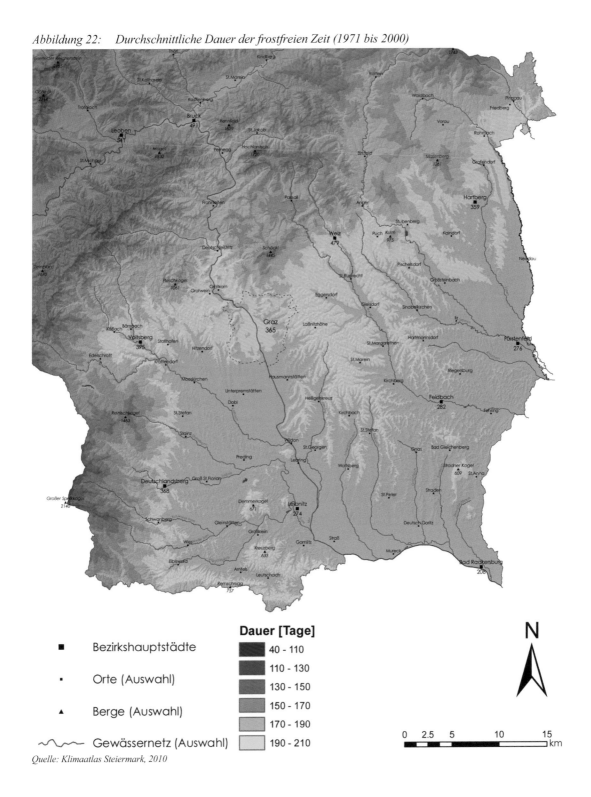

	Dauer [Tage]
■ Bezirkshauptstädte	40 - 110
· Orte (Auswahl)	110 - 130
	130 - 150
▲ Berge (Auswahl)	150 - 170
	170 - 190
~~ Gewässernetz (Auswahl)	190 - 210

N

0   2.5   5   10   15
km

Quelle: Klimaatlas Steiermark, 2010

Dass es mit Ausnahme des Sommers in Bad Gleichenberg wärmer ist als im Leibnitzer Feld, liegt daran, dass die Durchlüftung in Bad Gleichenberg wesentlich stärker ist, so dass sich Bodeninversionen schwerer bilden beziehungsweise halten können (vgl. auch Tabelle 14).

Die mittlere durchgehende frostfreie Periode ist in höheren Lagen länger als in den Tälern und Becken, welche oft, vor allem in den Wintermonaten, auch langdauernde Inversionswetterlagen haben (Abbildung 22). Eine detaillierte Untersuchung für den Raum Klöch im Jahr 2003 zeigt, dass ein nächtlicher Temperaturunterschied vom Hauptplatz zur 65 m höher in einem Weingarten gelegenen Station von 3 °C keine Seltenheit ist, es wurden aber auch um die 10 °C Differenz gemessen.

Eine nochmals um 75 m höher gelegene Station weist während der Nachtstunden eine im Mittel nur mehr um weniger als 1 °C höhere Temperatur aus. Während des Tages wurden aber hier im Sommer große Unterschiede zwischen dem Weingarten und der höheren Station gemessen: Zum Beispiel hatte es am 24.8. im Weingarten eine um 8,5 °C höhere Temperatur als am Berg (Podesser, o. J., S. 27). Gut erkennbar wird dieses Phänomen auch in der Klimaeignungskarte. Exemplarisch ist hier der äußerste Südosten der Steiermark dargestellt. Deutlich sichtbar sind die kalten Täler, wovon flächenmäßig das Murtal im Süden und dann das Raabtal im Norden am größten sind. Aber auch die teilweise relativ kleinen Seitentäler zeigen eine klare thermische Benachteiligung. Günstiger sind bereits die erhöht gelegenen Terrassenlagen, während die Hanglagen, insbesondere die südexponierten, deutlich begünstigt sind. In den Bereichen Königsberg bei Klöch, Gleichenberger Kogel oder beim Stradner Kogel zeigt sich darüber hinaus, dass die mittleren Höhen nochmals bevorzugt sind (Abbildung 23).

Tabelle 8:   *Mittleres tägliches Minimum [°C] (1961 bis 1990) in Bad Gleichenberg und Leibnitz*

	Winter	Frühling	Sommer	Herbst
Bad Gleichenberg	-4,4	4,0	12,5	5,2
Leibnitz	-5,3	3,8	12,7	4,8

Quelle: ZAMG

Tabelle 9:   *Absolutes Temperaturminimum [°C] (1961 bis 1990) an der Station Leibnitz*

	Winter	Frühling	Sommer	Herbst
Leibnitz	-27,2	-22,3	1,2	-17,4
Jahr	1963	1963	1962	1988

Quelle: ZAMG

Abbildung 23: Klimaeignungskarte der Steiermark

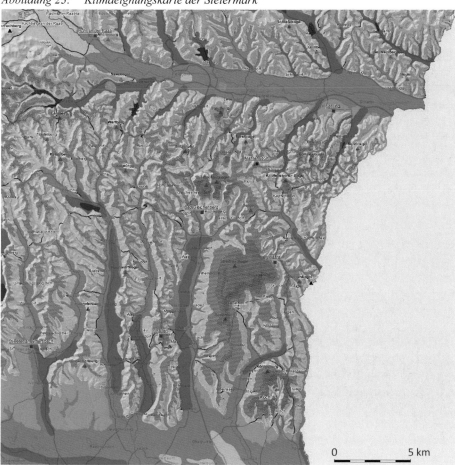

Legende

☐	Übergangszone
▨	Riedellagen mit besonderer Gunst im Winter
▨	obere Riedellagen mit sehr guter Eignung
▨	mittlere Riedellagen mit sehr guter Eignung
▨	mittlere Riedellagen mit guter Eignung
▨	untere Riedellagen
▨	untere Riedellagen in Talnähe
▨	begünstigte Terrassenlagen
▨	mäßig begünstigte Terrassenlagen
▨	gut durchlüftete Talbereiche
▨	begünstigte Haupt- und Seitentallagen
▨	Teichzonen
▨	kalte Haupttallagen
▨	Teichzonen in kalten Seitentälern
▨	kalte Seitentallagen
▨	sehr kalte Seitentallagen

Quelle: GIS-Steiermark

Abbildung 24:   Klimagüteschema in der österreichischen Bodenschätzung

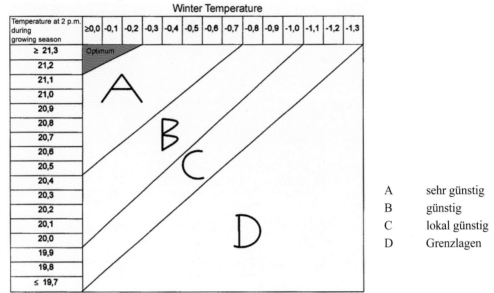

A   sehr günstig
B   günstig
C   lokal günstig
D   Grenzlagen

Quelle: Harlfinger, 2002, S. 147

Ein wesentliches Maß für die Bewertung, ob das Klima für Weinbau geeignet ist, stellt auch die Temperatursumme (vgl. Kapitel 7.1.2.3) dar, welche mindestens 3500 °C betragen sollte (Harlfinger, 2002, S. 41 f.). Aber auch bei niedrigeren Temperatursummen, wie sie in weiten Teilen der Steiermark vorherrschen, kann Weinbau betrieben werden, dies liegt wiederum an der Ausnutzung der genannten meist südlich exponierten Gunstlagen.

Eine weitere Definition für Weinbauklima stellt das Klimagüteschema der österreichischen Bodenschätzung dar. Die hierbei definierten Zonierungen ergeben sich aus den Wintertemperaturen und den 14-Uhr-Temperaturen während der Vegetationsperiode (Abbildung 24). Harlfinger überträgt diese definierten Zonen in eine Karte der Steiermark (Abbildung 25). Die vorliegende Darstellung bezieht sich allerdings auf Klimadaten der Periode von 1961 bis 1990, so dass mittlerweile die wärmeren Bereiche bereits weiter nach Norden bzw. höher hinauf reichen. Keine Berücksichtigung finden in dieser schematischen Klimagütezonierung allerdings die angesprochene Gunst der Südexposition sowie die Ungunst der Kaltluftgefährdung in den Tälern. Auch die Nähe der einzelnen Zonen zueinander, vor allem im Bereich des Poßrucks, gibt die Temperaturabnahme mit der Höhe nur in sehr vereinfachter Art wieder.

Abbildung 25: Potentielle Klimagütezonierung für den Weinbau

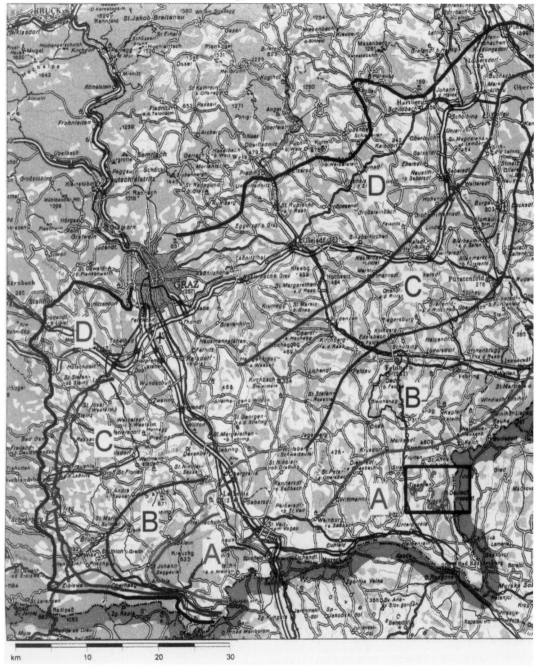

Quelle: Harlfinger, 2002, S. IX

7.2.3.3 Sonnenschein

Die jährliche Sonnenscheindauer beträgt im langjährigen Mittel 1804 Stunden in Bad Gleichenberg bzw. 1693 Stunden in Leibnitz (Tabelle 10) und liegt damit im optimalen Bereich zwischen 1700 und 2000 Stunden pro Jahr. Noch mehr Sonnenstunden als etwa an der Station Leibnitz weisen wiederum die Weinbaugebiete auf, da sie oberhalb potentieller Kaltluftseen mit Nebelbildung liegen. Naturgemäß ist die Nebelbildung im Winter weitaus höher als im Sommer, was in Tabelle 11 sichtbar wird, wonach die relative Sonnenscheindauer an der Station Leibnitz im Winter nur 27 %, im Sommer hingegen 56 % beträgt.

Tabelle 10:   Sonnenscheinstunden (1961 bis 1990) in Bad Gleichenberg und Leibnitz

	Winter	Frühling	Sommer	Herbst	Jahr
Bad Gleichenberg	233	512	660	399	1804
Leibnitz	204	508	613	368	1693

Quelle: ZAMG

Tabelle 11:   Relative Sonnenscheindauer [%] (1961 bis 1990) in Bad Gleichenberg und Leibnitz

	Winter	Frühling	Sommer	Herbst	Jahr
Bad Gleichenberg	33	46	55	45	45
Leibnitz	27	49	56	42	44

Quelle: ZAMG

Durch die südlichen Expositionen der Weingärten ist die vermehrte Besonnung ein Faktor dafür, dass die Temperaturen hier bei Windstille deutlich höher sein können als in der Umgebung.

7.2.3.4 Niederschlag

Die Jahresniederschläge betragen 854 mm in Bad Gleichenberg und 918 mm in Leibnitz (Tabelle 12). Von der jahreszeitlichen Verteilung fallen die meisten Niederschläge im Sommer, die wenigsten im Winter (Abbildung 26).

Grundsätzlich steigt die Niederschlagsmenge in allen Jahreszeiten von Osten nach Südwesten hin (Klimaatlas Steiermark, Abb. 4.11 bis 4.14), so dass die Verteilung über das Jahr gesehen rund 750 mm in Neudau und rund 1150 mm in Deutschlandsberg bringt (Abbildung 26 und Abbildung 27).

Abbildung 26: Die Niederschlagsmengen in den einzelnen Monaten (1961 bis 1990) an den Stationen Deutschlandsberg und Bad Gleichenberg

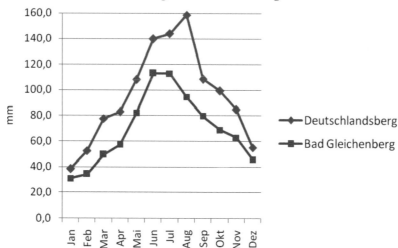

Quelle: ZAMG

In den Regionen mit vergleichsweise höheren Niederschlägen steigen auch die Wasserbilanzüberschüsse. In den Gebieten der Weststeiermark reichen jene bis über 500 mm pro Jahr, während sie in den südoststeirischen Gebieten zum Teil unter 100 mm liegen (Fank, 2004, S. 83).

Tabelle 12: Niederschlagssummen [mm] (1961 bis 1990) in Bad Gleichenberg und Leibnitz

	Winter	Frühling	Sommer	Herbst	Jahr
Bad Gleichenberg	119	201	329	206	854
Leibnitz	127	208	356	226	918

Quelle: ZAMG

Statistisch gesehen gibt es in den steirischen Weinbaugebieten zwischen 115 (im Bereich Fehring und Gamlitz) und 135 Tage mit Niederschlag (im Bereich Deutschlandsberg). Pro Niederschlagstag fällt zwischen 6 (im äußersten Osten) und 10 mm (im Westen) Niederschlag (Klimaatlas Abb. 4.1 und 4.10; daraus eigene Berechnung).

Insgesamt betrachtet ist die Jahresniederschlagsmenge eher zu hoch für den Weinbau (vor allem in der Süd- und Weststeiermark), so dass ein erhöhter Pilzbefallsdruck immer wieder ein Problem darstellt.

Die durchschnittliche jahreszeitliche Verteilung ist aber gut geeignet für die Belange des Weinbaus.

Die Niederschläge treten wegen der Abschirmung des steirischen Weinbaugebietes durch das Steirische Randgebirge nach Norden und Westen meistens als Folge eines Tiefs über der Adria oder im Sommer auch aufgrund von Gewittern auf.

In Bad Gleichenberg gibt es pro Jahr 37 Tage mit Gewittern, in Leibnitz sind es 34, die größte Anzahl davon im Sommer (Tabelle 13), weswegen es nicht erstaunt, dass der Sommer die Jahreszeit mit den meisten Niederschlägen ist.

Abbildung 27:   Durchschnittliche Niederschlagssumme im Jahr (1971 bis 2000)

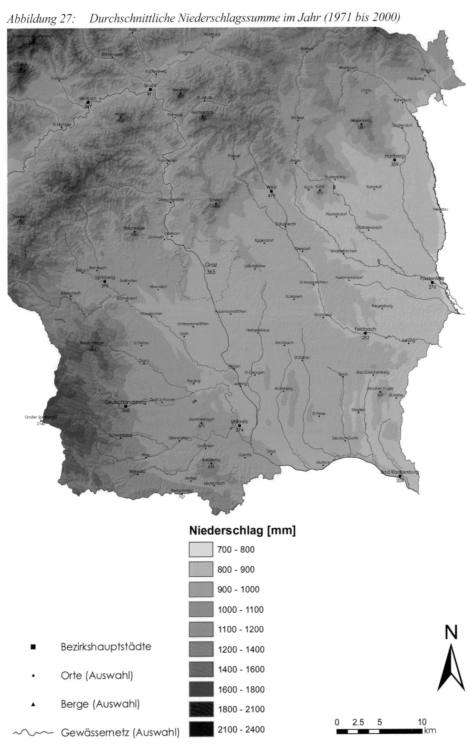

Niederschlag [mm]

	700 - 800
	800 - 900
	900 - 1000
	1000 - 1100
	1100 - 1200
	1200 - 1400
	1400 - 1600
	1600 - 1800
	1800 - 2100
	2100 - 2400

■   Bezirkshauptstädte

·   Orte (Auswahl)

▲   Berge (Auswahl)

〜〜   Gewässernetz (Auswahl)

0   2.5   5   10
                        km

N

Quelle: Klimaatlas Steiermark, 2010

Abbildung 28:   Durchschnittlicher Anteil der gewittrigen Niederschläge am Gesamtniederschlag in der Vegetationsperiode (1995 bis 2004) (Klimaatlas Steiermark, 2010)

Anteil [Prozent]

- 30 - 35
- 35 - 40
- 40 - 45
- 45 - 50
- 50 - 55
- 55 - 60
- 60 - 65

- ■ Bezirkshauptstädte
- ·   Orte (Auswahl)
- ▲ Berge (Auswahl)
- ∿ Gewässernetz (Auswahl)

N

0   2.5   5   10   15
                               km

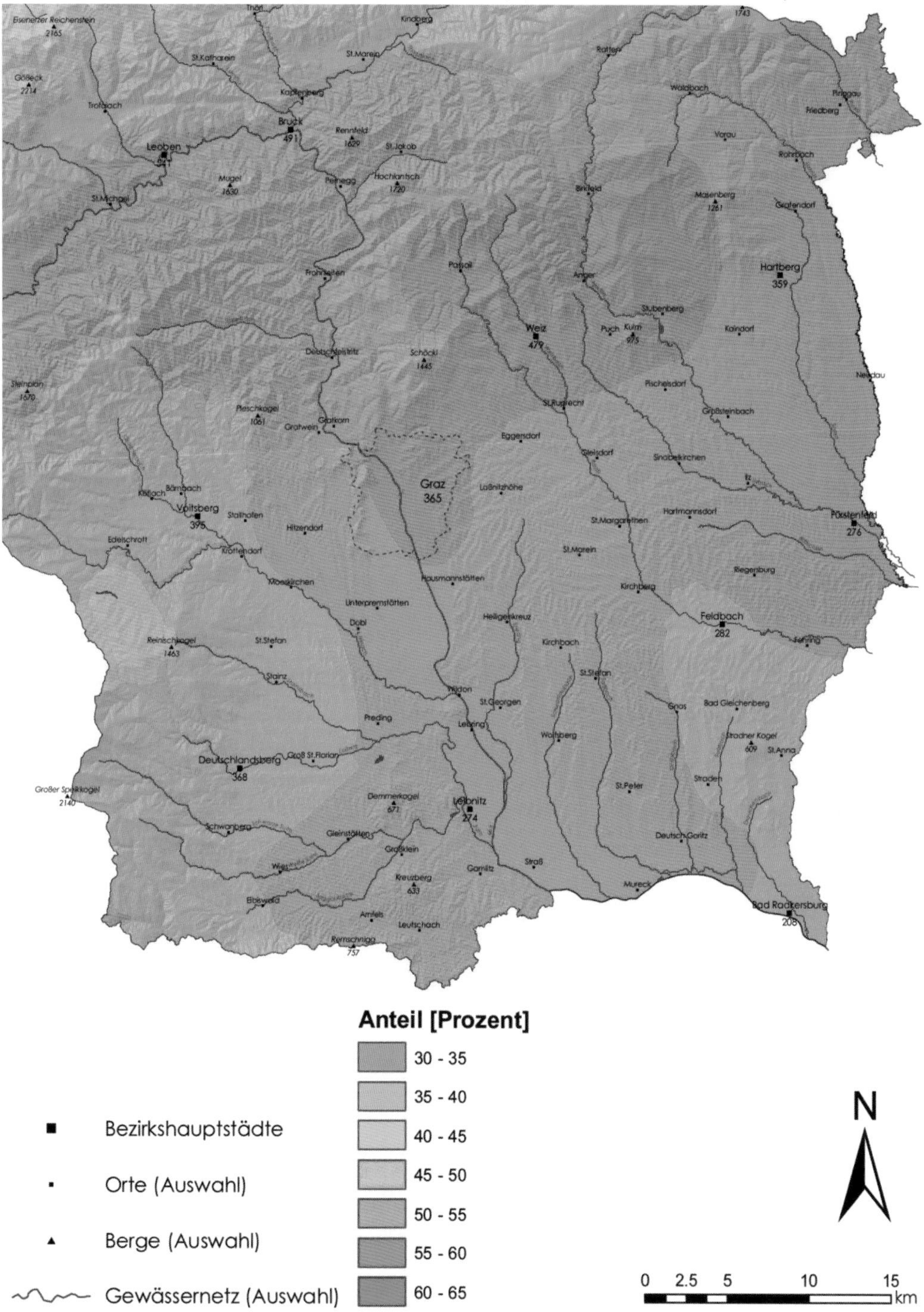

Quelle: Klimaatlas Steiermark, 2010

Tabelle 13:   Tage mit Gewitter (1961 bis 1990) in Bad Gleichenberg und Leibnitz

	Winter	Frühling	Sommer	Herbst	Jahr
Bad Gleichenberg	0	8	25	4	37
Leibnitz	0	7	23	4	34

Quelle: ZAMG

Im Mittel der Periode von 1995 bis 2004 sind 35 bis 40 % der gesamten Jahresniederschläge Folgen von gewittrigen Schauern (Klimaatlas, Abb. 4.29), während der Vegetationsperiode über 50 % (Abbildung 28). Gewitter sind oft von Starkniederschlagsereignissen begleitet. So erstaunt es auch nicht, dass über ein Drittel der gesamten Niederschlagssumme eines Jahres (Periode 1971 bis 2000) aus den zehn niederschlagsreichsten Tagen resultiert (Klimaatlas, Abb. 4.7). Diese Starkniederschläge bringen eine Gefahr der Bodenerosion, vor allem bei offenen Böden, mit sich. Auch kann der Boden innerhalb kurzer Zeit nur eine beschränkte Menge von Wasser aufnehmen, so dass viel Niederschlagswasser oberflächlich abrinnt. Ein weiteres Problem sind die mit Gewittern immer wieder verbundenen Hagelereignisse, die punktuell große Schäden an den Kulturen verursachen.

7.2.3.5 Wind

In der Süd- und Oststeiermark sind die mittleren Windgeschwindigkeiten eher gering (Tabelle 14), wobei sie aber an freistehenden Standorten etwas höher sind als an den Stationen in Bad Gleichenberg und Leibnitz.

Tabelle 14:   Mittlere Windgeschwindigkeit in m/s (1961 bis 1990) in Bad Gleichenberg und Leibnitz

	Winter	Frühling	Sommer	Herbst	Jahr
Bad Gleichenberg	1,6	2,6	2,0	1,8	2,0
Leibnitz	0,7	1,2	1,0	0,7	0,9

Quelle: ZAMG

Tabelle 15:   Tage mit Windstärke 6 und mehr (1961 bis 1990) in Bad Gleichenberg und Leibnitz

	Winter	Frühling	Sommer	Herbst	Jahr
Bad Gleichenberg	3,9	8,5	4,8	3,8	21
Leibnitz	2,4	2,9	2,6	1,2	9

Quelle: ZAMG

Generell aber führt das Steirische Randgebirge dazu, dass sich überregionale Winde vergleichsweise schwer durchsetzen können. Vorherrschend sind im Riedelland Lokalwinde mit geringer Geschwindigkeit, die durch kleinräumige Temperaturunterschiede hervorgerufen werden. Tage mit Windstärke 6 (nach Beaufort) und mehr sind relativ selten (Tabelle 15).

7.2.3.6 Klimatische Besonderheiten in den amtlichen Weinbaugebieten

Weststeiermark

Die Weingärten befinden sich in dieser Weinbauregion in einem relativ schmalen Band zwischen 420 und 560 m Seehöhe. Die Talböden reichen hier oft bis auf eine Seehöhe von über 400 m, so dass unter 420 m die Kaltluftgefährdung zu hoch wäre (Bernhart, Luttenberger, 2003, S. 22).

Das Weinbaugebiet Weststeiermark ist das niederschlagsreichste steirische Weinbaugebiet, mit Niederschlägen von etwa 800 mm bis zu 1200 mm im Jahr (gemittelt über den Zeitraum 1971 bis 1995). Die höchsten Niederschlagswerte treten dabei an den Osthängen der Koralpe auf, wo sich auch die meisten Weingärten dieser Region befinden. 250 bis 400 mm der Niederschläge fallen im Winterhalbjahr (1. Oktober bis 31. März), etwa 550 bis 800 mm im Sommerhalbjahr (Benischke et al., 2002, S. 38 ff.).

Südsteiermark

Die südsteirischen Weingärten befinden sich auf den Hügelbereichen des Sausals, der Windischen Bühel und des Remschniggs. Die Weingartenuntergrenzen schwanken in diesem Bereich – je nach Höhe der Talböden – von etwa 320 m im Bereich des östlichen Sausals bis über 400 m im Bereich von Leutschach (Bernhart, Luttenberger, 2003, S. 14). Die Obergrenzen sind im Bereich des Sausals mit ca. 650 m die höchsten der gesamten Steiermark.

Die Jahresniederschlagssummen bewegen sich etwa zwischen 800 (im Bereich Sausal und nordöstliche Windische Bühel) und maximal 1200 mm im Gebiet um Leutschach, wo sowohl im Winter- als auch im Sommerhalbjahr die meisten Niederschläge der Südsteiermark zu verzeichnen sind (gemittelt über den Zeitraum 1971 bis 1995). 300 bis maximal 500 mm der Niederschläge fallen im Winter-, 550 bis 750 mm im Sommerhalbjahr (Benischke et al., 2002, S. 38 ff.).

Südoststeiermark

Die Durchlüftung ist in der Südoststeiermark besser als in den anderen Weinbaugebieten, wodurch sich nicht so mächtige Kaltluftseen bilden können wie etwa im Sulmtal. Daher liegen die Weingärten hier mit einer Untergrenze bei etwa 280 m Seehöhe bereits in relativ geringen Entfernungen zu den Talböden. Die Obergrenzen liegen in der Regel bei maximal 470 m Seehöhe – dies auch dadurch bedingt, dass es in dieser Region kaum höhere Erhebungen gibt (Bernhart, Luttenberger, 2003, S. 23).

Die Jahresniederschlagssummen sind hier vergleichsweise am geringsten und reichen von 700 bis 1000 mm, wobei eine Zunahme von Nordosten nach Südwesten hin zu verzeichnen ist (gemittelt über den Zeitraum 1971 bis 1995). Die Winterniederschläge liegen zum Teil unter 250 mm bis zu maximal etwa 350 mm, die Sommerniederschläge erreichen maximal 600 mm, liegen aber ganz im Osten, etwa von Straden bis Fürstenfeld, unter 500 mm (Benischke et al., 2002, S. 38 ff.).

7.3   WIE WIRD SICH DAS KLIMA FÜR DEN WEINBAU IN DER STEIERMARK ENTWICKELN?

7.3.1   Klima im Wandel

Bereits für die letzten Jahre ist feststellbar, dass die Temperaturen nicht nur im globalen Mittel, sondern ganz besonders im Alpenraum und auch in den steirischen Weinbaugebieten steigen. Die Jahresmitteltemperatur in der Südoststeiermark nahm etwa im Zeitraum von 1961 bis 2004 um 2,41 °C zu (Abbildung 1). Es kann davon ausgegangen werden, dass sich die Temperaturen in Zukunft weiter nach oben verschieben, das Ausmaß der Temperaturerhöhung ist aber davon abhängig, wie sich der Ausstoß der Treibhausgasemissionen entwickelt. Doch selbst, wenn jetzt rasch wirksame Klimaschutzmaßnahmen ergriffen würden: Bis diese greifen, würden einige Jahrzehnte vergehen und bis dahin muss in jedem Fall mit einer weiteren Änderung des Klimas gerechnet werden.

Um die zukünftigen Temperaturverhältnisse im Alpenraum abschätzen zu können, führten die Austrian Research Centers GmbH, die Zentralanstalt für Meteorologie und Geodynamik, die Universität für Bodenkultur Wien (Institut für Meteorologie), die Universität Graz (Wegener Zentrum für Klima und Globalen Wandel) und die Universität Wien (Institut für Meteorologie und Geophysik) das Projekt reclip:more (Research for Climate Protection: Model Run Evaluation) durch. Dabei wurde ein regionales Klimaszenario für die 2040er Jahre mit einer Gitterweite von 10 km erstellt. Demnach wird es im Vergleich zu den 1980er Jahren im Alpenraum in den 2040er Jahren um ungefähr 2 °C wärmer sein, in den steirischen Weinbaugebieten liegt die Erwärmung mit etwa 2,25 bis 2,5 °C etwas höher. Nach Jahreszeiten rechnet man in den steirischen Weinbaugebieten etwa mit folgenden Änderungen:

- Frühling: 2,25 bis 2,5 °C
- Sommer: 2,25 bis 2,5 °C
- Herbst: 2,5 bis 2,75 °C
- Winter: 1,75 bis 2 °C

(Loibl et al. 2007, S. 68)

Das hier zugrunde liegende Emissionsszenario IS92a ("business as usual") geht davon aus, dass bis 2050 die Konzentration an CO_2-Äquivalenten in der Atmosphäre bei 500 ppm liegen wird (Loibl et al. 2007, S. 34). Auch wenn dieser Wert unter- oder überschritten wird: Man kann auf jeden Fall mit einer deutlichen Klimaerwärmung rechnen, zudem sich bis heute die CO_2-Konzentration kontinuierlich erhöht. Alleine im Zeitraum von 2008 bis 2012 stieg sie von 385 auf 394 ppm (NOAA Earth System Research Laboratory, 2012).

Auch die Niederschlagsänderung wurde im Rahmen von reclip:more simuliert. Da diese jedoch sehr komplexen Gesetzmäßigkeiten folgt, sind die Ergebnisse nicht so zuverlässig wie jene der Temperatur. Tendenziell ist aber, nach Jahreszeiten, mit folgenden Änderungen zu rechnen:

- Frühling: gleichbleibend
- Sommer: abnehmend
- Herbst: stark abnehmend
- Winter: zunehmend

(Loibl et al. 2007, S. 72 ff.)

7.3.2 Die Bedeutung eines geänderten Klimas für den Weinbau in der Steiermark

Man geht davon aus, dass die Temperaturen bis zu den 2040er Jahren um 2,5 °C höher als in den 1980er Jahren sein werden. Für die Beurteilung, was dies für den Wein bedeutet, ist es zweckmäßig, auf vergangene Verhältnisse zu blicken: Diesem Szenario entspricht am ehesten das Jahr 1992, als die mittlere 14-Uhr-Temperatur von Mai bis September um 2,56 °C über dem Mittel der 1980er Jahre lag. Dies bedeutet, dass das Jahr 1992 in den 2040ern die Temperaturen betreffend ein Durchschnittsjahr sein wird, dies bedeutet aber auch, dass es mehr Jahre als in der Gegenwart geben wird, die extrem heiß sind und weniger, welche eher kalt sind. Sowohl die mittlere 14-Uhr-Temperatur von Mai bis September als auch die Sommertemperaturen des Jahres 1992 wurden nur noch von 2003 übertroffen (Abbildung 15 und Abbildung 17).

So werden im Folgenden noch einmal zwei Jahre näher betrachtet:

- 1992 als erwartbarer Durchschnitt der 2040er Jahre

und

- 2003 als extrem warmes Jahr (die mittlere 14-Uhr-Temperatur von Mai bis September lag 2003 um 3,84 °C über dem Mittel der 1980er Jahre).

1992 wies den höchsten Zucker- und – gemeinsam mit dem Jahr 2000 – den zweitniedrigsten Säuregehalt von Welschriesling im Untersuchungszeitraum auf, obwohl dieser auch drei Wochen früher als normal gelesen wurde. Auch bei den anderen Sorten war der Lesezeitpunkt bei hohen Zucker- und niedrigen Säuregehalten deutlich früher als im Mittel.

2003 war dasjenige Jahr mit dem frühesten Lesedatum von allen betrachteten Sorten außer dem Zweigelt (dafür hatte dieser in diesem Jahr den höchsten Zuckergehalt), wobei die Säurewerte auch ausgesprochen niedrig waren (Sauvignon Blanc und Welschriesling hatten im Untersuchungszeitraum nie einen geringeren Säureanteil), was zu für die Steiermark sehr untypischen Weinen führte (Tabelle 16, Tabelle 17, Tabelle 18 und Tabelle 19).

Tabelle 16:   Die Mittelwerte und die Werte von 1992 und 2003 von Blauem Wildbacher

	Lesedatum	°KMW	‰ Säure
Mittelwert	12.Okt	15,4	15,3
1992	07.Okt	17	14
2003	15.Sep	16,7	11,5

Quelle: eigene Auswertung

Tabelle 17:   Die Mittelwerte und die Werte von 1992 und 2003 von Sauvignon Blanc

	Lesedatum	°KMW	‰ Säure
Mittelwert	07.Okt	17,7	8,9
1992	25.Sep	18,8	7
2003	16.Sep	19,5	4,9

Quelle: eigene Auswertung

Tabelle 18:   *Die Mittelwerte und die Werte von 1992 und 2003 von Welschriesling*

	Lesedatum	°KMW	‰ Säure
Mittelwert	16.Okt	15,1	9,1
1992	25.Sep	17,5	7,6
2003	11.Sep	17,1	5,9

Quelle: eigene Auswertung

Tabelle 19:   *Die Mittelwerte und die Werte von 1992 und 2003 von Zweigelt*

	Lesedatum	KMW	‰ Säure
Mittelwert	08.Okt	16,7	8,8
1992	29.Sep	17,7	7,4
2003	27.Sep	18	kein Wert

Quelle: eigene Auswertung

Weil in Zukunft solche Jahre eher typisch sein werden, kann man davon ausgehen, dass dann die Weine weniger säurebetont sind, es sei denn, es werden entsprechende Anpassungsmaßnahmen gesetzt.

Höhere Temperaturen führen zur Verfrühung aller phänologischen Stadien, wobei sich die Differenz vom Austrieb über die Blüte und den Reifebeginn bis zur Lese vergrößert (Amann, Zimmermann, 2007, S. 12). Vor allem der nach vorne geschobene Reifeverlauf (das ist die Entwicklung der Zucker- und Säurekonzentration ab dem Weichwerden der Beeren) bei höheren Temperaturen wirkt sich in noch nicht vollständig erforschten Mechanismen auf die Aromatik aus (Schultz et al., o. J., S. 20). Die Auswertung der Daten zeigt, dass die Lesetermine im Auswertungszeitraum tendenziell immer weiter nach vorne wandern, weil ein hoher Zuckergehalt – und mehr noch ein niedriger Säuregehalt – in den Trauben immer früher erreicht wird. Dies führt in weiterer Folge zu alkoholhaltigeren und säureärmeren Weinen (Schultz et al., o. J., S. 3). Grundsätzlich erfolgt der Säureabbau bei hohen Temperaturen schneller als der Aufbau von Zucker und die Erreichung der Reife des Weines (Amann, Zimmermann, 2007, S. 12). Gerade bei Weißweinen in den klimatischen Grenzlagen, zu denen die Steiermark gehört, ist es aber erwünscht, dass die Weine fruchtig und säurebetont sind.

Wenn es nun wärmer wird, reifen diese Sorten zu früh und die Trauben, die in der Sommerhitze „gargekocht" werden, liefern für unsere Region eher untypische Weine mit viel Alkohol und wenig Säure, die obendrein auch von der Aromatik her ganz anders sein können (Müller, 2007, S. 17).

Die wichtigste Rolle für den Geschmack des Weines spielt dabei die Äpfelsäure (Schultz, o. J., S. 3), neben der Weinsäure die bedeutendste Säure im Wein. Während aber der Abbau letzterer in erster Linie durch Verdünnung durch das Wachstum der Beeren und durch Weinsteinausfall stattfindet, ist die Abnahme der Äpfelsäure auf die Temperaturverhältnisse zurückzuführen (Schultz, o. J., S. 12). Je wärmer es vor allem in der Nacht ist, desto schneller geht dieser Vorgang vonstatten (Amann, Zimmermann, 2007, S. 12).

Da alles darauf hindeutet, dass sich die Temperaturen in allen Jahreszeiten erhöhen werden, soll im Folgenden erläutert werden, wie sich die Temperaturerhöhungen in den einzelnen Jahreszeiten auswirken:

Im Winter verringert sich das Risiko von starken Frösten, durch welche mit Schäden am Holz gerechnet werden muss, weswegen es gegebenenfalls möglich sein wird, Weingärten auch in tieferen Lagen anzulegen. Schäden am Holz können entstehen, wenn die Temperaturen unter -16 °C fallen (Redl et al., 1996, S. 18). Bereits heute ist dies eher selten (Tabelle 9) und in den Weinbaulagen praktisch kein Problem.

Bei höheren Temperaturen im Frühling findet der Austrieb früher statt, weshalb ein möglicher Spätfrost mehr Schaden als heute anrichten kann. Der Vegetationsvorsprung führt auch zu einer insgesamt längeren Vegetationsperiode, welches den heute gebräuchlichen Sorten (vor allem im Weißweinsektor) nicht unbedingt zuträglich ist.

Die Sommertemperaturen geben im Allgemeinen einen wichtigen Hinweis darauf, wie die Qualität des Weines im jeweiligen Jahr sein wird: Sind diese hoch, so wird sehr früh gelesen, um nicht zu hohe Zucker- und Säuregehalte zu bekommen. Die frühe Lese geht aber zu Lasten von geschmacksbildenden Traubeninhaltsstoffen. Dies zeigt sich ganz besonders im Jahr 2003, wo die Lese, je nach Sorte zwischen elf (Zweigelt) und 35 (Welschriesling) Tagen früher als im Durchschnitt stattfand. Auch 1992 liegt deutlich in diesem Trend, mit Lesedaten zwischen fünf (Blauer Wildbacher) und 21 (Welschriesling) Tagen früher. Analog dazu führen kalte Sommer in der Regel zu späten Leseterminen, nicht zuletzt in der Hoffnung, dass durch einen möglicherweise milden Herbst der Vegetationsrückstand ausgeglichen werden kann.

Fazit

Aufgrund hoher Sommertemperaturen findet die Lese häufig relativ früh statt, damit die Weine nicht zu schwer werden. So bleibt zwar meist das Verhältnis von Zucker und Säure im Rahmen, allerdings sind andere Geschmacksstoffe nicht in dem Maß ausgeprägt, wie es erwünscht ist. Dies hat sich besonders im Jahr 2003 gezeigt, welches vor allem im Weißweinsektor unharmonisch wirkte – ähnliche Jahre werden im Zuge der Klimaänderung wahrscheinlich öfter vorkommen. Ob sich der Geschmack des Publikums daran gewöhnen wird oder ob man in der Steiermark in Hinkunft auf Anpassungsmaßnahmen oder andere Sorten setzen wird, ist schwer vorhersehbar. Heute ist die Steiermark eine Weinbauregion, die vor allem durch fruchtige und frische Weißweine punktet. Würde man in Zukunft vermehrt auf Rotwein oder auf wärmeliebendere Weißweinsorten wie etwa den Ugni Blanc (Synonym: Trebbiano) setzen, müsste man wahrscheinlich auch die Vermarktung des Weines neu organisieren (vgl. 1.1.1).

Das geänderte Niederschlagsangebot dürfte die Pilzgefahr erheblich reduzieren. Allerdings ist zu befürchten, dass es in manchen Jahren zu trocken werden kann. Auch die Bedeutung, die ein warmer und trockener Herbst zuweilen heute noch hat (die Gewährleistung einer optimalen Ausreifung) wird angesichts der heißen Sommer – vor allem im Weißweinsektor – wohl hinfällig werden.

7.4   MÖGLICHE ANPASSUNGSSTRATEGIEN FÜR DEN WEINBAU

Im Weinbau gibt es zahlreiche Möglichkeiten auf unterschiedliche klimatische Verhältnisse einzugehen. Sonst wäre auch nicht erklärbar, warum Wein von Nordafrika bis Südengland gedeihen kann. Einige dieser Möglichkeiten sollen im Folgenden aufgezeigt werden.

7.4.1   Auswahl geeigneter Flächen

7.4.1.1 Exposition

Heute ist es üblich und auch durch das Steiermärkische Landesweinbaugesetz vorgeschrieben, dass nordost- bis nordwestexponierte Hänge für den Weinbau nicht zu verwenden sind. Der Energiegewinn durch die einstrahlende Sonne ist dort deutlich geringer als an südlichen Expositionen. Zum Beispiel treffen auf einen Nordhang bei einer 25° Neigung nur 60 % der direkten Sonnenstrahlung im Vergleich zu einem gleich steilen Südhang (Tabelle 1). Dieser Unterschied in den Strahlungswerten und damit auch den Temperaturverhältnissen kann beträchtlich sein, so dass der Nordhang in einem geänderten Klima für bestimmte Weinsorten von Vorteil sein könnte.

7.4.1.2 Seehöhe

Mit zunehmender Höhe sinkt die Temperatur, ein Faktum, das man sich für den Weinbau in der Steiermark zu Nutze machen kann. In der freien Atmosphäre beträgt die Temperaturabnahme 0,6 °C pro 100 Meter. Dieser Wert kann in Bodennähe bedingt durch unterschiedliche kleinklimatische Verhältnisse geringer, selten aber auch höher sein (Liljequist, Cehak, 1984, S. 36). Das hieße wiederum, dass man, um eine Erwärmung von 1 °C zu kompensieren, den Weingarten um ca. 200 m höher anlegt. In weiten Teilen der steirischen Weinbaugebiete ist diese Möglichkeit allerdings eingeschränkt, da lediglich an den Abhängen der Koralpe, des Poßruck und vom Grazer Bergland über den Rabenwald bis zum Masenberg entsprechende Höhen zur Verfügung stehen.

7.4.1.3 Breitengrad

Die Jahresdurchschnittstemperatur nimmt nach Hann-Süring auf der Nordhalbkugel je höherem Breitengrad um ca. 0,83 °C ab (Liljequist, Cehak, 1984, S. 41). Daher kann Weinbau auch immer weiter im Norden betrieben werden. So stieg zum Beispiel in England die Weinbaufläche von 2004 bis 2009 um 50 % (Rath, 2009). Auch auf der schwedischen Insel Gotland wird seit 1997 Wein angebaut (Schnitzler, Bläske, 2009). Im Gegensatz dazu werden sich über kurz oder lang manche, vor allem tief gelegene, Weinbaugebiete in Südeuropa nicht mehr halten können.

Für die Steiermark alleine betrachtet ist dies allerdings nicht relevant, da die Nord-Süd-Ausdehnung nur etwas mehr als einen Breitengrad ausmacht.

7.4.2   Sortenauswahl

Nicht jede Rebsorte kann überall gut gedeihen, da es hinsichtlich der Standortansprüche Unterschiede gibt.

Einen guten Überblick über die Eignung von unterschiedlichen Weinsorten abhängig von Temperatur und Tageslänge gibt der Huglin-Index (vgl. S. 187). Huglin weist jeder Weinsorte den Index (errechnet aus Temperatur und einem Koeffizienten der Tageslänge) zu, den sie braucht, um einen Zuckergehalt von mindestens 180 bis 200 g/l zu erreichen (entspricht ungefähr 16 bis 18 °KMW). Diese Indizes sind in Tabelle 20 dargestellt.

Tabelle 20:   *Überblick über die Eignung von Weinsorten*

Huglin-Index	Sorten
1500	Müller Thurgau, Blauer Portugieser
1600	Weißburgunder, Grauburgunder, Aligoté, Gamay, Gewürztraminer
1700	Blauburgunder, Chardonnay, Riesling, Sylvaner, Sauvignon Blanc, Melon
1800	Cabernet Franc, Blaufränkisch
1900	Cabernet Sauvignon, Chenin Blanc, Merlot, Sémillon, Welschriesling
2000	Ugni Blanc
2100	Cinsaut, Grenache, Syrah
2200	Carignan
2300	Aramon

Quelle: Huglin, 1986, S. 300 f.

Tabelle 21 zeigt, wo dieser Index in den einzelnen Jahren in der Steiermark lag, und welche Sorten in diesem Jahr potentiell angebaut hätten werden können. Vergleicht man die „geforderten" minimalen Indizes mit den Verhältnissen in der Steiermark, so waren etwa die Jahre 1980 und 1984 nicht einmal für Müller Thurgau warm genug, das Jahr 2003 hingegen war für alle Sorten mit Ausnahme von Carignan und Aramon geeignet.

Tabelle 21:   *Der Huglin-Index (HI) in der Steiermark während der Jahre von 1980 bis 2004 mit*
                   Zuordnung der jeweils geeigneten Sorten

Jahr	HI Steiermark	HI	Sorteneignung nach Huglin
1980	1405		
1984	1470		
1996	1587	1500	Müller Thurgau, Blauer Portugieser
1991	1592		
1990	1619	1600	Weißburgunder, Grauburgunder, Aligoté, Gamay, Gewürztraminer
1989	1645		
1981	1645		
2004	1668		
1995	1670		
1985	1685		
1982	1693		
1987	1704	1700	Blauburgunder, Chardonnay, Riesling, Sylvaner, Sauvignon Blanc, Melon
1997	1711		
1988	1737		
1986	1742		
Steirisches Mittel 1980 bis 2004	**1745**		
1993	1791		
1998	1809	1800	Cabernet Franc, Blaufränkisch
2001	1831		
1999	1846		
1983	1857		
2002	1880		
1994	1899	1900	Cabernet Sauvignon, Chenin Blanc, Merlot, Sémillon, Welschriesling
1992	1977		
2000	1995	2000	Ugni Blanc
2003	2177	2100	Cinsaut, Grenache, Syrah
		2200	Carignan
		2300	Aramon

Quelle: eigene Auswertung

Abbildung 29:   Die Temperaturspannen, in denen verschiedene Weinsorten reifen können

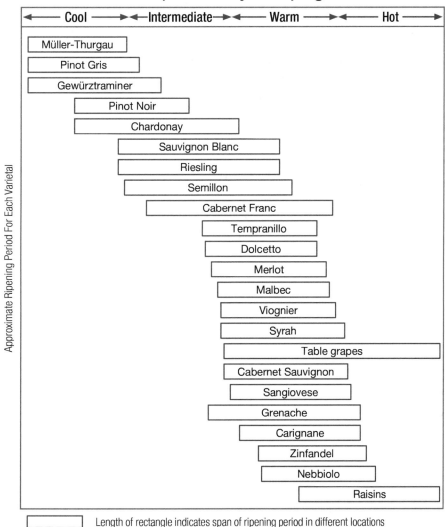

Quelle: Jones, 2003

Jones definierte ideale Temperaturspannen für die Traubenreife (Abbildung 29), diese decken sich von der Tendenz her mit der geforderten Temperatur von Huglin, einzig die Sorten Cabernet Franc und Sémillon erfahren eine andere Reihung. Dies kann aber auch an unterschiedlichen regionalen (Huglin: Frankreich, Jones: USA) oder zeitlichen (Huglin: 1986, Jones: 2003) Vorlieben liegen.

Sortenänderungen erfordern langfristige Vorausplanungen, da eine Weingartenneuanlage arbeitstechnisch und finanziell sehr aufwändig ist und erst nach einigen Jahren im Vollertrag steht. Außerdem muss erwähnt werden, dass der Umstieg auf wärmeliebendere Sorten natürlich das Risiko birgt, dass es in kühleren Jahren dabei zu mehr Problemen durch mangelnde Reife kommen kann. Dem gegenüber steht, dass der Großteil der heute in der Steiermark angebauten Sorten in Zukunft den Nachteil haben wird, dass durch frühe Lese der Wein unausgewogen wird beziehungsweise er durch eine spätere Lese sehr schwer wird. Diese jeweiligen Vor- und Nachteile mit ihren Konsequenzen sind abzuwägen. Eine erhebliche Rolle spielen auch die Konsumentin und der Konsument: Akzeptieren sie auch andere Sorten in der Steiermark oder bevorzugen sie die „gewohnten" Sorten mit „ungewohntem" Geschmack?

7.4.3   Auswahl der Unterlagen

Um 1860 wurde ein Schädling der Weinrebe, die Reblaus, aus Amerika eingeschleppt, was zur Folge hatte, dass in den folgenden Jahrzehnten weite Teile der europäischen Rebflächen vernichtet wurden. Da man feststellte, dass die amerikanischen Reben reblausresistent sind (Dippel et al., 2003, S. 372), allerdings geschmacklich nicht entsprechen (Dippel et al., 2003, S. 23), pfropfte man auf amerikanische Wurzeln (Unterlagen) die europäischen Rebsorten (Dippel et al., 2003, S. 372).

Dabei sind verschiedene Unterlagen im Einsatz, die hinsichtlich Trockenresistenz, Eignung für bestimmte Pfropfpartner und Böden oder auch hinsichtlich der Reife unterschiedliche Einflüsse haben (Fardossi, 2002, S. 6). Die Basis hierfür sind folgende amerikanische Wildreben beziehungsweise Kreuzungen daraus:

- Vitis riparia (Flussrebe)

- Vitis rupestris (Felsenrebe)

- Vitis berlandieri (Kalkrebe)

Die in unseren Breiten am häufigsten verwendete Unterlage 5 BB ist eine Kreuzung von Vitis riparia und Vitis berlandieri (Redl et al., 1996, S. 163ff). Ihre Eigenschaften sind neben der Reblausresistenz unter anderem die Trockenheitsresistenz und eine reifeverzögernde Wirkung (Fardossi, 2002, S. 6).

Für Detailfragen zur Auswahl der richtigen Unterlagen sei auf Fachliteratur (z. B. Redl et al., 1996, S. 163 ff.) oder die Forschungsergebnisse entsprechender Institutionen verwiesen. Für die Steiermark ist dies die Landesversuchsanstalt Haidegg, welche mit verschiedenen Unterlagen und Edelreisern Versuche an verschiedenen Standorten durchführt.

7.4.4   Kulturmaßnahmen

Auch durch die Art, wie ein Weingarten angelegt ist, kann man auf unterschiedliche klimatische Verhältnisse eingehen. So sind die momentan in unseren Breiten gängigen hohen Erziehungsformen geeignet, um etwa das Laub nach Regenfällen schneller trocknen zu lassen, was die Pilzgefährdung reduziert. Niedrige Erziehungsarten, wie sie etwa in Spanien gebräuchlich sind, haben meist dichtes, teilweise direkt am Boden aufliegendes Laub, welches einerseits die Verdunstung reduziert und andererseits die Trauben vor Sonnenbrand schützt.

Durch Laubarbeit kann man zusätzlich regulierend auf das Mikroklima einwirken. Es wird eine Auslichtung der Traubenzone empfohlen, damit eine bessere Durchlüftung gewährleistet ist. Allerdings sollte man, um Sonnenbrand vorzubeugen, die Blätter eher an der Nord- und Ostseite der Trauben entfernen (Redl, 2008).

Die bessere Durchlüftung bei einer ausgedünnten Laubwand verringert die Pilz- und Fäulnisgefahr (Leitner, Renner, 2010, S. 11). Während es bei Leitner, der den Sauvignon Blanc in der Steiermark untersuchte, keine relevanten Unterschiede im Zucker- und Säuregehalt bei unterschiedlichem

Laubwandmanagement gab, stellte Mehofer fest, dass bei größerer Blattfläche der Zuckergehalt höher ist und der Wasserbedarf steigt (Mehofer, 2011). Dies liegt wahrscheinlich daran, dass die Untersuchungen in unterschiedlichen Regionen (einmal in der Steiermark und einmal in Niederösterreich) mit unterschiedlichen klimatischen Verhältnissen gemacht wurden.

Das Reduzieren der Anzahl der Trauben am Stock selbst wird heute vielfach aus verschiedenen Gründen praktiziert, einer davon ist, eine frühere Reife zu erhalten (Redl et al., 1996, S. 373). Für die Zukunft kann diese Maßnahme überdacht werden.

Dass, wie in der Steiermark üblich, der Weingarten zwischen den Rebzeilen mit Gras bewachsen ist, ist auch in Zukunft trotz möglicherweise geringerer Niederschläge sinnvoll. Einerseits kann man durch den Bewuchs von einer zusätzlich benötigten Wassermenge von 100 mm ausgehen (Bernhart, Luttenberger, 2003, S. 19 f.), andererseits aber verhindert das Gras, im Hinblick auf die wahrscheinlich vermehrt auftretenden Starkniederschläge einen übermäßig schnellen Abfluss von den steilen Hängen und ist damit ein wichtiger Beitrag, die Bodenerosion hintanzuhalten.

Vielfach diskutiert und mancherorts in unseren Breiten bereits üblich ist die Bewässerung der Weingärten. Da wahrscheinlich ist, dass die Niederschläge während der Vegetationsperiode zurückgehen werden (und vermehrt als Starkniederschlagsereignisse stattfinden werden), mag dies eine sinnvolle Maßnahme sein, um die Weinqualität zu garantieren. Allerdings hat der Wein selbst das Potential, durch seine tiefen Wurzeln auch in tiefe Bodenschichten vorzudringen und dort auch Wasser aufzunehmen. Im Hinblick auf die hohen Investitionskosten einer Bewässerungsanlage und im Hinblick darauf, dass es auch in den vergangenen extremsten Jahren – allen voran 2003 – keine wesentlichen Probleme (außer in manchen Jung- und Terrassenanlagen) mit der Wasserversorgung des Weines gegeben hat, ist die Sinnhaftigkeit zu überdenken.

Wie sich die angesprochenen Anpassungsstrategien im Detail auswirken, wird derzeit für die Steiermark vor allem durch die Landesversuchsanstalt Haidegg weiter erforscht:

1. Klonenselektion

2. Klonenprüfungen

3. Laubwandmanagement

4. Hagelnetze

5. Pflanzweiten

Ad 1: Das Ziel der Klonenselektion ist es, eine Lockerbeerigkeit der Trauben zu erhalten, um der Gefahr der Fäulnis (welche wegen der früheren Reife häufiger eintreten kann) vorzubeugen.

Ad 2: An verschiedenen Standorten wird geprüft, welche Unterlagen mit welchen Klonen verschiedener Weinsorten die optimalen Ergebnisse bringen, dies ist vor allem im Hinblick auf die Trockenresistenz von Bedeutung.

Ad 3: Durch eine geringere Blattfläche kann man in trockenen Jahren die Reife verzögern.

Ad 4: Durch das seitliche Anbringen von Hagelnetzen erhofft man sich einerseits Schutz vor (leichtem) Hagel, andererseits wird dadurch der Weinstock mehr beschattet.

Ad 5: Es wird geprüft, wie weit sich der Stress der Pflanzen durch eine engere Pflanzweite reduziert: Man verspricht sich dadurch einerseits eine gegenseitige Beschattung, andererseits muss der einzelne Weinstock bei einem gleichen Hektarertrag weniger Trauben tragen.

Des Weiteren ist geplant, zu versuchen, wie sich eine nördliche Exposition auf die Weinqualität auswirkt (Renner, W., Landesversuchsanstalt Haidegg: Gesprächsnotiz vom 3.11.2011).

7.5   AUSBLICK

Dass sich das Klima ändern wird, ist heute ohne Zweifel. Dass sich gerade geänderte Temperaturverhältnisse auf die Weinqualität auswirken, wurde im Rahmen dieses Beitrages gezeigt. Hinsichtlich genauer Prognosen, wie sich die Weinwirtschaft ändern wird, gibt es aber zahlreiche Unsicherheitsfaktoren, welche hier kurz diskutiert werden sollen.

7.5.1   Entwicklung der Treibhausgase in der Atmosphäre

Hand in Hand mit der steigenden Konzentration von Treibhausgasen in der Atmosphäre geht die Erhöhung der globalen Durchschnittstemperatur. Es kann aber heute noch nicht exakt beurteilt werden, wohin diese Entwicklung tatsächlich geht, hängt dies doch von der globalen Bevölkerungs- und Wirtschaftsentwicklung und auch der Art der verwendeten Energieträger ab. Das IPCC (Intergovernmental Panel on Climate Change, dt.: Zwischenstaatlicher Ausschuss für Klimaänderungen) hat von diesen Unsicherheiten ausgehend verschiedene Szenarien entwickelt, die alle auf einen weiteren globalen Temperaturanstieg hindeuten. Die Temperaturerhöhung wird zwischen 0,6 °C und 4 °C betragen, je nachdem, wie sich die Treibhausgasemissionen entwickeln: 0,6 °C, falls die Emissionen bis zum Jahr 2100 auf dem Niveau des Jahres 2000 bleiben, 4 °C, falls die Treibhausgaskonzentration bis dahin auf 1550 ppm steigt. Diese Temperaturangaben beziehen sich auf die 2090er Jahre im Vergleich zum Mittel der Jahre von 1980 bis 1999 (IPCC, 2008). (Dem in Kapitel 7.3.1 verwendeten Regionalmodell liegt das Emissionsszenario IS92a zugrunde, welches davon ausgeht, dass bis 2050 die Konzentration an CO_2-Äquivalenten in der Atmosphäre bei 500 ppm liegen wird.)

7.5.2   Möglichkeiten der Weinbautreibenden

Da der Wein eine Kulturpflanze ist, kann der Mensch durch viele verschiedene Maßnahmen regulierend auf die Weinqualität eingreifen. Dabei gibt es neben den im Kapitel 7.4 angesprochenen möglichen Maßnahmen im Weingarten, dort wo also das Wetter stattfindet, auch Maßnahmen, die erst im Weinkeller passieren. Hier können durch geeignete Maßnahmen, wie zum Beispiel die Zugabe von Säure, die Weine noch entsprechend beeinflusst werden. Die Säurezugabe unterliegt gesetzlichen Regelungen, wird aber für Jahre mit wenig Säure im Most zugelassen, zuletzt für das Jahr 2012 (Der Winzer, 2012), welches nach 2003 und 1992 den drittheißesten Sommer hatte, seit es Aufzeichnungen gibt.

7.5.3   Entwicklung des (globalen) Weinkonsums

Im Jahr 2010 lag der pro-Kopf-Weinkonsum im globalen Durchschnitt bei knapp 3,5 Liter im Jahr. Der meiste Wein wurde im Vatikan getrunken (knapp 55 Liter pro Kopf). In Österreich sind es um die 30 Liter, während es in China nur 0,69 Liter sind. Dort ist der Weinkonsum allerdings grundsätzlich steigend, seit 2007 betrug die Steigerung jedes Jahr 0,03 Liter (Wine Institute, 2012). Ginge man nun aber davon aus, dass diese Zunahme bis 2050 anhält, läge der chinesische pro-Kopf-Konsum bei 1,89 Litern, was angesichts der chinesischen Bevölkerungszahlen doch eine sehr große Herausforderung an die (internationale) Weinwirtschaft stellen würde.

Nicht nur die Quantität an Wein, sondern auch, welche Qualitätsansprüche an den Wein gestellt werden, unterliegt Schwankungen. Nach dem Ende des 2. Weltkrieges wollte man beispielsweise in erster Linie viel und süßen Wein. Deswegen war die Zugabe von Zucker in dieser Zeit völlig üblich (Brüders, 1999, S. 10 f.). Mit der Zeit uferte diese Entwicklung dann allerdings aus, was letztendlich zum Weinskandal im Jahr 1985 führte (von dem die Steiermark nicht betroffen war). Die wichtigste Folge daraus war ein sehr strenges Weingesetz und das Streben nach Qualität. Offen ist aber, ob die Bedeutung der Qualität auch in Zukunft einen derartigen Stellenwert wie heute haben wird. Auch in Zukunft entscheiden Mensch und Klima gemeinsam, in welcher Weise der „Wein sein" wird.

„Es wird a Wein sein, und mir wer'n nimmer sein, d'rum g'niaß ma 's Leb'n so lang's uns g'freut. / 'S wird schöne Maderln geb'n, und wir werd'n nimmer leb'n, D'rum greif ma zua, g'rad is's no Zeit."
[Hans Moser / Paul Hörbiger]

7.6   LITERATUR

Amann, R., 2008: Jahrgänge in Baden, die es in sich hatten, in: Der badische Winzer, Ausgabe Februar 2008, S. 23-26

Amann, R., Zimmermann, B., 2007: Warum wird der 2007er besser als der 1879er?, in: das deutsche weinmagazin, Ausgabe 20/2007, 29. September 2007, S. 10-13

Arbeithuber, B., Skurnik, K., Waxenegger, B., 2011: DOKUMENTATION 2011, AUFBAU WEINLAND ÖSTERREICH, Wien, 83 S., http://media.austrianwine.com/pindownload/downloads/1344508338706/Dokumentation_Oesterr eich_Wein_2011_Teil%25201.pdf, Zugriff: August 2012

Benischke, R. et al., 2002: Wasserversorgungsplan Steiermark, Fachabteilung 19A (Amt der Steiermärkischen Landesregierung), Graz, 231 S.

Bernhart, A., Luttenberger, W., 2003: Wein und Boden, Stocker Verlag, Graz, 176 S.

Blaich, R., 2000: Qualität pflanzlicher Rohstoffe – ein virtuelles Lehrangebot, https://www.uni-hohenheim.de/lehre370/weinbau/qualit/index.htm, Zugriff: Dezember 2009

Brüders, W., 1999: Der Weinskandal – Das Ende einer unseligen Wirtschaftsentwicklung, Verlag Denkmayr, Linz, 235 S.

Der Winzer, das Fachportal des größten deutschsprachigen Weinbaumagazins, 2012: Säuerung für Jahrgang 2012 zugelassen, http://www.der-winzer.at/?id=2500,5137453, Zugriff September 2012

Dippel, H., Lange C. und F., 2003: Das Weinlexikon, Fischer Taschenbuch Verlag, Frankfurt am Main, 571 S.

Evers, M., 2009: Stunde der Wahrheit – Wie gut sind Weinexperten bei der Blindverkostung? Ein kalifornischer Forscher hat die Connaisseurs geprüft – und größtenteils für unfähig befunden, in: Der Spiegel, Ausgabe 6/2009 vom 2.2.2009, S. 133

Fardossi, A. 2002: Effizienz-Kriterien für die Auswahl von Unterlagsreben, in: Der Winzer, Ausgabe 06/2008, S. 6 - 11

Fank, J., 2004: Bodenwasserhaushalt in Weinbaugebieten der Steiermark, Eggersdorf bei Graz, 119 S.

Formayer, H., Harlfinger, O., 2004: The Mesoclimatic Conditions for Viniculture in Austria, Vienna, Powerpoint Presentation for O.I.V. Congress

Formayer, H., Harlfinger, O., Mursch-Radlgruber, E. Nefzger, H., Groll, N., Kromp-Kolb, H., 2004: Objektivierung der geländeklimatischen Bewertung der Weinbaulagen Österreichs in Hinblick auf deren Auswirkung auf die Qualität des Weines am Beispiel der Regionen um Oggau und Retz, Wien, 32 S.

GIS-Steiermark, www.gis.steiermark.at, Zugriff: November 2011

Goethe H. und R., 1873: Atlas der für den Weinbau Deutschlands und Oesterreichs werthvollsten Traubensorten, Commissionsverlag von Faesy & Frick, k. k. Hofbuchhandlung, Wien, unpaginiert

Harlfinger, O., 2002: Klimahandbuch der österreichischen Bodenschätzung, Teil 2, Universitätsverlag Wagner, Innsbruck und Wien, 259 S.

Huglin, P., 1986: Biologie et écologie de la vigne, Éditions Payot Lausanne Technique & Documentation, Paris, 372 S.

IPCC (Intergovernmental Panel on Climate Change) 2008: Climate Change 2007: Synthesis Report, 73 S., http://www.ipcc.ch/pdf/assessment-report/ar4/syr/ar4_syr.pdf, Zugriff: August 2012

Jones, G., 2003: Grape Maturity Groupings and Climate Types (1-seitiges, mir vom Autor per E-mail übermitteltes Word-Dokument, die verwendete Grafik findet sich inzwischen aber vielfach in der Literaur, z.B. in Vinum, Europas Weinmagazin, Münster, September 2007, S. 71 oder auf http://www.winebusiness.com/wbm/?go=getArticle&dataId=43868, Zugriff: April 2010)

Kabas, T., 2005: Das Klima in Südösterreich 1961-2004: Die alpine Region Hohe Tauern und die Region Südoststeiermark im Vergleich, Wegener Center Verlag, Graz, 134 S.

Keppel, H., 1990: Einführung in das Weinbauliche Versuchswesen und aktueller Stand der Versuchsergebnisse im steirischen Weinbau, in: Weinkultur, Hg.: Kulturreferat der Steiermärkischen Landesregierung, Graz, S. 431 – 454

Klimaatlas Steiermark, 2010: Klimaatlas Steiermark: Periode 1971-2000. Eine anwendungsorientierte Klimatographie. Franz Prettenthaler, Alexander Podesser, Harald Pilger (Hg.). Band V der Studien zum Klimawandel in Österreich. http://www.umwelt.steiermark.at/cms/ziel/16178332/DE/, Zugriff: Januar 2010

Krautstoffl, A., Thurner, M., 2006: Dokumentation österreichischer Wein 2006, Wien, 255 S., http://www.oesterreichwein.at/uploads/tx_celumfe/Dokumentate63335b78c.pdf, Zugriff: November 2011

Lazar R., Lieb G. K., Nestroy, O., 1990: Die natürlichen Grundlagen für den Weinbau in der Steiermark, in: Weinkultur, Hg.: Kulturreferat der Steiermärkischen Landesregierung, Graz, S. 45-66

Leitner, E. Renner, W.: Influence of Grape Ripeness on the Analytical and Sensory Properties of Styrian Sauvignon Blanc, Powerpoint Presentation for the 7th International Cool Climate Symposium, 2010

Liljequist, G. H., Cehak, K., 1984: Allgemeine Meteorologie, 3. Auflage, Vieweg, Braunschweig, 396 S.

Loibl, W., Beck, A., Dorninger, M., Formayer, H., Gobiet, A., Schöner, W. (Hrsg.), 2007: Kwiss-Programm reclip:more research for climate protection: model run evaluation, Final Report, Wien, 86 S., http://foresight.ait.ac.at/SE/projects/reclip/reports/ARC-sys-reclip_more1-3final_rep.pdf, Zugriff: November 2011

Mehofer, M., 2011, Einfluss der Laubwand auf die Gradation, in: Der Winzer, das Fachportal des größten deutschsprachigen Weinbaumagazins, http://www.der-winzer.at/, Zugriff: November 2011

Müller, E., 2007: Die Herausforderung der Zukunft, in: das deutsche weinmagazin, Ausgabe 4/2007, 17. Februar 2007, S. 15-21

NOAA Earth System Research Laboratory (U.S. Department of Commerce | National Oceanic & Atmospheric Administration), http://www.esrl.noaa.gov/gmd/ccgg/trends, Zugriff: August 2012

Österreich Wein Marketing GmbH: http://www.weinausoesterreich.at/wein/rw_wildbacher.html, Zugriff: März 2010

Österreich Wein Marketing GmbH: http://www.weinausoesterreich.at/wein/ww_welschriesling.html, Zugriff: März 2010

Paschinger, H., 1974: Steiermark, Borntraeger Verlag, Berlin, Stuttgart, 251 S.

Podesser, A., o. J.: UVE – Mappe 3, Einlage 3.5, Erweiterung Basaltbruch Klöch, unpubl. Gutachten der ZAMG Regionalstelle für die Steiermark, Graz, 44 S.

Rath, G. 2009: Klima macht Englands Wein besser, http://www.neues-deutschland.de/artikel/161558.klima-macht-englands-wein-besser.html, Zugriff: April 2010).

Redl, H. 2008: Teilweise Entblätterung im basalen Triebbereich, in: Der Winzer, das Fachportal des größten deutschsprachigen Weinbaumagazins, http://www.der-winzer.at/, Zugriff: November 2011

Redl, H., Ruckenbauer, W., Traxler, H.: 1996: Weinbau heute, Stocker Verlag, Graz, 608 S.

Regner, F., 2008: Überlegungen zur Herkunft und Abstammung der Rebsorte Sauvignon blanc, in: Congress Proceedings, worldsauvignoncongress, Graz, S. 5-9

Rupp, D., 2006: Stein und Wein – welchen Einfluß hat der Boden auf den Weincharakter?, in: Infodienst Landwirtschaft – Ernährung – Ländlicher Raum der staatlichen Lehr- und Versuchsanstalt für Wein- und Obstbau Weinsberg, http://www.landwirtschaft-bw.info/servlet/PB/menu/1040031_ll/index.html, Zugriff: August 2012

Schicho, B., 2012: Die Auswirkungen des Klimawandels auf den Weinbau in nördlichen Grenzlagen am Beispiel der Steiermark, Unpubl. Dissertation, Institut für Geographie und Raumforschung, Karl-Franzens-Universität Graz, 172 S.

Schnitzler, L., Bläske, G., 2009: Ende der Weinkultur?, http://www.wiwo.de/unternehmen-maerkte/ende-der-weinkultur-410702/, Zugriff: April 2010

Schobinger U., 2002: Ermittlung der Jahrgangsqualität von Weinen, in: Schweizerische Zeitschrift für Obst- und Weinbau, Ausgabe 7/2002, S. 155-157

Schultz, H. R., Hoppmann, D., Hofmann, M. o. J.: Der Einfluss klimatischer Veränderungen auf die phänologische Entwicklung der Rebe, die Sorteneignung sowie Mostgewicht und Säurestruktur derTrauben, Geisenheim, 43 S., http://klimawandel.hlug.de/fileadmin/dokumente/klima/inklim/endberichte/weinbau.pdf, Zugriff: August 2012

Steurer, R., 1995: Weinhandbuch, Ueberreuter, Wien, 399 S.

Tischelmayer, N., Wein-Plus Wein-Glossar, http://www.wein-plus.de/glossar, Zugriff: Februar 2007

Troost, G., 1980: Technologie des Weines, Ulmer, Stuttgart, 1057 S.

Weinhandel Weisbrod & Bath, http://www.ps-wein.de/wein_info/rebsorten/rebsortenW/welschriesling.htm, Zugriff: März 2010

Wine Institute: Per Capita Wine Consumtion by Country, http://www.wineinstitute.org/files/2010_Per_Capita_Wine_Consumption_by_Country.pdf, Zugriff: August 2012

7.7   DATENQUELLEN

Abteilung Weinbau der Landeskammer für Land- und Forstwirtschaft, Steiermark: Reifeverlaufsdaten der Jahre 1993 bis 2004

Bundesamt für Weinbau: Reifeverlaufsdaten der Jahre 1997 bis 2004

Landesversuchsanstalt Haidegg: Lesegutaufzeichnungen der Jahre 1979 bis 2004

Weinbauschule Silberberg: Lesegutaufzeichnungen der Jahre 1985 bis 2004

Weingut List: Lesegutaufzeichnungen der Jahre 1972 bis 2004

ZAMG (Zentralanstalt für Meteorologie und Geodynamik):

- Stationsdaten der Klimanormalperiode von 1961 bis 1990: Bad Gleichenberg, Deutschlandsberg und Leibnitz

- Tagesbasierte Werte von 1980 bis 2004: Bad Gleichenberg, Bad Radkersburg, Deutschlandsberg, Feldbach, Fürstenfeld, Gleisdorf, Graz Messendorfberg, Laßnitzhöhe, Leibnitz und Silberberg

8 Naturraumanalyse im Weinbaugebiet Carnuntum

von Maria Heinrich*, Josef Eitzinger**, Erwin Murer***, Heinz Reitner* und Heide Spiegel****

8.1 EINLEITUNG

8.1.1 Das Projekt

Im Auftrag der Rubin Carnuntum Winzer und mit Unterstützung von Bund, Land und Europäischer Union wurden in einem dreijährigen Leader-Projekt Klima, Böden und Gesteine der Carnuntiner Weingärten untersucht. Carnuntum ist mit ca. 910 ha (das sind etwa 2 % der Weinbaufläche Österreichs) eine kleine Weinbauregion, liegt im östlichen Österreich und hat kein geschlossenes Weinbauareal, sondern mehrere verstreute Weinbauzentren. Die Hauptsorten sind Zweigelt, Grüner Veltliner und Blaufränkisch. Der hochqualitative Weinbau in der Region Carnuntum wird von einer Gruppe innovativer Winzerinnen und Winzer angeführt, die etwa 400 ha Weingärten bewirtschaften. Die Rubin Carnuntum Winzer haben im Herbst 2008, für Österreich erstmalig, eine interdisziplinäre Studie der natürlichen Bedingungen speziell für den Weinbau beauftragt. Das Projekt ist ein Schritt, das Konzept „Terroir" vom reinen Marketing-Instrument in Richtung Wissenschaft und Erkundung seiner komplexen Bedeutung für den Weinbau und den Wein zu entwickeln.

Im Rahmen des dreijährigen Projektes wurden die Weingärten des Weinbaugebietes Carnuntum hinsichtlich ihrer natürlichen Voraussetzungen und weinbaulichen Funktionen untersucht. Aufgabe der interdisziplinären Studie war die Erfassung der physiogeographischen Eigenschaften der Region und der wichtigsten weinbaulichen Funktionen. Dies beinhaltete klimatische Parameter, geologische und bodenkundliche Kartierungen mit detaillierter Beschreibung und Erfassung der quartären Bedeckung, hydrogeologische Untersuchungen und die umfangreiche Analytik von physikalischen und chemischen Bodenparametern inklusive Nährstoffe, Sedimentologie und Mineralogie von Boden und Gestein. Zusätzlich wurden die Weinbauern aufgefordert, ihre Weingärten zu beschreiben und ihre Erfahrung in das Projekt einfließen zu lassen. Ziel der Studie war es, thematische und synoptische Karten mit Hilfe eines Geographischen Informationssystems zu erstellen und damit der Weinbauernschaft und den Weinbauberatern eine Orientierungshilfe bei weinbaulichen Maßnahmen zu liefern. Das Wissen über die naturräumliche Ausstattung und ihre kleinräumigen Unterschiede unterstützt den Weinbau und hilft z. B. bei der Wahl von Unterlagen und Sorten, beim Einsatz geeigneter Bodenpflegesysteme und Düngemaßnahmen. Die Charakterisierung der natürlichen Potenziale der Weinberglagen ist auch eine vorausschauende Investition im Hinblick auf längerfristige Entwicklungen, die der Klimawandel mit sich bringen kann. Die kleinräumigen klimatischen Rahmenbedingungen spielen im Weinbau eine wichtige Rolle bei der Bestimmung standortangepasster Produktion. Insbesondere unter den Bedingungen des Klimawandels lassen sich durch die genaue Kenntnis des klimatischen Terroirs raum-zeitliche Verschiebungen für eine Bewertung von Anpassungsmaßnahmen besser abschätzen. Die Kenntnis auch der anderen naturräumlichen Grundlagen ist die Basis für weitere Erforschungen der Interaktionen zwischen Klima bzw. Klimaveränderungen, Boden und Ausgangsmaterial im Hinblick auf weinbaurelevante Funktionen wie Wasser- und Temperaturhaushalt, Erosion, Verdichtung, Durchwurzelbarkeit, Nährstoffangebot und -verfügbarkeit.

* Geologische Bundesanstalt Wien (GBA)

** Universität für Bodenkultur Wien, Institut für Meteorologie

*** Bundesamt für Wasserwirtschaft, Institut für Kulturtechnik und Bodenwasserhaushalt

**** Agentur für Gesundheit und Ernährungssicherheit (AGES), Institut für Nachhaltige Pflanzenproduktion, Abteilung Bodengesundheit und Pflanzenernährung

Der vorliegende Artikel beinhaltet einige wichtige Ergebnisse der sehr ausführlichen und mit über 300 Karten in den Maßstäben 1:75.000 (Übersichten), 1:25.000 und 1:12.500 ausgestatteten Studie (Heinrich et al., 2012a) und stützt sich wesentlich auf weitere Ergebnispräsentationen (Eitzinger et al., 2012; Heinrich et al., 2012b, c, d; Murer & Pecina, 2012, Spiegel et al., 2012).

8.1.2   Übersicht zum Arbeitsgebiet

Das Weinbaugebiet Carnuntum zwischen Donau-Niederung im Norden und Leitha-Niederung im Süden wird von den landschaftlichen Elementen Arbesthaler Hügelland und Prellenkirchner Flur, Leithagebirge im Südwesten und den Hainburger Bergen im Nordosten geprägt (siehe Abbildung 1). Die Prellenkirchner Flur, die auch als Brucker Pforte bezeichnet wird, markiert den ehemaligen Lauf der Donau und führt, am Übergang von den Alpen zu den Karpaten gelegen, vom Wiener Becken in das Pannonische Becken.

Bearbeitet wurden 15 (zusammengefasste) Detailgebiete der Weinbauzentren Carnuntums mit einer Gesamtfläche von 2.177 ha (umhüllende Fläche der Weingärten), die vorwiegend in Niederösterreich, teilweise aber auch im Burgenland liegen. Die Weingärten liegen in Seehöhen zwischen 145 m ü. A. und etwa 325 m ü. A., ein knappes Drittel der Weingärten ist nach Süden ausgerichtet, gefolgt von Ausrichtungen nach Südwest (18 %), Südost (16 %) und Ost (14 % der Fläche). Die Hangneigung beträgt im überwiegenden Teil der Gebiete unter 4°, gefolgt von knapp einem Drittel der Fläche zwischen 4 und 12°, nur wenige Bereiche sind steiler, wie z. B. in Berg-Hindlerberg, in Hundsheim und am Spitzerberg.

Abbildung 1:   Geographische Übersicht des Weinbaugebietes Carnuntum (Niederösterreich)

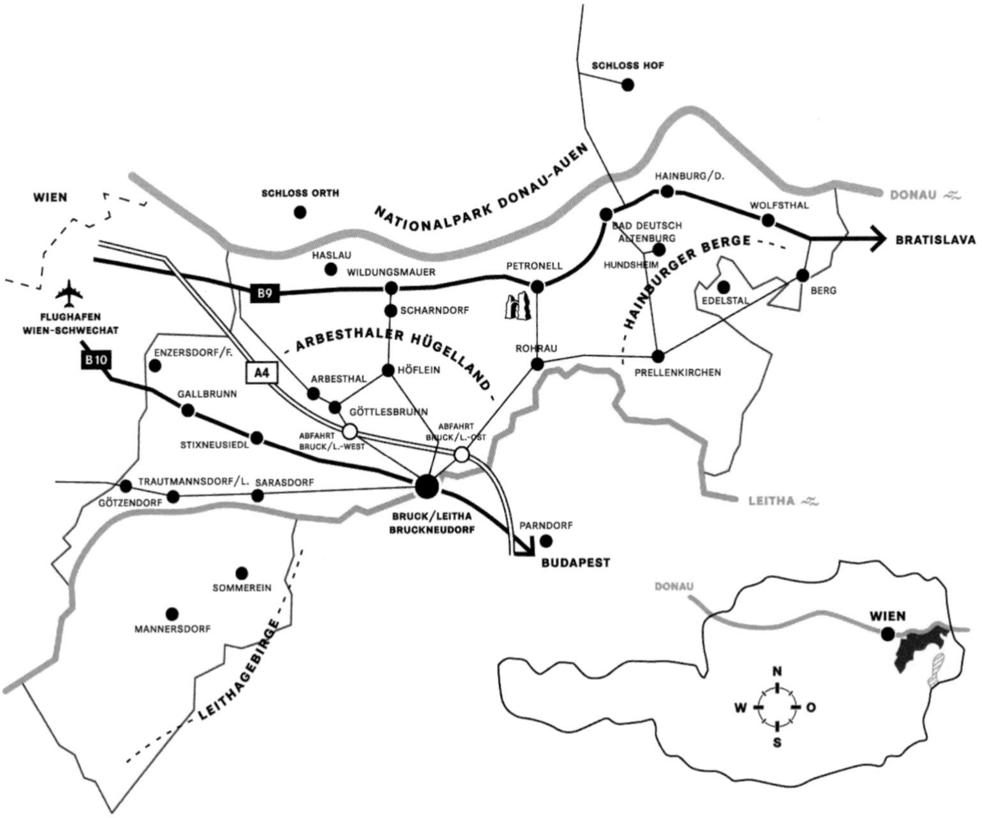

Quelle: Rubin Carnuntum Weingüter, mit freundl. Genehmigung

Klimatisch liegt die Weinbauregion Carnuntum im pannonischen Klimaraum, welcher durch den kontinentalen Klimaeinfluss, gekennzeichnet durch kalte Winter und warme, trockene Sommer, geprägt ist.

8.2 KLIMA

8.2.1 Methodik

Im Rahmen des Projektes wurde der Einfluss verschiedener Geländeparameter auf ausgewählte Klimaparameter durch statistische Analysen untersucht und für langjährige Verhältnisse dargestellt. Zur Erstellung einer räumlich und zeitlich hochaufgelösten Datenbasis wurden von April 2009 bis Juni 2011 agrarmeteorologische Dauermessungen in den Weingärten durchgeführt, wobei verschiedene Transsekte und insgesamt über 40 Messpunkte im Gelände derart ausgewählt wurden, dass geländebeeinflusste klimatische Phänomene erfasst werden konnten. Hierbei wurden insbesondere die Geländeparameter Seehöhe, Hangausrichtung und Hangneigung berücksichtigt, so dass eine statistische Auswertung des Einflusses dieser Geländeparameter auf die klimatischen Parameter, insbesondere der Lufttemperatur, der Luftfeuchte und der Bodentemperatur möglich erschien. Die Messungen ergänzten Analysen zum Windfeld, zum Strahlungsfeld und zum regionalen Niederschlagsfeld, wobei auch Messdaten von Stationen der ZAMG und des Hydrologischen Dienstes (Heilig, 2010) herangezogen wurden. Insgesamt wurde das klimatische Terroir (repräsentativ nur für Bedingungen innerhalb eines Weingartens) in Form langjähriger mittlerer Verhältnisse für Lufttemperaturen, Bodentemperaturen, Luftfeuchte, Frost- und Hitzerisiko, Windausgesetztheit und Niederschlag in Form räumlich hochaufgelöster Klimakarten dargestellt. Eine zusätzlich durchgeführte Wetterlagenanalyse ergänzt die Beschreibung des klimatischen Terroirs des Weinbaugebietes Carnuntum.

8.2.2 Ergebnisse

Grundsätzlich wird der Geländeeinfluss auf die bodennahen Temperaturen über die Strahlungsbilanz definiert, da die Strahlung die Energie für die Erwärmung der Oberflächen bereitstellt (Eitzinger et al., 2009). Ausgehend von der Strahlungsbilanz im Gelände können mikroklimatische Phänomene erklärt werden. Die Energiemenge pro Flächeneinheit wird stark vom Einfallswinkel der Strahlung beeinflusst, wobei die hier berücksichtigten Geländeparameter stark differenzierend wirken. Diese Differenzierung tritt allerdings bei Bewölkung erheblich zurück, da hier die Strahlung als diffuse Himmelsstrahlung (aus allen Richtungen kommend) auftritt. Im Ergebnis weisen daher Tagesmaximumtemperaturen ähnlich wie die Tagesmitteltemperaturen innerhalb der Weingärten nur in den Monaten Februar bis Juni mittelstarke Zusammenhänge zu den Geländeparametern auf. Ab Juli nehmen diese Zusammenhänge deutlich ab, was auf den dämpfenden und ausgleichenden Einfluss der transpirierenden Blattschicht in den Weingärten zurückzuführen ist.

Das kleinklimatische Temperaturfeld und seine Differenzierung im Gelände werden in den Weingärten daher nicht nur von Geländeparametern bestimmt, sondern weisen auch eine deutliche Saisonalität im Einklang mit der phänologischen Entwicklung des Weinstockes auf. Deutlich ist zu erkennen, dass die mittleren Tagesmaximumtemperaturen mit der Seehöhe abnehmen, die Tagesminimumtemperaturen aber zunehmen. Der Temperaturtagesgang ist daher in den höher gelegenen Bereichen geringer (Abbildung 2), auch wenn die mittlere Lufttemperatur (und auch die Bodentemperatur) mit der Seehöhe leicht abnimmt. Die mittlere Luftfeuchte ist an zur Hauptwindrichtung Nord-West ausgesetzten Hängen etwas geringer, aber sie nimmt auch mit zunehmender Seehöhe ab.

Abbildung 2:   *Mittlerer Temperaturtagesgang im Juni, 0,5 m über Boden im Weingarten,*
                  30 Jahresmittel; 1980 – 2009 in den Gebieten Prellenkirchen/Spitzerberg, Berg und
                  Hundsheim

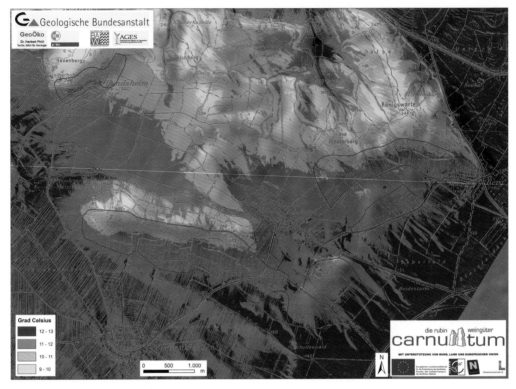

Quelle: Eitzinger in Heinrich et al. (2012a), Originalmaßstab 1:25.000; Topographie KM50-R © BEV 2013, vervielfältigt mit
Genehmigung des BEV – Bundesamtes für Eich- und Vermessungswesen in Wien, T2013/96173

Informationen über Temperatursummen wie der Huglin-Index (Huglin, 1978) geben Auskunft über die
thermische Eignung für den Weinanbau (Abbildung 3). Es zeigt sich hier wie bei den Temperaturen
eine deutliche Abnahme mit der Seehöhe sowie ein Einfluss der Hangausrichtung und der
Hangneigung (steilere und nach Süden ausgerichtete Hänge weisen höhere Werte auf). Andererseits
steigt das Spätfrostrisiko mit abnehmender Seehöhe, wobei die kritische Seehöhe für
Strahlungsfrostrisiko im Osten des Untersuchungsgebietes (Spitzerberg, Berg) etwas niedriger liegt, da
der Talgrund, wohin die Kaltluft abfließen kann, auch entsprechend tiefer liegt.

Abbildung 3:   Huglin-Index (Temperatursummen für Weinanbau, 0,5 m über Boden im Weingarten, 30 Jahresmittel 1980 bis 2009) und Zonen mit erhöhtem Strahlungsfrostrisiko (punktiert) für die Gebiete Göttlesbrunn, Höflein und Umgebung

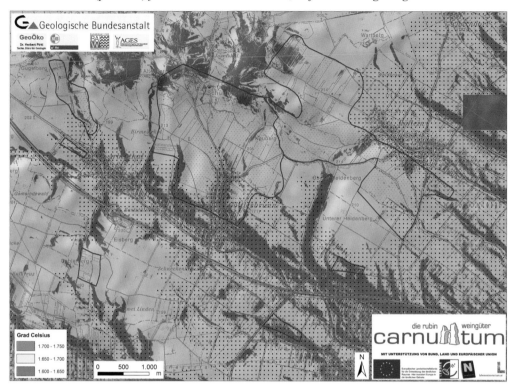

Quelle: Eitzinger in Heinrich et al. (2012a), Originalmaßstab 1:25.000; Topographie KM50-R © BEV 2013, vervielfältigt mit Genehmigung des BEV – Bundesamtes für Eich- und Vermessungswesen in Wien, T2013/96173

Beim Windfeld im Untersuchungsgebiet zeigt sich entsprechend der Windrichtung und der mittleren Windgeschwindigkeiten aus jedem Windrichtungssektor, dass die am meisten dem Wind ausgesetzten Zonen die nach Nord-West gerichteten Hänge sind (Abbildung 4), soweit sie nicht von anderem Gelände mehr oder weniger abgeschattet sind. Die Windausgesetztheit hat große Bedeutung für das Verdunstungspotenzial vor allem während des Sommers, die Schneeablagerung im Winter und für die Blattnässedauer und Oberflächenabtrocknung. Die Windrichtung spielt speziell auch eine Rolle für das Frostrisko bei Advektivfrost (Frostschäden, die durch Herantransport kalter Luftmassen, also bei Wind, entstehen). Im Untersuchungsgebiet sind hier vor allem Kuppen und nördlich ausgerichtete Hänge einer erhöhten Frostgefahr beim Herantransport polarer Kaltluft ausgesetzt. Umgekehrt sind südausgerichtete Hänge bei heißen Luftströmungen aus südlicher Richtung eher für Hitzeschäden prädestiniert (die größten Hitzewellen im Untersuchungsgebiet stehen mit Anströmungen aus südlicher Richtung im Zusammenhang).

Abbildung 4:   Mittlere abgeleitete Windgeschwindigkeit bei 2 m über Boden für die Gebiete Göttlesbrunn, Höflein und Umgebung

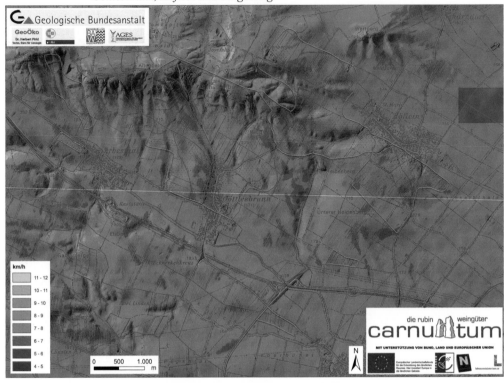

Quelle: Eitzinger in Heinrich et al. (2012a), Originalmaßstab 1:25.000; Topographie KM50-R © BEV 2013, vervielfältigt mit Genehmigung des BEV – Bundesamtes für Eich- und Vermessungswesen in Wien, T2013/96173

Die Jahresniederschläge zeigen im Untersuchungsgebiet Anstiege nach Osten (Hundsheimer Berge – Kleine Karpaten) und nach Südwesten (Leithagebirge), während sie in Richtung der Tiefebenen des Marchfeldes und des zentralen Seewinkels zurückgehen. Bei bestimmten Strömungsverhältnissen entstehen durch das Gelände regionale Niederschlagsanomalien. Bei den generell niederschlagsreichen Vb Lagen (Tiefs auf der Zugstraße Adria-Polen) kommt es im Bereich Hundsheimer Berge – Kleine Karpaten zu einer nochmaligen Niederschlagszunahme, bei Nordwestlagen treten jedoch im Süden der Berge leichte Leeeffekte auf.

Für das Witterungsgeschehen spielt insbesondere der zeitliche Ablauf der Wetterlagen eine große Rolle. Im Zeitraum 1999 bis 2010 waren im Gebiet Carnuntum die Hochdrucklagen über das Jahr mit einem Anteil von 22 % die häufigsten Wetterlagen, gefolgt von gradientschwachen Lagen mit 13 Prozent und den Nordwest- und Westlagen mit etwas über zehn Prozent. Insgesamt fallen mehr als ein Drittel aller Tage auf die Gruppe der Hochdrucklagen, ein weiteres schwaches Drittel auf die westlichen Lagen NW, W und SW, wobei sich die Südwestlagen im Untersuchungsgebiet grundsätzlich anders auswirken (sehr warm, Niederschlag nur lokal). Von den Tiefdrucklagen sind die Tk Lagen (Tiefs über dem Kontinent) nicht nur von der Anzahl der Tage, sondern auch hinsichtlich der Niederschläge am bedeutendsten. Mit 28 % liefert diese Wetterlage einen entscheidenden Beitrag zum Gesamtniederschlag dieser trockenen Klimaregion.

Zusammenfassend zeichnet sich das klimatische Terroir des Weinbaugebietes Carnuntum durch signifikante geländeabhängige Gradienten in den verschiedenen Klimaparametern aus, welche sich saisonal verändern. Bei strahlungsbilanzabhängigen Parametern (Temperaturen, Luftfeuchte) zeigten sich signifikante Zusammenhänge mit Geländeparametern vor allem nur in den Frühjahrsmonaten (April bis Juni).

8.3 BODEN UND GESTEIN

8.3.1 Bodenphysik und Bodenwasserhaushalt

Datengrundlagen und Methodik

Zur Ermittlung und Beurteilung der flächenhaften Bodeneigenschaften der landwirtschaftlich genutzten Böden wurden einerseits Arbeiten

- der Bodenkartierung (Schneider et al., 2001; Maßstab 1:25.000, landwirtschaftliche Flächen flächendeckend) und andererseits

- der Bodenschätzung (Wagner, 2001; Maßstab 1:2.880 bzw. 1:1.000, nur für die Weinbauflächen) in digitaler Form verwendet,

- zusätzlich wurden eigene, flächige Felderhebungen durchgeführt.

- An sechs typischen Standorten wurden Schürfgruben angelegt und eine umfassende Profilaufnahme durchgeführt sowie chemische, sedimentologische (vgl. Kapitel 8.3.2 und Kapitel 8.3.3) und physikalische Bodenkennwerte ermittelt.

Aus all diesen Daten wurden Kartenwerke für alle Detailgebiete der Weinbauzentren mit jeweils neun verschiedenen Themen erstellt: Entstehungsart, Bodentyp, Bodenart, Grob- bzw. Ausgangsmaterial im Unterboden < 1 m Tiefe, Zustandsstufe, Bodenzahl, Wasserdurchlässigkeit, nutzbare Feldkapazität sowie Kalkgehalt.

Ergebnisse

Gemäß Unterlagen der Bodenschätzung kommen in den Weingärten des Arbeitsgebietes etwa zwei Drittel Diluvialböden – davon sind etwa ein Drittel Lössböden – und nur 1 % Verwitterungsböden vor. Die restlichen Flächen sind vorwiegend Schicht- oder Mischprofile aus Diluvialmaterial und Löss. Lössböden sind Diluvialböden aus äolischem Sediment. Die Lössböden zeichnen sich durch besonders günstige Bodeneigenschaften aus, weshalb für sie eine eigene Unterteilung geschaffen wurde. Das lockere, hohlraumreiche Gefüge des Lösses, sein vorteilhafter Wasser- und Lufthaushalt und sein Mineralbestand schaffen optimale Bedingungen für die Bodenentwicklung.

Bezogen auf die Bodentypen haben die Tschernoseme mit 41 % und die Kulturrohböden mit 21 % die größte flächenmäßige Verbreitung, Abbildung 5 zeigt die Verteilung der Bodentypen im Detailgebiet Göttlesbrunn.

Abbildung 5:   Die flächige Verteilung der Bodentypen nach Bodenschätzung in den Weingärten im Detailgebiet Göttlesbrunn

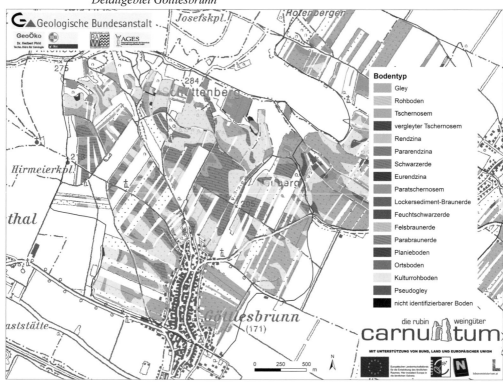

Quelle: Murer in Heinrich et al. (2012a), Originalmaßstab1:12.500; Daten: Bodenschätzung: © BEV 2011, vervielfältigt mit Genehmigung des BEV-Bundesamt für Eich- und Vermessungswesen in Wien, T2011/79272; Topographie KM50-R © BEV 2013, vervielfältigt mit Genehmigung des BEV – Bundesamtes für Eich- und Vermessungswesen in Wien, T2013/96173

Die Bodenarten mit günstigen Eigenschaften, vom lehmigen Sand, stark sandigem Lehm bis zum sandigen Lehm nehmen fast die gesamte Fläche der Weingärten ein. Die am weitesten verbreitete Bodenart ist der stark sandige Lehm (Abbildung 6 und Abbildung 7).

Abbildung 6:   Bodenartendreieck der Österreichischen Bodenschätzung, T: Ton, L: Lehm, l: lehmig, S: Sand, s: sandig, Z: Schluff; 1μ = 0,001 mm

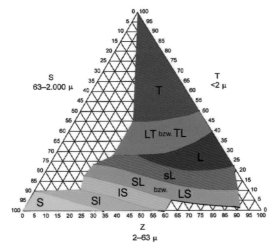

Quelle: Wagner (2001), verändert

Abbildung 7: Verteilung der Bodenart nach Bodenschätzung der Böden in den Weingärten

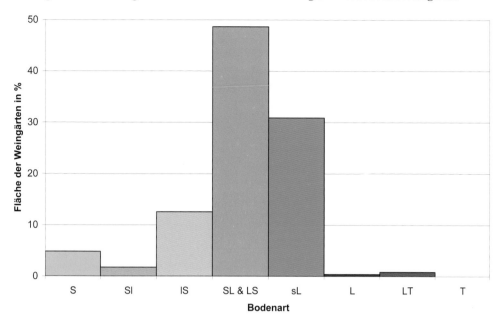

Quelle: Murer in Murer & Pecina (2012), Daten: Bodenschätzung

Innerhalb des ersten Meters im Bodenprofil in den Weingärten treten am häufigsten die Ausgangsmaterialien Sand, Schotter und Mergel auf. Der Großteil der Böden ist jedoch tiefgründig.

Den Hauptanteil der Weingärten bilden Böden der Zustandsstufe 2 bis 4. Die Zustandsstufe der Bodenschätzung ist Ausdruck für die Gesamtbeschaffenheit des Bodens und Kennzeichen für die Eignung als Standort für Kulturpflanzen. Die Zustandsstufe ist somit ein Sammelbegriff für Bodeneigenschaften, die durch lang andauernde Einwirkung von Klima (Temperatur und Niederschlag), früherer Vegetation, Geländegestaltung, Wasserverhältnissen, aber auch menschlicher Bearbeitung bedingt sind. Insgesamt sind sieben Zustandsstufen gebildet worden, von denen die Stufe 1 den „günstigsten", die Stufe 7 den „ungünstigsten" Zustand des Bodens kennzeichnet. Für die Einordnung ist auch der Bodentyp von Bedeutung. Im Wesentlichen werden gut entwickelte, tiefgründige Böden den Zustandsstufen 1 und 2 zugeordnet, seichtgründige oder vernässte Böden den Zustandsstufen 5 bis 7, die Zustandsstufen 3 und 4 nehmen die Zwischenposition ein. Die Beurteilung der Zustandsstufe der Bodenschätzung bezieht sich auf die natürliche Ertragsfähigkeit der Böden. Sie bildet aber nicht spezielle Anforderungen des Weinbaues ab! Auch die Bodenzahl der Bodenschätzung ist nicht am Weinbau orientiert. Die im Ackerschätzungsrahmen bestimmten Bodenzahlen sind Verhältniszahlen, sie bringen grundsätzlich Reinertragsunterschiede zum Ausdruck, die lediglich durch die Bodenbeschaffenheit in Verbindung mit den Grundwasserverhältnissen bedingt sind. In den Detailgebieten wurde die gesamte Spannweite, von den ertragreichsten Böden (Bodenzahl 97) bis zu sehr ertragsarmen Böden (Bodenzahl 9) vorgefunden. Die größte flächenhafte Verbreitung haben Bodenzahlen zwischen 50 und 60. Etwa 5 % der Böden haben Bodenzahlen über 80 und ca. 2 % unter 20, vgl. Abbildung 8.

Abbildung 8:   *Verteilung der Bodenzahl nach Bodenschätzung der Böden in den Weingärten*

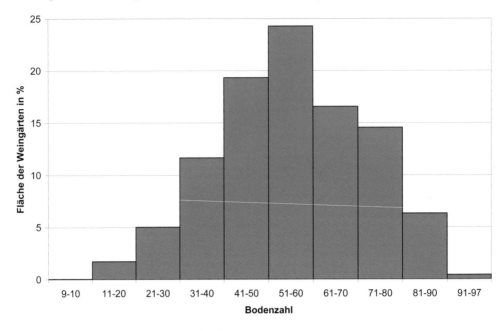

Quelle: Murer in Murer & Pecina (2012), Daten: Bodenschätzung

Entsprechend der Bodenkartierung 1:25.000 weisen etwa die Hälfte der landwirtschaftlichen Nutzfläche der Detailgebiete eine mäßige und etwa ein Drittel eine hohe Durchlässigkeit auf. Die Böden in den Detailgebieten haben vorwiegend eine hohe bis sehr hohe nutzbare Feldkapazität (Abbildung 9). Das entspricht einer pflanzenverfügbaren Wassermenge von 180 bis 300 mm im 1 m Bodenprofil und in Einzelfällen auch darüber. Abbildung 10 zeigt die Verteilung der nutzbaren Feldkapazität in den Gebieten Spitzerberg, Berg und Hundsheim.

Abbildung 9:   *Verteilung der nutzbaren Feldkapazität der Böden der landwirtschaftlichen Nutzflächen*

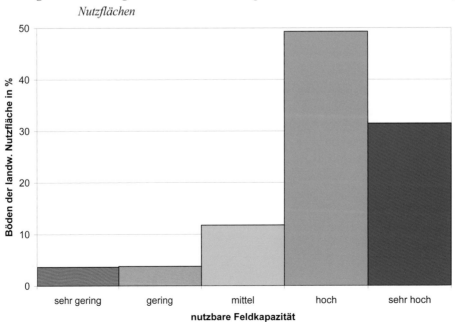

Quelle: Murer in Murer & Pecina (2012), Daten: Bodenkartierung und Murer et al. (2004)

Abbildung 10: Die flächige Verteilung der nutzbaren Feldkapazität der Böden in den landwirtschaftlichen Nutzflächen in den Gebieten Prellenkirchen/Spitzerberg, Berg und Hundsheim

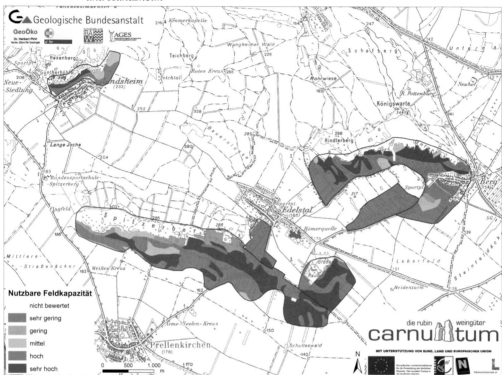

Quelle: Murer in Heinrich et al. (2012a), Originalmaßstab1:25.000; Daten: Digitale Bodenkarte Österreichs: Bundesamt und Forschungszentrum für Wald (BFW), Topographie KM50-R © BEV 2013, vervielfältigt mit Genehmigung des BEV – Bundesamtes für Eich- und Vermessungswesen in Wien, T2013/96173

Zwei Drittel der Böden der Weingärten sind stark karbonathaltig und nur 2 % sind karbonatfrei. In den übrigen Böden ist meist der Oberboden karbonatfrei und der Unterboden karbonathaltig, vgl. beispielhafte Abbildung 11.

Abbildung 11:   Die flächige Verteilung des Karbonatgehaltes der Böden in den landwirtschaftlichen Nutzflächen in den Gebieten Göttlesbrunn, Höflein und Umgebung

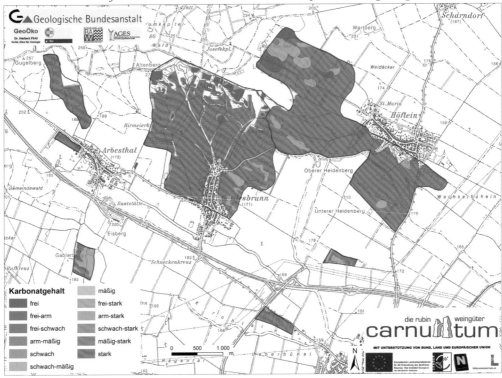

Quelle: *Murer in Heinrich et al. (2012a), Originalmaßstab1:25.000; Daten: Digitale Bodenkarte Österreichs: Bundesamt und Forschungszentrum für Wald (BFW), Topographie KM50-R © BEV 2013, vervielfältigt mit Genehmigung des BEV – Bundesamtes für Eich- und Vermessungswesen in Wien, T2013/96173*

Zu den Ergebnissen zu Bodenphysik und Wasserhaushalt bezogen auf a) die einzelnen Weinbauzentren und b) die einzelnen untersuchten Profile wird auf den Projektbericht (Murer in Heinrich et al., 2012a) und auf Kapitel 8.3.4 verwiesen, wo beispielhafte Ergebnisse zu einem ausgewählten Profil dargestellt sind.

8.3.2   Bodenchemie und Nährstoffe

Methodik

Im Rahmen des Projektes wurden folgende Arbeitsschritte durchgeführt:

- Reaktivierung von vorhandenen früheren Untersuchungsergebnissen von Mitgliedsbetrieben zu bodenchemischen Parametern im Gebiet Göttlesbrunn in 0-30 cm und 30-60 cm Bodentiefe

  o Kalium und Phosphor im CAL-Extrakt (ÖNORM L 1087)

  o Magnesium im $CaCl_2$-Extrakt (ÖNORM L 1093)

  o Humusgehalt: Bestimmung des organischen Kohlenstoffs, C_{org}, mittels trockener Verbrennung (ÖNORM L 1080); Humus = C_{org} x 1,72

  o nachlieferbarer Stickstoff (Methode anaerobe Bebrütung, Kandeler, 1993)

- Verortung, Einteilung in Klassen und kartenmäßige Darstellung (Maßstab 1:12.500) der früheren Untersuchungsergebnisse durch die Geologische Bundesanstalt

- Auswertung von Bodenuntersuchungsergebnissen via Fragebögen an die Winzer

- Durchführung von umfassenden chemischen Bodenanalysen an Proben von 16 Bodenprofilen, inklusive

  o pH-Wert: 0,01 M CaCl₂-Lösung, ÖNORM L 1083;

  o Bestimmung der austauschbaren Kationen und der effektiven Kationen-Austauschkapazität (KAK) mit 0,1M BaCl₂-Lösung, ÖNORM L 1086-1;

  o Karbonatgehalt: Methode „Scheibler", ÖNORM L 1084;

  o Gehalt an pflanzenverfügbarem Eisen (Fe), Mangan (Mn), Kupfer (Cu) und Zink (Zn): EDTA-Methode, ÖNORM L 1089;

  o Gehalt an pflanzenverfügbarem Bor (im Extrakt aus Ammoniumacetat, Ammoniumsulfat und Essigsäure, nach ÖNORM L 1090).

Einen Schwerpunkt der Ergebnisse bildete die bodenchemische Beurteilung der Analysenergebnisse der Proben von den 16 Profil-Standorten, die teilweise gemeinsam mit den Fachbereichen Bodenphysik und Wasserhaushalt sowie Geologie und teilweise allein mit dem Fachbereich Geologie ausgewählt und bearbeitet wurden. Die Interpretation der Bodenuntersuchungsergebnisse erfolgte nach den „Richtlinien für die sachgerechte Düngung im Weinbau" (BMLFUW, 2003), die Bewertung der Humusgehalte erfolgte nach den „Richtlinien für die sachgerechte Düngung" (BMLFUW, 2006).

Ergebnisse

Im Detailgebiet Göttlesbrunn, in dem aus früheren Jahren in der AGES vorhandene bodenchemische Analysenergebnisse aufgearbeitet und in Kartenform dargestellt wurden (Heinrich et al., 2012a), befindet sich die Mehrheit der untersuchten Oberböden (0-30 cm) aufgrund von Düngungsmaßnahmen in der ausreichend mit Phosphor versorgten Gehaltsstufe (C). Bezüglich Kalium überwiegen hoch und sehr hoch versorgte Oberböden (D und E). Dagegen ist die überwiegende Mehrheit der Unterböden (30-60 cm) sowohl mit Phosphor als auch mit Kalium niedrig und sehr niedrig (B und A) versorgt, vgl. Abbildung 12.

Abbildung 12:   Versorgung der Weingärten mit Kalium, Phosphor und Magnesium im Ober- und Unterboden der Weingärten von Göttlesbrunn unter der Annahme mittlerer Bodenschwere

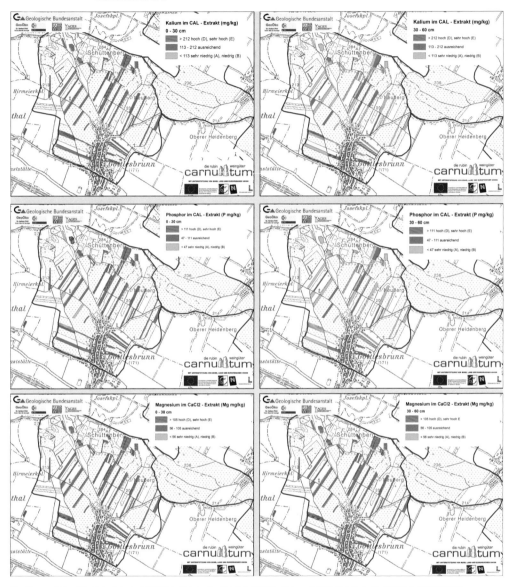

Quelle: Spiegel in Heinrich et al. (2012a), Originalmaßstab 1:12.500; Daten: AGES, Topographie KM50-R © BEV 2013, vervielfältigt mit Genehmigung des BEV – Bundesamtes für Eich- und Vermessungswesen in Wien, T2013/96173

Mit Magnesium sind die meisten Oberböden hoch und sehr hoch, die Unterböden zumeist ausreichend versorgt (Abbildung 12). Viele Oberböden weisen, aufgrund der oben angeführten Düngungsmaßnahmen, ein günstiges K/Mg Verhältnis (zwischen 1,7:1 und 5:1) auf. Bei der Mehrheit der Unterböden deutet das K/Mg-Verhältnis auf einen Magnesiumüberschuss hin, der geogenen Ursprungs bzw. durch die fehlende K-Düngung verursacht sein dürfte. Ein dadurch induzierter Kalimangel kann nicht ausgeschlossen werden. Die meisten Oberböden im Detailgebiet Göttlesbrunn sind humos (Humus-Gehaltsklasse C), und das Stickstoff-Mineralisierungspotenzial im Oberboden ist als „mittel" einzustufen. Die Unterböden sind nur mehr schwach humos, vgl. Abbildung 13.

Abbildung 13:   *Humusgehalt und Stickstoff-Mineralisierungspotenzial im Ober- und Unterboden der Weingärten von Göttlesbrunn*

Quelle: Spiegel in Heinrich et al. (2012a), Originalmaßstab 1:12.500; Daten: AGES, Topographie KM50-R © BEV 2013, vervielfältigt mit Genehmigung des BEV – Bundesamtes für Eich- und Vermessungswesen in Wien, T2013/96173

Die Auswertung von Bodenuntersuchungsergebnissen im Rahmen der Winzerbefragungen zeigt, dass – wie im gesamten Projektgebiet – die meisten Böden alkalisch sind, nur 7 % der Oberböden weisen einen pH Wert unter 7,0 auf. Die Situation der pflanzenverfügbaren Haupt-Nährstoffe P, K und Mg ist mit der im Detailgebiet Göttlesbrunn bzw. an den untersuchten Profilen vorgefundenen vergleichbar. Abbildung 14 zeigt eine Zusammenfassung der „pflanzenverfügbaren" Phosphor (P_{CAL})-Gehalte basierend auf den Bodenuntersuchungsergebnissen der Fragebögen. Demnach liegen mehr als die Hälfte der Phosphorgehalte im Oberboden (0 – 30 cm) in der Gehaltsstufe hoch und sehr hoch. 42 % der untersuchten Böden befinden sich im ausreichenden Gehaltsbereich. Nur bei 2 % der untersuchten Weingartenböden sind niedrige Gehalte festzustellen. Dieses Bild ändert sich mit zunehmender Tiefe im Unterboden (30 – 60 cm), da sich hier 90 % der untersuchten Böden in der sehr niedrigen und niedrigen Gehaltsstufe befinden.

Abbildung 14:   Bodenuntersuchungsergebnisse der Winzerbefragung: Einstufung der P_{CAL}-Gehalte,
n: Anzahl der Analysen

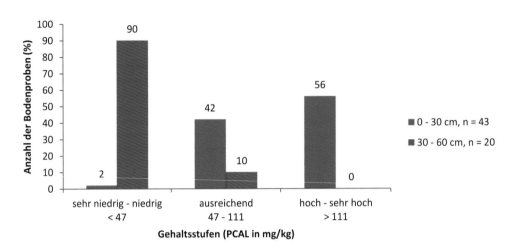

Quelle: Spiegel in Heinrich et al. (2012a)

Die chemischen Bodenanalysen an 16 Profilen im gesamten Projektgebiet zeigen im bearbeiteten Oberboden aufgrund von Düngung meist ausreichende (bis hohe) P_{CAL}-Gehalte – Abweichungen nach oben und unten kommen vor. Im Unterboden fallen die P_{CAL}-Gehalte meist sehr schnell in die (sehr) niedrige Gehaltsstufe ab. Hohe und sehr hohe P-Gehalte im Oberboden sind möglicherweise darauf zurückzuführen, dass diese Standorte schon lange als Weingärten bewirtschaftet werden und die Düngungsempfehlungen (insbesondere bei Phosphor, aber auch bei Kalium) in der Vergangenheit wesentlich höher waren als heute. Einen ähnlichen Verlauf wie Phosphor zeigen die „pflanzenverfügbaren" Kalium (K_{CAL})-Gehalte, allerdings ist der Abfall im Unterboden meist nicht so stark, da mehr Kalium durch Verwitterung nachgeliefert werden dürfte. Die „pflanzenverfügbaren" Mg-Gehalte sind zumeist, geogen bedingt, im gesamten Projektgebiet als mittel bis hoch einzustufen. Insbesondere bei Böden mit hohen Karbonatgehalten steigt die Ca-Belegung des Sorptionskomplexes (auf über 90 %) in einen ungünstig hohen Bereich. Die Belegung mit Mg (günstig: 5-15 %) und/oder K (günstig: 3-4 %), siehe BMLFUW (2003 und 2006), kann dann suboptimal werden. Bei Düngungsmaßnahmen sollten bevorzugt physiologisch sauer wirkende Dünger verwendet werden. Die Oberböden sind normalerweise ausreichend mit den Spurenelementen Bor, Kupfer und Zink versorgt, die Verfügbarkeit für die Pflanze ist – mit Ausnahme von Molybdän – in alkalischen Böden schlechter als in sauren. Insbesondere kann die Pflanzenverfügbarkeit von Eisen (und Mangan) auf karbonatreichen Böden gering sein.

Die Profiluntersuchungen zeigen, dass die Humusgehalte (und Stickstoffgehalte) selbst in Oberböden zum Teil niedrig sind. Daher sollten auf solchen Standorten kulturtechnische Maßnahmen, wie z.B. Begrünungen oder reduzierte Bodenbearbeitung, ergriffen werden. Die C/N-Verhältnisse der Oberböden liegen zumeist im üblichen Bereich für bearbeitete Böden (ca. 9 - 12). Die elektrische Leitfähigkeit weist durchgehend Werte im Normalbereich auf. Alle untersuchten Böden sind karbonathältig. Der Aktivkalk, das ist der für die Rebe unmittelbar wirksame Kalkanteil des Bodens (Anteil an Kalkteilchen unter 0,002 mm), liegt mehrheitlich im mittleren Bereich. Ein niedriger Gesamtkalkgehalt mit hoher Kalkaktivität kann früher zu Chlorose führen als hoher Gesamtkalkgehalt mit geringer Kalkaktivität (BMLFUW, 2003).

8.3.3 Geologie

Datengrundlagen und Methodik

Im Bereich Geologie konnte auf vorhandene geologische Karten im Maßstab 1:50.000 und 1:200.000, auf diverse Gebietskarten und unveröffentlichte geologische Aufschlussbeschreibungen sowie auf die landwirtschaftliche Bodenkartierung (Schwarzecker, 1980; Hoch & Fischer, 1986) aufgebaut werden. Durch die Kooperation mit anderen Forschungsvorhaben der Geologischen Bundesanstalt bzw. der Rubin Carnuntum Weingüter konnten zusätzliche Daten genutzt bzw. Synergien erzeugt werden: Informationen und Proben von elf Monolithschürfen (Wieshammer, 2006), Setzen von sechs Hangwasserpegeln mit bis zu 7 m tiefen Bohrungen und von knapp 3 km geoelektrischen Profilen im Rahmen von Projekten der Geologischen Bundesanstalt (Heinrich et al., 2012e; Supper et al., 2012) und insbesondere die detaillierte flächige geophysikalische Widerstandskartierung der Firma Geocarta (Cassassolles, 2011).

Zusätzlich wurden folgende Erhebungen und Datenverdichtungen durchgeführt:

- Flächendeckende geologische Detailkartierung 1:10.000 mit Bohrstocksonden und Gesteinsbeschreibung von 380 Punkten, Probenahme an 186 Punkten

- Schaffung zusätzlicher Aufschlüsse unterschiedlicher Tiefe (bis zu 7 m) tw. mit Probenahme

- Korngrößenanalytik an 214 Proben

- Mineralogische Analytik: Bestimmung der Gesamtmineralogie an 304 Proben (Fraktion < 2 mm), Bestimmung der Tonmineralogie an 212 Proben (Fraktion < 0,002 mm)

- Gesteinschemische Analytik (Gesamtgehalte Haupt- und Spurenelemente) von 178 Kartierproben und 117 Profilproben, gesteinschemische Analytik (Eluate) von 100 Kartierproben

- Gesteinschemische Analytik (Haupt- und Spurenelemente) von elf Festgesteinsproben

- Verortung der im Rahmen der oberflächennahen Widerstandskartierung zu messenden Grundstücke, Auswertung, Geländeverifizierung und synoptische Darstellung der Messwerte.

Ergebnisse

Die wesentlichen geologischen Einheiten des Weinbaugebietes Carnuntum umfassen Meeres- bis Süßwassersedimente (Neogen, Badenium – Pannonium) des Wiener Beckens, quartäre Terrassen der Donau, Löss, Lehm, Kolluvium und Ablagerungen der Bäche sowie Schwemm- und Schuttfächer. All diese sind, mit Ausnahme des Leithakalkes (Badenium) und lokal verfestigter Sandsteine, Lockergesteine. Festgesteine treten im nordöstlichen Bereich auf, in den Hainburger Bergen. Sie bestehen aus Granit und Gneis (Paläozoikum) mit einer permomesozoischen Bedeckung aus Quarzit und Karbonatgesteinen (Kalkstein, Dolomit). Die Ergebnisse der geologischen Kartierung sind in Karten im Maßstab 1:12.500 (vgl. Abbildung 15 und Abbildung 24) dargestellt.

Abbildung 15:   Geologische Karte Detailgebiet Prellenkirchen/Spitzerberg und Edelstal

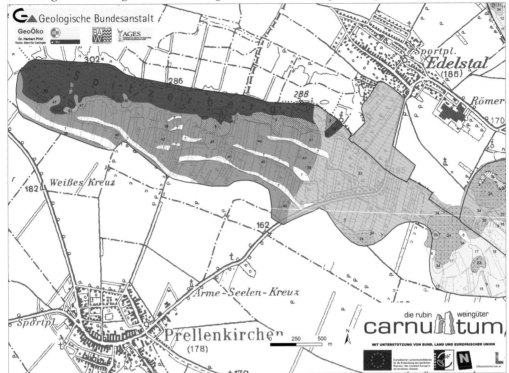

Quelle: Heinrich in Heinrich et al. (2012a), Originalmaßstab 1:12.500; Topographie KM50-R © BEV 2013, vervielfältigt mit Genehmigung des BEV – Bundesamtes für Eich- und Vermessungswesen in Wien, T2013/96173

*Legende: **Quartär**: 1: Anschüttungen, 3: Ablagerungen lokaler Gerinne, 5: verwittertes Karbonatgestein, 7, 8: Fließerden, Hangabschwemmungen, kiesig, 11-13: Wechsel von Löss und Fließerden, tw. mit Steinen, 15: Löss, 17, 18: Löss mit Schotterstreu, Löss(lehm) auf Terrassenschotter, 23, 24, 25: Terrassenschotter Mindel, Günz, bis Oberpliozän, **Neogen des Wiener Beckens**: 30 - 35: Sedimente des Ober-Pannonium nicht differenziert bzw. grob bis feinkörnig, 39 – 44: Sedimente des Mittel- und Unter-Pannonium nicht differenziert bzw. grob bis feinkörnig, 47: Sedimente des Sarmatium, schluffig, 52: Sedimente des Badenium, schluffig – kiesig, **Grundgebirge der Hainburger Berge**: 53: Kalkstein, Dolomit der Mitteltrias*

Mit Ausnahme des Leithakalkes bestehen die neogenen Sedimente aus fein- bis grobkörnigen klastischen Sedimenten in allen Variationen der Korngrößenverhältnisse. Überwiegend sind sie jedoch fein- bis mittelkörnig und damit sehr ähnlich dem Löss, der das am weitesten verbreitete geologische Schichtglied im Arbeitsgebiet ist. Ergänzend zur Detailkartierung und den Analysen erlaubten die Ergebnisse der oberflächennahen Widerstandskartierung (Cassassolles, 2011) eine weitere Präzisierung und genaue Abgrenzung der lithologischen Einheiten, die für den Weinbau wesentlich ist. In der Folge konnte die Oberflächenverbreitung der geologisch-stratigraphischen und lithologischen Einheiten für jedes der 15 zusammengefassten Weinbauzentren mit dem Geographischen Informationssystem (GIS) berechnet werden, vgl. Abbildung 16 und Abbildung 17.

Abbildung 16:   *Verteilung der geologisch-stratigraphischen Einheiten auf die Weinbauzentren bezogen auf jeweils 100 % der geologisch bearbeiteten Flächen*

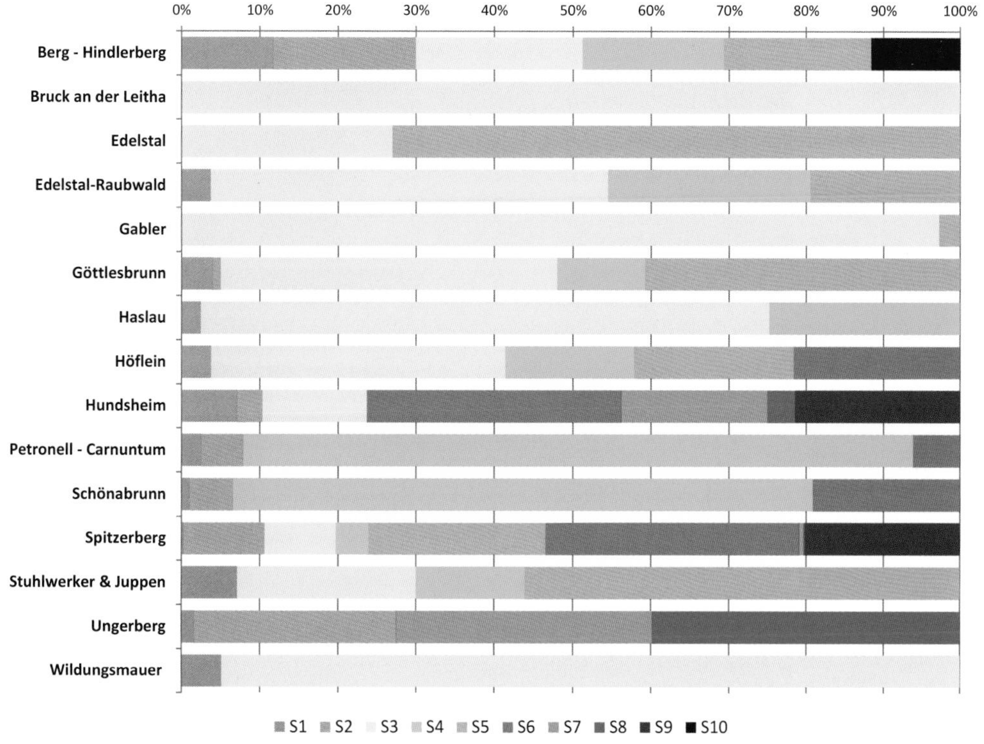

Quelle: Eigene Grafik, Daten verändert nach Heinrich et al. (2012d)

Legende: **Quartär**: *S1: Schutt-, Schwemmfächer, Ablagerungen lokaler Gerinne, S2: verwitterte Festgesteine (Karbonat, Granit), Fließerden, Hangabschwemmungen, S3: Löss, S4: Terrassenschotter,* **Neogen des Wiener Beckens**: *S5: Ober-Pannonium (Süßwassersedimente), S6: Mittel- bis Unterpannonium (brackische – marine Sedimente), S7: Sarmatium (marine Sedimente), S8: Badenium (marine Sedimente, Leithakalk),* **Grundgebirge der Hainburger Berge**: *S9: Kalkstein, Dolomit, S10: Granit, Gneis*

*Abbildung 17:   Verteilung der lithologischen Einheiten auf die Weinbauzentren bezogen auf jeweils
100 % der geologisch bearbeiteten Flächen*

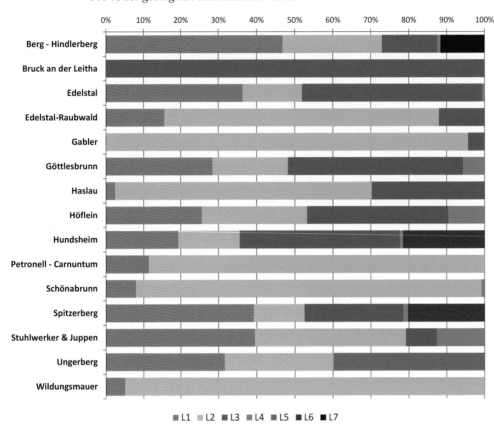

Quelle: Eigene Grafik, Daten verändert nach Heinrich et al. (2012d)

Legende: **Klastische Sedimente**: *L1: Ton – Sand, tw. kiesig, unsortiert, L2: grob- bis mittelkörnig, L3: mittel- bis feinkörnig, L4: feinkörnig, **Chemische Sedimente**: L5: Leithakalk (Neogen), L6: Kalkstein, Dolomit (Mitteltrias),**Grundgebirge**: L7: Granit, Gneis*

Die Ergebnisse der mineralogischen und tonmineralogischen Analysen zeigen, dass in den einzelnen Weinbauzenten durchaus unterschiedliche Bedingungen für die Reben herrschen, die einen Bezug zu wichtigen Weinbau-Parametern haben und die nicht allein durch chemische Analytik erfasst werden können. In der Gesamtmineralogie (GM) zeigt der Karbonatgehalt die größte Schwankungsbreite (Calcit: 0 – 87 Gew.-%, Dolomit: 0 – 27 Gew.-%), in der Tonmineralogie (TM) der Smektit (0 – 78 Gew.-%). Die Auswertungen in Richtung Zusammenhänge mit den geologischen und lithologischen Einheiten sind noch im Gange. Es zeigen sich aber in der Zuordnung der Median-Gehalte der Minerale zu den einzelnen Gebieten deutliche regionale Unterschiede, siehe Abbildung 18. Die mittleren Calcitgehalte schwanken zwischen 0 und 27 Gew.-%, die Dolomitgehalte zwischen 1 und 17 Gew.-%, die der quellfähigen Schichtsilikate zwischen 1 und 10 Gew.-%, und in der Tonmineralogie liegt der mittlere Smektitgehalt zwischen 2 und 44 Gew.-%, vgl. Abbildung 19.

Abbildung 18: Verteilung der durchschnittlichen gesamtmineralogischen Zusammensetzung der Böden und Gesteine in den Weinbauzentren (Median, Fraktion < 2 mm, Gewichts-%, n: Anzahl der Proben)

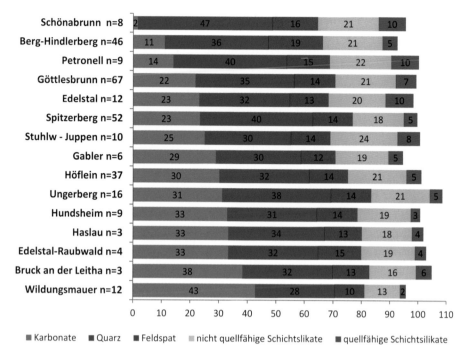

Quelle: Wimmer-Frey in Heinrich et al. (2012d)

Abbildung 19: Verteilung der durchschnittlichen tonmineralogischen Zusammensetzung der Böden und Gesteine in den Weinbauzentren (Median, Fraktion < 0,002 mm, Gewichts-%, n: Anzahl der Proben)

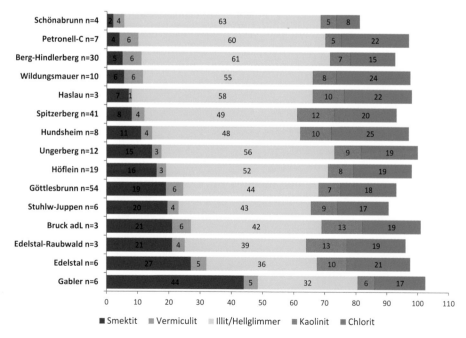

Quelle: Wimmer-Frey in Heinrich et al. (2012d)

Zu den Ergebnissen der umfangreichen sedimentologischen, mineralogischen und geochemischen Untersuchungen, a) bezogen auf die einzelnen Weinbauzentren/Detailgebiete und b) der einzelnen, tw. gemeinsam mit Bodenphysik und Bodenchemie, tw. nur geologisch untersuchten Aufschlüsse (Bodenprofile, Bohrungen), wird auf den Projektbericht (Heinrich et al., 2012a) und auf das folgende Kapitel 8.3.4 verwiesen, wo beispielhaft Ergebnisse dargestellt sind.

8.3.4   Geophysik und synoptische Darstellung der Bodenprofile

Methodik

Gemessen wurde die Verteilung des scheinbaren elektrischen Widerstandes nach der Methode Automatic Resistivity Profiling (ARP-Technologie nach Cassassolles, 2011) in drei Tiefenstufen, 0 – 0,5 m, 0 – 1,0 m und 0 – 1,7 m Tiefe, an 300 ha ausgewählter Parzellen. Die Messungen wurden von der französischen Firma Geocarta im Herbst 2010 mit dem mobilen Mehrfachelektrodensystem, GPS und einem Quad durchgeführt. Der spezifische Widerstand eines Bodens entspricht seiner Fähigkeit, den Durchfluss eines elektrischen Stroms zu beschränken, er wird in Ohm-m (Ω.m) angegeben. Dieser Parameter ist eng mit ständigen und variablen Boden bzw. Untergrund eigenen Merkmalen verbunden, wie beispielsweise dem Tongehalt, dem Wassergehalt, der Textur, der Struktur, der Tiefe, der Art des geologischen Substrats und der Verdichtung. Die Kartierung des scheinbaren Widerstands der Böden (bzw. des Untergrundes) bringt folglich ihre flächige und räumliche Variabilität zum Ausdruck. Der Einsatz der Methode kommt aus der Archäologie, wird aber inzwischen im Weinbau vielfach eingesetzt (Balue, 2009, Costantini et al., 2009) und ist von der flächigen Auflösung her bis in den Bereich von 3 m sehr genau, d. h. geht in Richtung „precision viticulture" (Cassassolles et al., 2012). Dargestellt werden die Ergebnisse in Farbkarten, wobei die blaue Farbe die jeweils niedrigsten Werte, grüne und gelbe Farbe Zwischenwerte und rotschwarze Farbe die jeweils höchsten Widerstandswerte darstellen. In trockenem Zustand weisen im Allgemeinen niedrige Widerstandswerte auf feinkörnige Sedimente und hohe Widerstandswerte auf grobkörnigen Aufbau hin. Die Interpretation der Messergebnisse bedarf jedoch guter Kenntnis der regionalen Geologie und der Verifikation durch Aufschlüsse, da sich gleiche Wertespannen aus verschiedenen Eigenschafts- und Zustandskombinationen ergeben können. Da eine absolute Interpretation der Widerstandswerte nicht möglich ist, wurden in dem Projekt die Ergebnisse möglichst vieler Aufschlüsse (Bodenprofile, Bohrungen) und der an ihren Proben gewonnenen Analysenresultate neben die dort gemessenen Widerstandswerte (0 – 1,7 m) gestellt. Zusätzlich wurden thematisch-spezifische Beurteilungen zu Bodenphysik und Wasserhaushalt, Bodenchemie und Nährstoffen und Auswertungen zu Gesteinsbeschaffenheit (Geologie und Zusammensetzung nach Mineralogie, Korngrößen und Chemie) zur Interpretation herangezogen. Zur Methodik der einzelnen Untersuchungen siehe Heinrich et al. (2012a).

Ergebnisse

Das Profil Berg 1 zeigt beispielhaft Ergebnisse für einen flächig-geoelektrisch vermessenen Bereich und die gemeinsam bodenphysikalisch, bodenchemisch und geologisch/mineralogisch untersuchten Bodenprofile, vgl. Abbildung 20 bis Abbildung 24. Die Widerstandsverteilung um den Profilpunkt Berg 1 (vgl. Abbildung 20) ergibt sich aus dem relativ hohen Sandgehalt, während die rot-schwarzen Farben östlich davon bereits auf grusig verwittertem Granit liegen.

Abbildung 20: *Widerstandsverteilung (Ω.m) in der Tiefenstufe 0 – 1,7 m und Lage des Bodenprofils Berg 1 (roter Pfeil)*

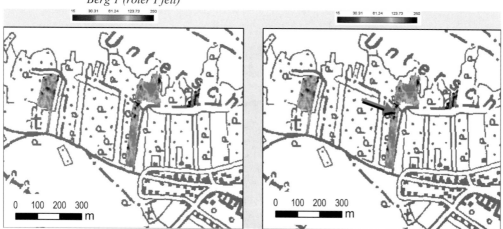

Quelle: Eigene Grafik, Widerstandsmessung: Geocarta (Cassassolles, 2011), Topographie KM50-R © BEV 2013, vervielfältigt mit Genehmigung des BEV – Bundesamtes für Eich- und Vermessungswesen in Wien, T2013/96173

Das Profil Berg 1 stellt einen Kulturrohboden aus kalkhaltigem Feinsediment dar. Die Krume ist schwach humos, gering karbonathaltig und (schwach) alkalisch. Der Karbonatgehalt dieses Weingartenbodens steigt ab 15 cm Bodentiefe in den mittleren Bereich (> 15 %). Die Bodenart ist in allen Horizonten, von der Krume bis zum Unterboden ein schluffiger Sand. Die Lagerungsdichte ist in allen Horizonten gering. Die Krume hat eine mittlere nutzbare Feldkapazität, eine hohe Luftkapazität und eine mittlere bis hohe gesättigte Wasserdurchlässigkeit. Die gesättigte Wasserdurchlässigkeit ist im Unterboden hoch. Die pflanzenverfügbare Wasserspeicherfähigkeit des 1 Meter Profils ist hoch und beträgt ca. 240 mm.

Abbildung 21: *Das Profil Berg 1 mit einer Horizontierung Ap: 0 – 30 cm, AC: 30 – 35 cm und C: ab 35 cm; im Foto (links) und Diagramm zur Korngrößenverteilung (rechts) Korngrößen < 2 mm nach ÖNORM L 1061-2, Korngrößen > 2 mm nach ÖNORM L 1061-1*

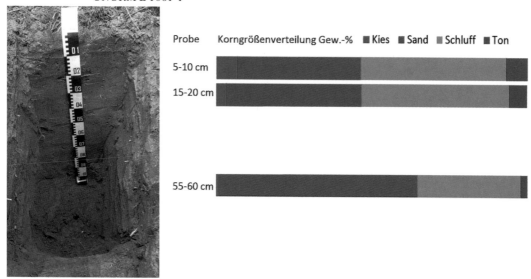

Quelle: Foto: H. Reitner 2010, Daten: Eigene Grafik, Daten: Murer in Heinrich et al. (2012a)

Abbildung 22:   Bodenphysikalische Parameter der Proben Profil Berg 1; Porenanteil nach
ÖNORM L 1068;   Wasserdurchlässigkeit   nach   ISO/DIS   11275;   nutzbare
Feldkapazität   nach   AG Boden   (2005)   und   Murer   (1998);   Luftkapazität:
Gesamtporenvolumen minus Feldkapazität nach AG Boden (2005)

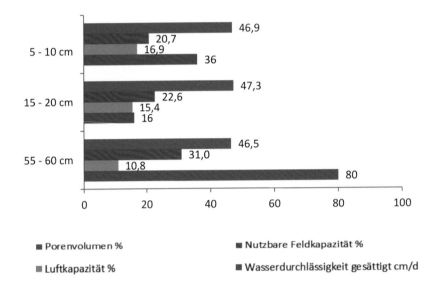

Quelle: Eigene Grafik, Daten: Murer in Heinrich et al. (2012a)

Nach der bodenchemischen Beurteilung des Profils (vgl. Abbildung 23) zeigt sich die Krume als
schwach humos und (schwach) alkalisch. Der Karbonatgehalt ist mittel (>15 %). Die
pflanzenverfügbaren Phosphorgehalte sind im Oberboden aufgrund der Düngungsmaßnahmen sehr
hoch bis hoch und fallen im Unterboden auf die sehr niedrige Versorgungsstufe ab. Der leichte Boden
ist in den ersten beiden Tiefenstufen (Oberboden) hoch mit „pflanzenverfügbaren" CAL löslichem K
versorgt, im Unterboden gehen die Kaliumgehalte – nicht ganz so drastisch wie bei P – auf die sehr
niedrige Versorgungsstufe zurück. Im Vergleich zu P dürfte mehr Kalium aus dem Ausgangsgestein
nachgeliefert werden. Der Oberboden ist hoch mit Mg versorgt, das K/Mg-Verhältnis befindet sich im
günstigen Bereich (1,7:1 - 5:1). Der Oberboden ist mit den Spurenelementen B, Cu, Zn, Fe und Mn
ausreichend versorgt. Die Austauschkapazität liegt in den ersten beiden Horizonten im (niedrigen)
Normalbereich (10-40 cmol$_c$/kg Boden), im Unterboden ist sie als niedrig zu bezeichnen. Aufgrund des
karbonatreichen Ausgangsgesteins ist der Sorptionskomplex überwiegend mit Ca belegt. Die
Humusgehalte sind niedrig. Die elektrische Leitfähigkeit ist gering. Die Kalkaktivität befindet sich im
mittleren Bereich (4,5-5,0).

Abbildung 23: Bodenchemische Parameter der Proben Profil Berg 1; effektive Kationen-Austauschkapazität (KAK), Gehalt an pflanzenverfügbarem P und K (CAL), Gehalt an pflanzenverfügbarem Magnesium $CaCl_2$, Karbonatgehalt, Gehalt an organischem Kohlenstoff C_{org}, Gehalt an pflanzenverfügbarem (EDTA-löslichem) Eisen (Fe), Mangan (Mn), Kupfer (Cu) und Zink (Zn), Gehalt an pflanzenverfügbarem Bor (B)

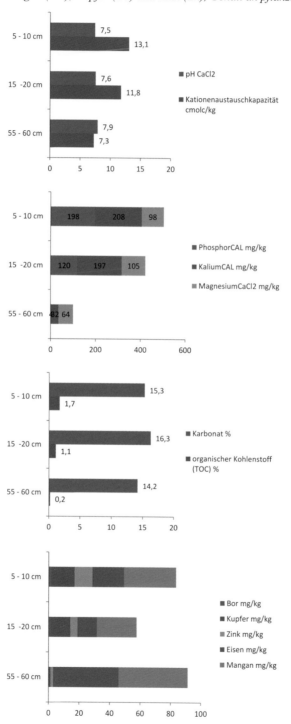

Quelle: Eigene Grafik, Daten: Spiegel in Heinrich et al. (2012a)

Geologisch betrachtet besteht der Gebirgsstock Hindlerberg – Königswarte (siehe Abbildung 24) aus Granit, der am Höhenrücken zu Tage tritt und auf dem die höchstgelegen Weingärten der Berger Gegend situiert sind. Ganz im Osten bei Berg wird der Granit an der Oberfläche von Paragneis abgelöst. Hangabwärts ist der Granit von Neogensedimenten (Ober-Pannonium), von Löss, tw. von verschwemmtem Löss und von den Sedimenten kleiner Gerinne und ihrer Schwemmfächer bedeckt. In der Ebene südwestlich Berg mit den östlichsten Weingärten liegen Terrassenschotter (Schotter der Gänserndorfer Terrasse, Riß, meist mit Löss bzw. Lehmauflage). Die Neogensedimente zeigen, wie in den anderen Gebieten auch, kleinräumigen, lithologischen Wechsel und alle Übergänge von tonig-schluffig über sandig bis zu kiesig.

Abbildung 24:   Geologische Karte Detailgebiet Berg – Hindlerberg

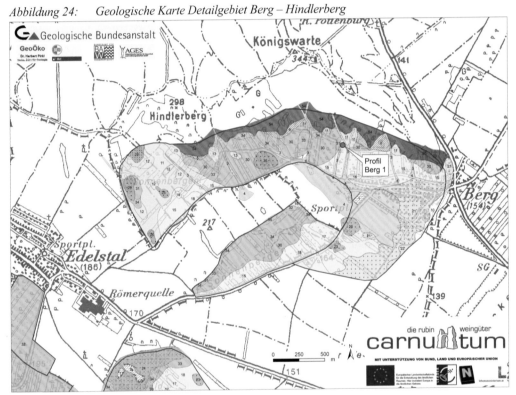

Quelle: Heinrich in Heinrich et al. (2012a), Originalmaßstab 1:12.500; Topographie KM50-R © BEV 2013, vervielfältigt mit Genehmigung des BEV – Bundesamtes für Eich- und Vermessungswesen in Wien, T2013/96173

Legende: **Quartär***: 1: Anschüttungen, 3, 4: Ablagerungen lokaler Gerinne, Schwemmfächer, 6: verwitterter Granit, 7 - 10: Fließerden, Hangabschwemmungen, tw. mit Grus und Steinen, 11-13: Wechsel von Löss und Fließerden, tw. mit Grus und Steinen, 15, 16: Löss, 17, 18: Löss mit Schotterstreu, Löss(lehm) auf Terrassenschotter, 21 - 29: Terrassenschotter Riß, Mindel, Günz,* **Neogen des Wiener Beckens***: 30 - 35: Sedimente des Ober-Pannonium nicht differenziert bzw. fein- bis grobkörnig,* **Grundgebirge der Hainburger Berge***: 54: Wolfsthaler Granit, 55: Paragneis von Berg*

Im Profil Berg sind bis zu einer Tiefe von 20 cm Schluff dominierte Sedimente mit Sandgehalten von bis zu 30 Gew.-% anzutreffen, die als Lössschleier gedeutet werden, darunter folgt ein praktisch kiesfreier, stark schluffiger Sand (vgl. Abbildung 21). Mineralogisch unterscheidet sich diese sanddominierte Probe durch einen deutlich höheren Dolomit- und Quarzgehalt sowie niedrigere Hellglimmergehalte von den Proben aus den obersten 20 cm des Profils. Die Fraktion < 2 µm zeigt zudem einen Anstieg des Vermiculitanteils, vgl. Abbildung 25.

Abbildung 25:   *Mineralogische und tonmineralogische Zusammensetzung der Proben Bodenprofil*
           Berg 1

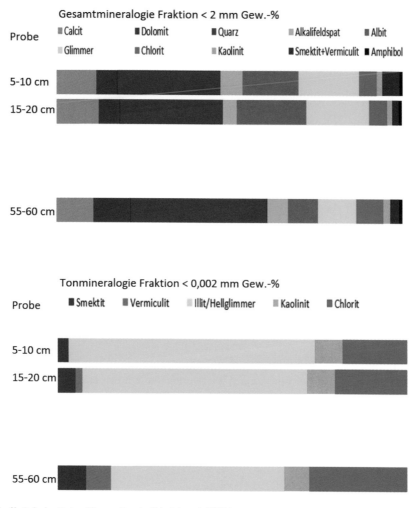

Quelle: Grafik: Rabeder, Daten: Wimmer-Frey in Heinrich et al. (2012a)

8.4   WINZERBEFRAGUNG UND AUSBLICK

Als Ersatz für die ursprünglich geplante, aber aus finanziellen Gründen nicht gleichzeitig durchführbare Beteiligung von Teams der Höheren Bundeslehranstalt und des Bundesamtes für Wein- und Obstbau Klosterneuburg im Hinblick auf die Anknüpfung bzw. Rückkoppelung von /mit Weinbau, Biologie und Wein, wurde ein Fragebogen an die Winzerinnen und Winzer der Rubin Carnuntum Weingüter ausgeschickt. Der Fragebogen wurde im Team gemeinsam entworfen und umfasst Fragen zu Lokalität, Alter der Anlage, Beobachtungen zur Phänologie und allfälligen Änderungen in den letzten Jahren, Frost-, Hagel- und Erosionsschäden, Wasserversorgung, Unterlagen, Rebsorten, Zuckergehalten, Lesezeitpunkt, Bodenbearbeitung, Begrünung, Laubarbeiten, Stock- und Reihenabstand, Laubwandhöhe und allfällig auftretenden Krankheiten. Zudem wurde nach bereits vorhandenen Bodenanalysen gefragt, vgl. Kapitel 8.3.2. Für die Ergebnisse wurde eine eigene Datenbank (Abbildung 26) entwickelt und durch die Verortung der angegeben Grundstücke wurde eine Verarbeitung im GIS möglich.

Abbildung 26:   Beispiel für das Datenbankformular mit mehreren Registerblättern

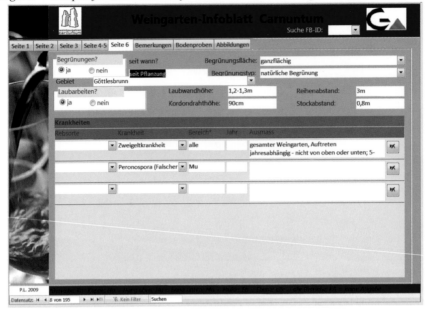

Quelle: Lipiarski in Heinrich et al. (2012a)

Die Ziele der Fragebogen-Aktion waren:

a)   Erhebung ergänzender Informationen für die themenspezifischen Grundlagen Klima, Boden und Geologie

b)   Überprüfung bzw. Rückkoppelung der Winzererfahrung mit den erarbeiteten Ergebnissen zu den einzelnen Themenblöcken

c)   Unterstützung bei der Auswahl der Profilstandorte

d)   Aufgreifen der weinbaulichen Erfahrung zur Abgrenzung und Beschreibung von Lagen mit einheitlichen naturräumlichen Eigenschaften.

Tabelle 1:   Auszug aus den gebietsweisen Auswertungen der Fragebögen

Gebiet	Anzahl der Weingärten mit beantworteten Fragebögen	Wasserversorgungsprobleme ja	Wasserversorgungsprobleme nein	Zweigeltkrankheit ja	andere Krankheiten oder Mängel	Hagel	Frost	starker Wind	Erosion	Nebel	Bodenbearbeitung ja	Bodenbearbeitung nein	Begrünung ja	Begrünung nein	Laubarbeiten ja	Laubarbeiten nein
Berg - Hindlerberg	6	3	3	1	1	2	1	2	3		5	1	6		6	
Bruck an der Leitha	1		1				1	1			1		1		1	
Edelstal	1	1				1		1			1		1		1	
Edelstal - Raubwald	2	1	1		2	1		1	2		2		2		2	
Gabler	1		1					1			1		1		1	
Göttlesbrunn	93	23	70	47	36	63	27	12	27	16	67	26	93		90	3
Haslau	1		1	1			1	1				1	1		1	
Höflein	59	14	45	26	19	46	7	2	22	12	24	35	58	1	48	11
Hundsheim	9	1	8	1		8					9		9		8	1
Petronell - Carnuntum	3	3			1	3	1		1			3	3		3	
Schönabrunn	1	1			1		1			1	1		1			1
Spitzerberg	12	7	5	2	3	8	1	4	5		11	1	12		12	
Stuhlwerker und Juppen	1		1		1			1	1		1		1		1	
Ungerberg	4	2	2		3	3	2	2	2		4		3	1	4	
Wildungsmauer	1	1				1	1	1		1	1		1		1	

Quelle: Heinrich in Heinrich et al. (2012a)

Neben der tabellarischen Auflistung zu den in Tabelle 1 angeführten Themen wurden auch die Themen Sorten und Unterlagen ausgewertet. Die ergänzenden Informationen zu den einzelnen Themen wurden in die jeweiligen Themenkapitel zu Klima, Boden und Geologie eingegliedert und diskutiert (siehe Heinrich et al., 2012a). Abbildung 27 zeigt die Auswertung der Fragebögen durch GIS-Verschneidung von gemeldeten Frostschäden mit der Seehöhe. Wertvolle Dienste erwiesen die Fragebögen bei der Auswahl der Profilstandorte für die gemeinsame Untersuchung und Analytik.

Abbildung 27:   Beispiel für die Fragebogenauswertung durch GIS-Verschneidung von Frostschäden und Seehöhe und Angabe von betroffenen Hangpositionen, n: Anzahl der Meldungen von Frostschäden

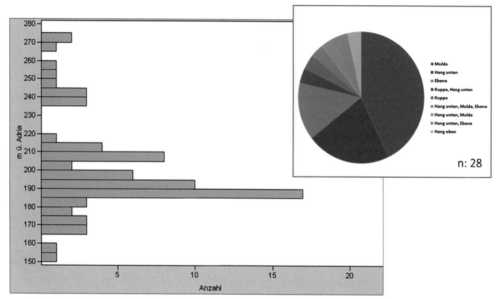

Quelle: *H. Reitner in Heinrich et al. (2012a)*

Insgesamt sind Fragebögen zu 195 Weingärten beantwortet worden, die Verteilung auf die Detailgebiete (vgl. Tabelle 1) und innerhalb dieser ist allerdings sehr unterschiedlich und nicht zur Gänze zufriedenstellend, da mehrere, auch bedeutende Winzer sich nicht an der Beantwortung der Fragebögen beteiligt haben.

Dennoch bieten die Fragebögen noch viel Auswertungspotenzial. Für die angestrebte weiterführende Studie, in die auch der Weinbau und der Wein einbezogen werden sollen, stellen die vorliegenden Fragebogen-Antworten eine wertvolle Wissensgrundlage und einen Ausgangspunkt dar, auf den weiter aufgebaut werden kann. Insbesondere die geographische Ortung macht eine Verknüpfung mit verschiedenen anderen räumlichen Parametern der Fragebögen selbst, aber auch mit den erworbenen Ergebnissen zu Ausgangstein, Mineralogie und Geochemie, Boden und Wasserverhältnissen sowie Klima möglich.

Letztlich sind auch die vorgestellten Ergebnisse der spezifischen Fachbereiche und ihre Integration bisher nur erste Grundlagen im Hinblick auf den Weinbau, die einerseits immer weiter detailliert werden können und andererseits durch weitere Verknüpfungen und frische Blickwinkel neue Aussagen für die Weinbaupraxis auch im Hinblick auf den Klimawandel bringen können.

Danksagung

Die Studie erfolgte im Auftrag der Rubin Carnuntum Weingüter und mit Unterstützung von Bund, Land Niederösterreich und Europäischer Union, dafür sei herzlich gedankt!

MIT UNTERSTÜTZUNG VON BUND, LAND UND EUROPÄISCHER UNION

Spezieller Dank gilt Bernhard Fischer von RÖMERLAND Carnuntum und Johann Graßl von den Rubin Carnuntum Weingütern für die Unterstützung des Projektes und die unbürokratische Zusammenarbeit.

Adel Fardossi und Philippe Ricoux wird für konstruktive Diskussionsbeiträge herzlich gedankt!

Besonderer Dank aber gilt den weiteren zahlreichen Mitarbeiterinnen und Mitarbeitern des Projektes, die nicht alle unter dem Titel Platz finden: **Bodenchemie**: M. Aichinger, A. Baumgarten, G. Dersch, N. Schlatter, G. Unger, E. Karger, A. Klee, R. Körner, C. Loritz, E. Mifek, M. Mazorek, Th. Nemejc, B. Roy, K. Swoboda; **Bodenphysik**: F. Aigner, E. Pecina; **Klima**: M. Heilig, W. Laube, Ph. Grabenweger, M. Trnka; **Bodentemperatur- und Niederschlagsmessung**: B. Atzenhofer; **Probenaufbereitung und Analytik Geologie**: P. Akrami, L. Barbir, Ch. Benold, W. Denk, G. Hobiger, D. Levacic, H. Pirkl, L. Pöppel, J. Rabeder, I. Wimmer-Frey; **Geophysik**: G. Bieber, A. Römer; **Geologische Kartierung und Digitalisierung**: P. Havlíček, O. Holásek, I. Lipiarska, P. Lipiarski, S. Pfleiderer, Th. Untersweg, M. Vachek.

8.5   BIBLIOGRAPHIE

AG Boden (1994): Ad-hoc-AG Boden: Bodenkundliche Kartieranleitung. 4. Aufl., Schweizerbart, Hannover.

AG Boden (2005): Ad-hoc-AG Boden: Bodenkundliche Kartieranleitung. 5. Aufl., Schweizerbart, Hannover.

Balue, M. (2009): La résistivité des sols. – La Vigne, No 215, Dec. 2009, 2 Bl., France.

BMLFUW (2003): Richtlinien für die sachgerechte Düngung im Weinbau. Hrsg. Fachbeirat für Bodenfruchtbarkeit und Bodenschutz. Bundesministerium für Land- und Forstwirtschaft, Umwelt und Wasserwirtschaft, Wien.

BMLFUW (2006): Richtlinien für die sachgerechte Düngung. Anleitung zur Interpretation von Bodenuntersuchungsergebnissen. 6. Auflage. Fachbeirat für Bodenfruchtbarkeit und Bodenschutz. Bundesministerium für Land- und Forstwirtschaft, Umwelt und Wasserwirtschaft, Wien.

Cassassolles, X. (2011): Kartographie der Weinbauparzellen Messung des spezifischen elektrischen Widerstandes der Böden mit einem ARP-System. – Unveröff. Bericht i. A. "die rubin carnuntum weingüter", 14 Bl., illustr., Paris.

Cassassolles, X., Ossard, J., Marciset, J.-M. & Dabas, M. (2012): Mesure de la résistivité électrique des sols: de la characterérisation des terroirs à la modulation des intrants phytosanitaires / Soil electrical resistivity measurement: from terroir characterization to within-field crop inputs management. – IXe International Terroirs Congress 2012, June 25-29 2012, Vol 2, Session 6, 6-14 - 6-17, 5 Fig., Bourgogne – Dijon – Champagne – Reims.

Costantini, E.A.C., Andrenelli, M.C., Bucelli, P., Magini, S., Natarelli, L., Pellegrini, S., Perria, R., Storchi, P. & Vigbnozzi, N. (2009): Strategies of ARP application (Automatic Resistivity Profiling) for viticultural precision farming. – Geophysical Research Abstracts, Vol. 11, EGU2009-8061-1, 2009, EGU General Assembly 2009, Wien.

Eitzinger, J., Laube, W., Gerersdorfer, Th., Grabenweger, Ph., Reitner, H., Heinrich, M. & Murer, E. (2012): Naturraumanalyse im Weinbaugebiet Carnuntum – Klima/Analysis of the natural environment in the wine-growing district of Carnuntum – Climate. – "Ernährung sichern - trotz begrenzter Ressourcen" Tagungsbericht 67. ALVA Jahrestagung, LFZ Schönbrunn, 4.-5. Juni 2012, S. 125-127, 1 Abb., Wien.

Eitzinger, J., Kersebaum, K.C. & Formayer, H. (2009): Landwirtschaft im Klimawandel – Auswirkungen und Anpassungsstrategien für die Land- und Forstwirtschaft in Mitteleuropa. http://de.agrimedia.com, 320, Agrimedia, D-29459 Clenze, Deutschland; ISBN: 978-3-86037-378-1.

Heilig, M. (2010): Regionale Klimadiagnose Niederösterreich. Räumliche Detailanalyse mit multivariaten Klimafaktoren. Endbericht, Dezember, 2010. Auftrag Kennzeichen WA2-A-51/004-2005 vom 23.07.2007. Amt der NÖ Landesregierung, Abt. Wasserwirtschaft, Abt. Hydrologie, 3109 St. Pölten.

Heinrich, M., Eitzinger, J., Murer, E., Pirkl, H. & Spiegel, H. mit Beitr. von A. Baumgarten, G. Bieber, G. Dersch, M. Heilig, G. Hobiger, P. Lipiarski, S. Pfleiderer, J. Rabeder, H. Reitner, A. Römer, N. Schlatter, T. Untersweg und I. Wimmer-Frey (2012a): Darstellung der naturräumlichen Gegebenheiten und interdisziplinäre Erfassung der weinbaulichen Funktionen im Weinbaugebiet Carnuntum. – Unveröff. Bericht i. A. die rubin carnuntum weingüter mit Unterstützung von Bund, Land und Europäischer Union, xv+244 S., illustr., 5 Anh, 6 Beil., Wien.

Heinrich, M., Eitzinger, J., Murer, E., Pirkl, H. & Spiegel, H. (2012b): Naturraumanalyse im Weinbaugebiet Carnuntum – Einführung/Analysis of the natural environment in the wine-growing district of Carnuntum, Austria – Introduction. – "Ernährung sichern - trotz begrenzter Ressourcen" Tagungsbericht 67. ALVA Jahrestagung, LFZ Schönbrunn, 4.-5. Juni 2012, S. 113-115, Wien.

Heinrich, M., Hobiger, G., Pirkl, H., Rabeder, J., Reitner, H. & Wimmer-Frey, I. (2012c): Naturraumanalyse im Weinbaugebiet Carnuntum - Geologie/Analysis of the natural environment in the wine-growing district of Carnuntum, Austria - Geology. – "Ernährung sichern - trotz begrenzter Ressourcen" Tagungsbericht 67. ALVA Jahrestagung, LFZ Schönbrunn, 4.-5. Juni 2012, S. 116-118, 1 Abb., 1 Tab., Wien.

Heinrich, M., Wimmer-Frey, I., Rabeder, J., Reitner, H., Hobiger, G., Baumgarten, A., Eitzinger, J., Gerersdorfer, Th., Grassl, J., Laube, W., Murer, E., Pirkl, H. & Spiegel, H. (2012d): Clay Mineralogy Characteristics of the Carnuntum wine growing area, Austria /Caractéristiques de la minéralogie d'argiles dans la région vinicole de Carnuntum, Autriche. – IXe International Terroirs Congress 2012, June 25 - 29 2012, Vol 1, Session 4, Posters 4-48 - 4-50, Bourgogne - Dijon - Champagne - Reims.

Heinrich, M. & Reitner, H. mit Beitr. von Bauer, H. & Schuster, R., Bieber, G. & Römer, A., Hobiger, G., Lipiarska, I., Lipiarski, P., Pfleiderer, S., Pirkl, H., Plan, L. & Exel, Th., Rabeder, J. & Wimmer-Frey, I. (2012e): Ergänzende Erhebung und zusammenfassende Darstellung des geogenen Naturraumpotentials im Bezirk Bruck an der Leitha. – Unveröff. Bericht 2. Jahr, Bund-/Bundesländer-Rohstoffprojekt N-C-70/2011, Bibl. Geol. B.-A, / Wiss. Archiv, 3+51 Bl., illustr., 3 Anhänge., Wien.

Hoch, F. & Fischer, H. (1986): Erläuterungen zur Bodenkarte 1:25.000: Kartierungsbereich 114 Bruck an der Leitha und Bodenkarte 1:25.000. – Bundesanstalt f. Bodenwirtschaft, 250 S., illustr., 11 + 3 Bl., Wien.

Huglin, P. (1978): Nouveau mode d'évaluation des possibilités héliothermique d'un milieu viticole. C.R. Acad. Agric., 1117-1126.

Kandeler, E. (1993): Bestimmung der N-Mineralisation im anaeroben Brutversuch. In: Schinner, F. et al. (Hrsg.): Bodenbiologische Arbeitsmethoden. Springer Verlag, Berlin.

Murer, E. (1998): Modelle für die ungesättigte Bodenzone. Die Ableitung der Parameter eines Bodenwasserhaushaltsmodells aus den Ergebnissen der Bodenkartierung. Schriftenreihe des BAW, Band 7, 89-103.

Murer, E., Wagenhofer, J., Aigner, F. & Pfeffer, M. (2004): Die nutzbare Feldkapazität der mineralischen Böden der landwirtschaftlichen Nutzfläche Österreichs. – Schriftenreihe BAW, Bd. 20, 72 – 78, Wien.

Murer, E. & Pecina, E. (2012): Naturraumanalyse im Weinbaugebiet Carnuntum – Bodenphysik und Bodenwasseraushalt/Analysis of the natural environment in the wine-growing district of Carnuntum, Austria – Soil physics and soil water balance. – "Ernährung sichern – trotz begrenzter Ressourcen" Tagungsbericht 67. ALVA Jahrestagung, LFZ Schönbrunn, 4.-5. Juni 2012, S. 119-121, 3 Abb., Wien.

Schneider, W., Nelhiebel, P., Aust, G., Wandl, M. & Danneberg, O.H. (2001): Die landwirtschaftliche Bodenkartierung in Österreich. Bodenaufnahmesysteme in Österreich. – Mitt. der Österr. Bodenkundl. Ges., Heft 62, 39-68.

Schwarzecker, K. (1980): Erläuterungen zur Bodenkarte 1:25.000: Kartierungsbereich 64 Hainburg an der Donau und Bodenkarte 1:25.000. – Bundesanstalt f. Bodenwirtschaft, 223 S., illustr., 8 + 2 Bl., Wien.

Spiegel, H., Baumgarten, A., Schlatter, N., Dersch, G. & Heinrich, M. (2012): Naturraumanalyse im Weinbaugebiet Carnuntum – Bodenchemie und Nährstoffe/Analysis of the natural environment in the wine-growing district of Carnuntum – Soil chemistry and nutrients. – "Ernährung sichern – trotz begrenzter Ressourcen" Tagungsbericht 67. ALVA Jahrestagung, LFZ Schönbrunn, 4.-5. Juni 2012, S. 122-124, 1 Abb., Wien.

Supper, R., Römer, A., Jochum, B., Bieber, G., Ita, A., Löwenstein, A. & Ottowitz, D. (2012): Bodengeophysikalische Messungen zur Unterstützung geologischer Kartierarbeiten, sowie von hydrogeologisch- und rohstoffrelevanten Projekten. – Unveröff. Bericht Bund/Bundesländer-Rohstoffprojekt Ü-LG-035/10, Bibl. Geol. B.-A. / Wiss. Archiv, 241 Bl., 225 Abb. 17 Tab., Wien.

Wagner, J. (2001): Bodenaufnahmesysteme in Österreich. Bodenschätzung in Österreich. – Mitt. der Österr. Bodenkundl. Ges., Heft 62, 69-104, Wien.

Wieshammer, G. (2006): Boden-Monolithe aus dem Weinbaugebiet Carnuntum. Beschreibung der Bodenprofile. Chemische Analysen. – Unveröff. Bericht G. Wieshammer, Techn. Büro für Bodenkultur, 29 Bl., illustr., Wien.

9 Objektivierung der geländeklimatischen Bewertung der Weinbaulagen Österreichs am Beispiel Retz

von Herbert Formayer*, Otmar Harlfinger**, Erich Mursch-Radlgruber*, Helga Nefzger*, Nikolaus Groll* und Helga Kromp-Kolb*

9.1 EINLEITUNG

Ziel dieser Arbeit war es ein objektives Verfahren abzuleiten, mit dem die geländeklimatologische Eignung beliebiger Standorte in Österreich für den Weinbau bestimmt werden kann. Im ursprünglichen Konzept des Projektes sollte hierfür das dichte meteorologische Messnetz der Firma ADCON im Weinbaugebiet Retz für die räumliche Differenzierung der meteorologischen Kenngrößen verwendet werden. Leider hat sich im Zuge des Projektes herausgestellt, dass die Messgenauigkeit der Temperatursensoren der ADCON-Stationen nicht ausreicht, um die kleinräumige Differenzierung innerhalb der Weinbaugebiete richtig abzubilden. Dennoch gelang es, für das Weinbaugebiet Retz ein akzeptables Interpolationsverfahren für die relevanten Größen zu entwickeln. Dies verdanken wir dem Umstand, dass die meteorologische Station der Zentralanstalt für Meteorologie und Geodynamik (ZAMG) in Retz im Jahre 1994 vom Stadtrand Retz (im Talbereich) auf den Standort „Windmühle" rund 60 Höhenmeter über dem Talbereich verlegt wurde und eineinhalb Jahre beide Stationen parallel gemessen haben. Das in diesem Projekt entwickelte Modell für die räumliche Bestimmung des „potenziellen Mostgewichtes" wurde daher anhand der Daten des Weinbaugebietes Retz entwickelt. Generell kann jedoch dieses objektive Verfahren auf alle Weinbauregionen in Österreich übertragen werden, sofern sie über eine hinreichende Zahl an meteorologischen Stationen und über mehrjährige Messungen des Mostgewichtes zur Kalibrierung des Modells verfügen.

9.2 AUSWERTUNG DER ADCON-STATIONEN

Als Basis für die geländeklimatologische Differenzierung der Weinbauregionen sollten die meteorologischen Daten der ADCON-Klimastationen verwendet werden. Durch die hohe räumliche Dichte der ADCON-Stationen in der Weinbauregion (Abbildung 1) und die Messungen direkt im Bestand steht umfassendes Datenmaterial zur Verfügung. Um die kleinräumigen klimatologischen Unterschiede auflösen zu können, müssen die meteorologischen Messungen jedoch von hoher Qualität sein.

* Universität für Bodenkultur Wien, Institut für Meteorologie

** Klimareferat der Österreichischen Bodenschätzung

Abbildung 1:   ADCON-Klimastationen im Raum Retz

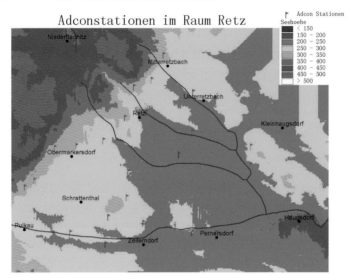

9.2.1   Methodik der Vergleichsmessungen

Um die Datenqualität der ADCON-Klimastationen zu überprüfen, wurden während der Vegetationsperiode an drei Stationen im Raum Retz Vergleichsmessungen durchgeführt. Die Referenzmessung erfolgte mit einer geeichten Station des Institutes für Meteorologie der Universität für Bodenkultur (siehe Abbildung 2). Die Referenzstation besteht aus einem Vaisala Humicap Feuchtesensor (Genauigkeit ± 2 %) mit Strahlungsschutz, einem feinen Thermoelement mit Strahlungsschutz zur Temperaturmessung, einem LI-COR Strahlungssensor und einen Campbell Datalogger (CR10). Die Klemmtemperaturmessung des Thermoelementes erfolgte mit einem 10TCRT Referenzthermistor von Campbell (Genauigkeit ± 0,1 °C). Die Erfassung der Thermospannung des Thermoelementes erfolgte differenziell. Alle zehn Sekunden wurde eine Messung durchgeführt, aus denen 15-Minuten-Mittelwerte berechnet und abgespeichert wurden. Die Sensoren wurden möglichst nahe am ADCON-Sensor montiert. Jede Vergleichsmessung dauerte einige Wochen, damit ein möglichst breites Witterungsspektrum abgedeckt wurde.

Abbildung 2:   Vergleichsmessung mit der geeichten Referenzstation des Institutes für Meteorologie mit einer ADCON-Klimastation

9.2.2 Ergebnisse der Vergleichsmessungen

In der Vegetationsperiode 2002 konnten an drei ADCON-Stationen Vergleichsmessungen durchgeführt werden. Hierbei handelte es sich um die Standorte Retz-Altenberg, Pillersdorf und Kleinrieden bei Unterretzbach. Die Vergleichsmessungen erfolgten an jedem Standort während mehrerer Wochen, so dass sowohl Schön- als auch Schlechtwetterperioden erfasst wurden.

In Abbildung 3 bis Abbildung 5 sind die Werte der relativen Luftfeuchtigkeit dargestellt. Generell konnte eine sehr gute Übereinstimmung bei der Feuchtemessung beobachtet werden. Die mittlere Differenz (Referenzstation minus ADCON-Station) betrug -3,6, -1,6 und -2,2 Prozent. Alle drei ADCON-Stationen zeigen dabei leicht höhere Werte als die jeweilige Referenzstation an. Da die Unterschiede jedoch in der gleichen Größenordnung wie die Messgenauigkeit des Referenzsensors sind, können diese Abweichungen nicht mehr eindeutig interpretiert werden. Die Messung der Luftfeuchte durch die ADCON-Stationen erfolgt an diesen drei Standorten mit hinreichender Genauigkeit für unsere Fragestellung. Da keine der Stationen größere Abweichungen aufwies und alle ADCON-Stationen baugleich sind, kann man davon ausgehen, dass der gesamte Luftfeuchtedatensatz dieselbe Qualität aufweist.

Abbildung 3:   *Ergebnis der Vergleichsmessung für die relative Luftfeuchte in Retz Altenburg (alte Station)*

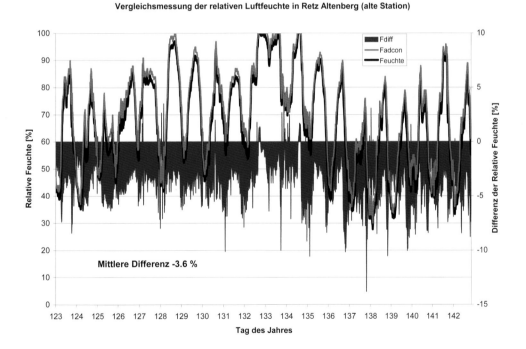

Abbildung 4:   Ergebnis der Vergleichsmessung für die relative Luftfeuchte in Pillersdorf

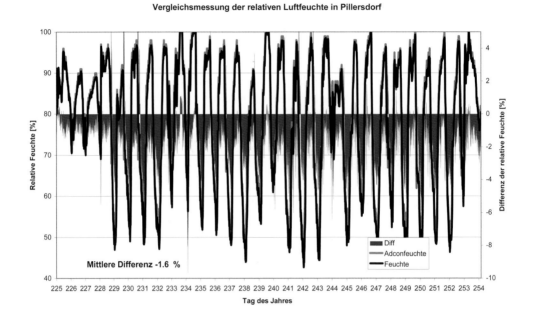

Abbildung 5:   Ergebnis der Vergleichsmessung für die relative Luftfeuchte in Unterretzbach

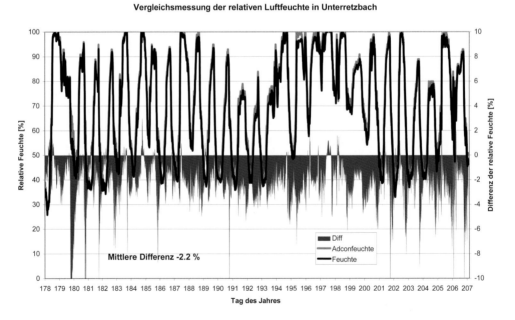

In Abbildung 6 bis Abbildung 8 sind die Ergebnisse der Vergleichsmessungen für die Temperatur dargestellt. Bei der Temperatur zeigen sich große Unterschiede. Alle drei ADCON-Stationen sind durchgängig zu warm. Die mittlere Differenz betrug -0,97, -0,92 und -0,61 °C. Dass die Station Retz-Altenberg zu warm ist, ist auch den Betreibern aufgefallen. Daher war zum Zeitpunkt der Vergleichsmessung bereits eine neue Station aufgestellt worden. Die neue Station war in rund zehn Metern Entfernung installiert. Der Vergleich mit der neuen Station ist in Abbildung 9 dargestellt. Bei dieser beträgt die mittlere Differenz nur -0,16 °C und es kommen sowohl positive als auch negative Abweichungen vor.

Die Abweichung bei der Temperatur (abgesehen von der neuen Station in Retz-Altenberg) setzt sich aus zwei unterschiedlichen Effekten zusammen: Einerseits sind die ADCON-Temperaturen generell zu warm (Offset), andererseits zeigen die Abweichungen einen klaren Tagesgang, was auf einen Strahlungsfehler hinweist. In Abbildung 10 und Abbildung 11 sind ausgewählte Tagesgänge der Temperatur und der Strahlung für Retz-Altenberg (neue Station) und Unterretzbach dargestellt. Man erkennt, dass die Differenzen in den Nachtstunden am geringsten sind und mit zunehmender Strahlung größer werden. Der Strahlungsfehler kann jedoch nicht direkt als Funktion der Einstrahlung abgeschätzt werden, da die Sensoren mitten im Bestand angebracht sind und durch die Blätter abgeschattet werden. Das Offset der Stationen könnte auf einen Alterungseffekt zurückgehen, da es bei der neu installierten Station in Retz-Altenberg noch nicht auftritt. Ob es sich hierbei um einen allmählichen Alterungsprozess des Sensors handelt oder um eine Änderung verursacht durch Verschmutzung (z.B. durch Spritzmittel), konnte nicht restlos geklärt werden. In Gesprächen mit der Herstellerfirma stellte sich heraus, dass diese sich der Problematik des Strahlungsfehlers durchaus bewusst war.

Abbildung 6:   Ergebnis der Vergleichsmessung für die Lufttemperatur in Retz-Altenberg (alte Station)

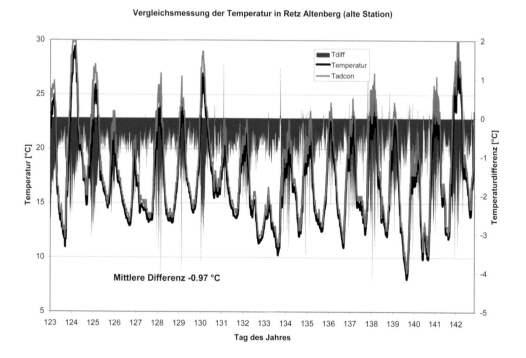

Abbildung 7:   Ergebnis der Vergleichsmessung für die Lufttemperatur in Pillersdorf

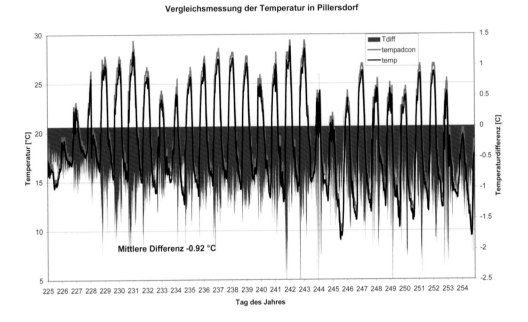

Abbildung 8:   Ergebnis der Vergleichsmessung für die Lufttemperatur in Unterretzbach

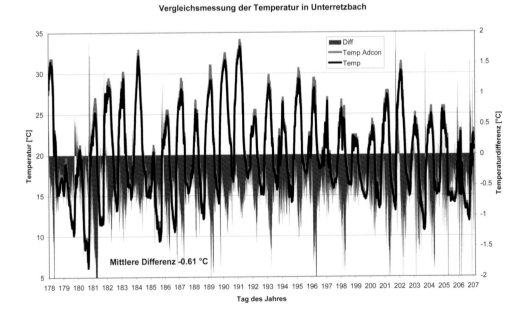

Abbildung 9:   Ergebnis der Vergleichsmessung für die Lufttemperatur in Retz-Altenberg neue Station

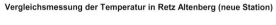

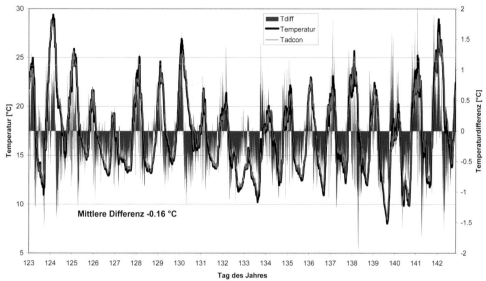

Abbildung 10:   Tagesgang der Temperatur und der Strahlung in Retz-Altenberg (neue Station) am 5. und 6. Mai

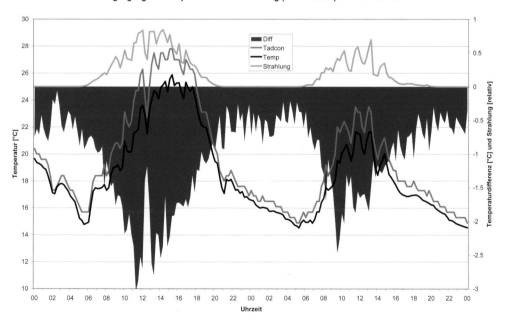

Abbildung 11:   Tagesgang der Temperatur und der Strahlung in Unterretzbach am 8. und 9. Juli

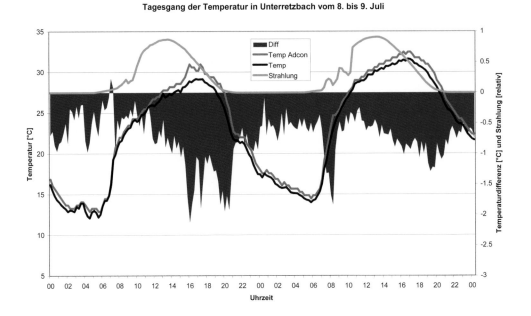

Der beobachtete Strahlungsfehler bleibt zeitlich nicht konstant, da durch das Verwachsen der Sensoren im Laufe der Vegetationsentwicklung unterschiedliche Bestrahlungsbedingungen vorherrschen, die noch dazu von Jahr zu Jahr verschieden sind. Auch das beobachtete Offset ist zeitlich nicht konstant und daher im Nachhinein nicht korrigierbar. Da für die räumliche Interpolation in den Weinbaugebieten Temperaturgradienten für einen Höhenbereich von nur 100 bis 200 m Seehöhe abgeleitet werden müssen, müsste zumindest eine Messgenauigkeit von 0,2 °C erreicht werden. Dies wird speziell zum Zeitpunkt des Tagesmaximums von den Adcon-Stationen bei weitem nicht erreicht. Eine direkte Verwendung der ADCON-Temperaturen für unsere Fragestellung ist daher nicht möglich.

9.3   ZUSAMMENHANG MOSTQUALITÄT UND KLIMA

Dass der Weinbau und die Weinqualität spezielle Klimaanforderungen stellen, ergibt sich schon aus den klar klimatologisch abgegrenzten Weinanbaugebieten. Auch die Differenzierung bei den Spitzenweinen nach Jahrgang oder die genaue Angabe der Riede belegen den Einfluss der Witterung von Jahr zu Jahr und die kleinräumigen topographischen Unterschiede. Versucht man diesen Klimaeffekt jedoch objektiv zu quantifizieren, stößt man auf einige Schwierigkeiten. Dies rührt daher, dass nicht allein das Klima für die Mostqualität verantwortlich ist, sondern auch viele andere Faktoren eine Rolle spielen. Hierzu zählt der Einfluss des Bodens, die verwendete Rebe und Unterlage bzw. deren Kombination, und natürlich der Einfluss der Bewirtschaftung (Rebstockdichte, Mengenreduktion etc.), die den Weinbauern ein gewisses Maß an Handlungsspielraum gewähren.

Will man gezielt den Effekt des Klimas herausfiltern, so muss sichergestellt werden, dass die anderen Einflussfaktoren möglichst konstant gehalten werden, da ansonsten das Klimasignal „verrauscht" wird und keine verlässlichen Zusammenhänge abgeleitet werden können.

Als quantitatives Maß für die Mostqualität wurde in dieser Arbeit der Zucker- und der Säuregehalt verwendet. Verwendet man Analyseergebnisse von Proben, die aus einer Mischung von verschiedenen Rieden stammender Weintrauben bestehen, so erzielt man nur eine geringe Korrelation zwischen Mostqualität und Klima. Es wurde daher versucht, möglichst unvermischte Mostqualitätsproben zu erhalten. In enger Zusammenarbeit mit der Weinbauschule Retz und hier insbesondere mit Ing. Walter Pollak ist es gelungen, eine kontinuierliche Zeitreihe mit Mostqualitätsangaben zum Lesetermin für die Sorte Grüner Veltliner von der Riede Retz-Altenberg von 1984 bis 2001 zusammenzustellen. Ganz wesentlich für unsere Arbeit waren auch die vom REBPROG-Projekt (Projektnummer: BWO 00 22 33) publizierten Mostanalysen. In diesem Projekt werden ab der 34. Kalenderwoche wöchentlich Mostanalysen durchgeführt, um den Reifeverlauf zu dokumentieren, und auf der Internetseite des Bundesamtes für Wein und Obstbau Klosterneuburg publiziert (REBROG 2004). Diese Proben werden immer an denselben Stellen durchgeführt, so dass der die Witterung jener Parameter ist, der sich am stärksten ändert. Diese Daten erscheinen daher für die Ableitung des Klimaeffektes besonders gut geeignet.

9.3.1   Temperatursummenverfahren nach Harlfinger

In seinen Arbeiten für die Bodenschätzung des Finanzministeriums hat O. Harlfinger ein Temperatursummenverfahren abgeleitet (Harlfinger und Knees 1999; Harlfinger 2002), welches auch recht gut für die Definition von Weinbaugebieten geeignet ist. Zur Absicherung seiner Ergebnisse aus vorherigen Arbeiten musste in diesem Projekt umfassend getestet werden, wie gut der Zusammenhang dieser Temperatursumme und der Mostqualität von unbeeinflussten Qualitätsproben ist. Harlfinger definiert sein Temperatursummenverfahren folgendermaßen:

$$\mathbf{Tsum = \Sigma T_{14}}$$
$$\text{wenn } \mathbf{T_{min} >= 5\,°C} \text{ und } \mathbf{T_{max} >= 15\,°C}$$

Tsum: = Temperatursumme nach Harlfinger
T_{14}: = Temperatur um 14 Uhr (Tagesbasis)
T_{min}: = Temperaturmittel (Tagesbasis)
T_{max}: = Temperaturmaximum (Tagesbasis)

Innerhalb eines Jahres werden demnach von allen Tagen, an denen das Tagesminimum zumindest 5 °C und das Tagesmaximum 15 °C erreicht, die 14 Uhr Werte aufaddiert. Der Temperaturwert um 14 Uhr hängt sehr stark mit der Sonneneinstrahlung am jeweiligen Tag zusammen. Daher ist diese Temperatursumme nicht nur ein Maß für die thermischen Bedingungen einer Region, sondern auch für die Strahlungsbedingungen.

9.3.2   Aufbereitung der meteorologischen Daten

Um die Mostqualitätszeitreihe der Riede Retz-Altenberg auszuwerten, mussten die meteorologischen Daten von 1984 bis 2004 aufbereitet werden. Hierzu wurde die Daten der Klimastation der Zentralanstalt für Meteorologie und Geodynamik (ZAMG) verwendet. Die ZAMG betrieb in dem Zeitraum 1. Jänner 1984 bis 31. Mai 1995 eine Station mit der Kennung 901 am Stadtrand von Retz auf einer Seehöhe von 256 m. Vom 1. Jänner 1994 bis laufend befindet sich die Station mit der Kennung 905 auf dem Standort Retz Windmühle auf 320 m Seehöhe. Durch die eineinhalb Jahre Parallelmessung ist es möglich, einen repräsentativen Datensatz für die Riede Altenberg zu erzeugen, da diese Riede ungefähr in derselben Seehöhe wie die Station Retz Windmühle liegt. Hierfür wurden für die Temperaturen im Jahre 1994 Vertikalgradienten abgeleitet und mit diesen die Zeitreihen vor 1994 angepasst. In Abbildung 12 ist die Validierung dieser Höhenkorrektur dargestellt. Es ergaben sich erstaunlich hohe Temperaturgradienten. Die Temperaturabnahme pro 100 m für das Tagesmittel beträgt 1,08 °C, für das Temperaturmaximum 1,8 °C und für die Temperatur um 14 Uhr 1,33 °C. Dies kann durch den starken Einfluss des Windes erklärt werden. Am Talboden wo die 901er Station stand, wurden wesentlich geringere Windgeschwindigkeiten beobachtet als am Standort Windmühle. (Nicht zufällig wurde die Windmühle an diesem Standort errichtet!) Dies wirkt sich besonders auf die Temperaturmaxima und den 14-Uhr-Wert aus, der sehr nahe dem Temperaturmaximum ist, aus.

An der Station Retz Windmühle wird auch die Globalstrahlung und die Sonnenscheindauer gemessen, bei der Station 901 wurde hingegen nur die Sonnenscheindauer gemessen. Um für die Abschätzung des Strahlungseffektes einen einheitlichen Datensatz für die Strahlung zur Verfügung zu haben, wurde mittels linearer Regression die Globalstrahlung aus der Sonnenscheindauer geschätzt. In Abbildung 13 ist das Ergebnis dieser Regression dargestellt.

Für den Standort Retz Windmühle wurde anschließend die Temperatursumme berechnet. In Abbildung 14 ist das Ergebnis für den Zeitraum 1984 bis 2003 dargestellt. Die Variabilität von Jahr zu Jahr ist hoch; besonders auffällig ist das Jahr 2003 mit der ungewöhnlich hohen Temperatursumme von 4200 °C.

Abbildung 12:   Beobachtete versus modellierte Temperaturen an der Station Retz Windmühle während der Vegetationsperiode 1994

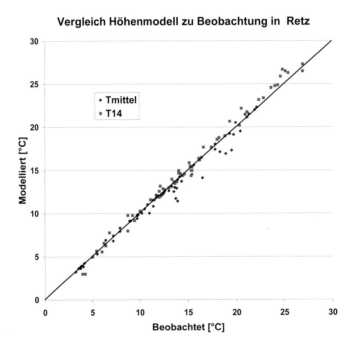

Abbildung 13: Zusammenhang Sonnenscheindauer – Globalstrahlung in Retz

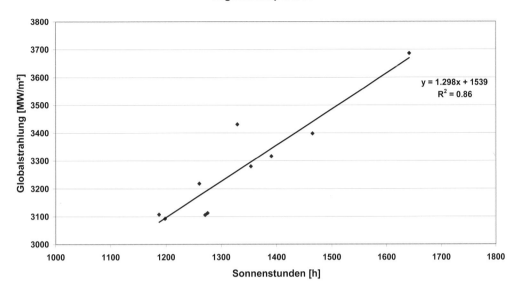

Abbildung 14: Verlauf der Temperatursummen am Standort Retz Windmühle von 1984 bis 2003

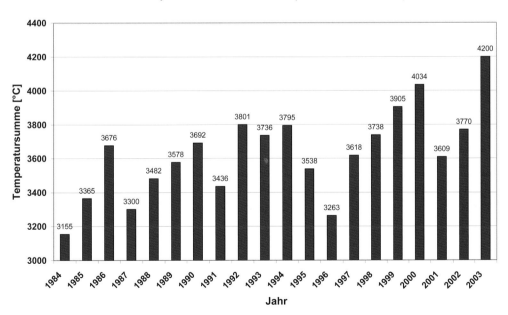

9.3.3   Zusammenhang Temperatursumme Mostqualität

Für die Ableitung des Zusammenhanges Mostqualität und Temperatursumme wurde für das jeweilige Jahr die Temperatursumme bis zur jeweiligen Probenahme berechnet und ein Regressionsmodell erstellt. In Abbildung 15 ist das Ergebnis für das Mostgewicht des Grünen Veltliners der Riede Retz Altenberg dargestellt. Für die Berechnung der Regression wurden die Jahre 1986, 1990 und 1999 nicht verwendet, da es in diesen Jahren durch leider nicht exakt feststellbare externe Faktoren zu ungewöhnlichen Mostgewichten kam. Für den Zusammenhang ergibt sich ein R² von 0,79, das heißt, dass rund 80 Prozent des Zuckergehaltes des Mostes mithilfe der Temperatursumme erklärt werden können. Dies ist ein überraschend gutes Ergebnis, so dass, anders als erwartet, keine Korrekturfunktion für die Ertragsmenge eingeführt werden musste. Erstaunlicherweise spielen offenbar auch andere Einflussfaktoren, die sich innerhalb des 17-jährigen Zeitraums verändern, wie etwa das Alter des Weinstockes, keine wesentliche Rolle.

Verwendet man die Ergebnisse des REBPROG-Programmes, werden die Ergebnisse teilweise sogar besser (siehe Abbildung 16 bis Abbildung 20). Da keine eindeutige Information über die genauen Standorte der Probenahmen erhältlich waren, wurden für die Berechnung der Temperatursumme jeweils die Daten der nächstgelegenen meteorologischen Station verwendet. Im Raum Illmitz dürfte die meteorologische Station für den Ort der Probenahme recht repräsentativ sein, während im Raum Mistelbach die Probenahmestelle etwas kühler zu sein scheint als die meteorologische Station, da die Regressionsgleichung eine etwas langsamere Zunahme des Zuckergehaltes mit der Temperatursumme, sowohl für den Grünen Veltliner als auch für den Zweigelt, ergibt. In den Abbildungen erkennt man, dass nicht nur der Zuckergehalt, sondern auch der Säuregehalt sehr gut mit der Temperatursumme reproduziert werden kann. Da für diese REBPROG-Daten alle anderen Einflussfaktoren konstant angenommen werden können, konnten hier auch komplexere Regressionsgleichungen angesetzt werden.

Abbildung 15:   Zusammenhang Temperatursumme zu Mostgewicht in Retz-Altenberg für die Sorte Grüner Veltliner

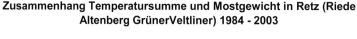

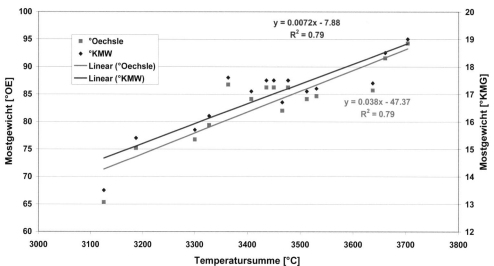

Abbildung 16: Zusammenhang Temperatursumme zu Zucker- und Säuregehalt in Mistelbach für die Sorte Grüner Veltliner

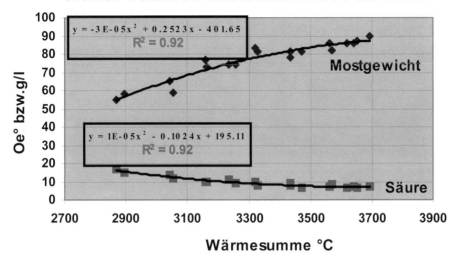

Quelle: Harlfinger und Formayer, 2004

Abbildung 17: Zusammenhang Temperatursumme zu Zucker- und Säuregehalt in Krems für die Sorte Grüner Veltliner

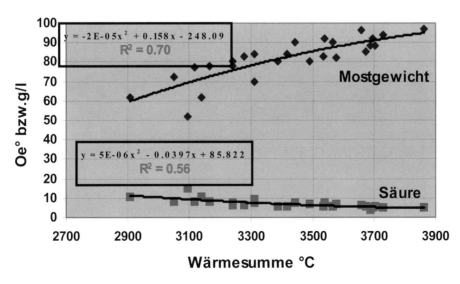

Quelle: Harlfinger und Formayer, 2004

Abbildung 18:　Zusammenhang Temperatursumme zu Zucker- und Säuregehalt in Illmitz für die Sorte Grüner Veltliner

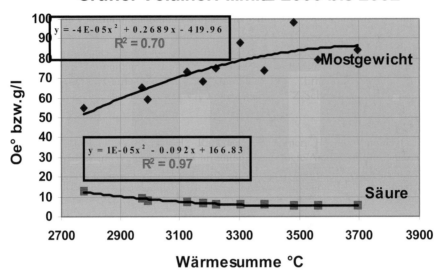

Grüner Veltliner: Illmitz 2000 bis 2002

$y = -4E-05x^2 + 0.2689x - 419.96$

$R^2 = 0.70$

$y = 1E-05x^2 - 0.092x + 166.83$

$R^2 = 0.97$

Mostgewicht

Säure

Oe° bzw.g/l

Wärmesumme °C

Quelle: Harlfinger und Formayer, 2004

Abbildung 19:　Zusammenhang Temperatursumme zu Zucker- und Säuregehalt in Mistelbach für die Sorte Zweigelt

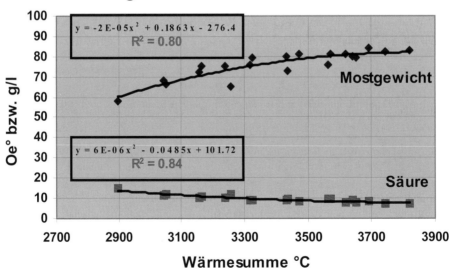

Zweigelt: Mistelbach 2000 bis 2002

$y = -2E-05x^2 + 0.1863x - 276.4$

$R^2 = 0.80$

$y = 6E-06x^2 - 0.0485x + 101.72$

$R^2 = 0.84$

Mostgewicht

Säure

Oe° bzw. g/l

Wärmesumme °C

Quelle: Harlfinger und Formayer, 2004

Abbildung 20: *Zusammenhang Temperatursumme zu Zucker- und Säuregehalt in Illmitz für die Sorte Zweigelt*

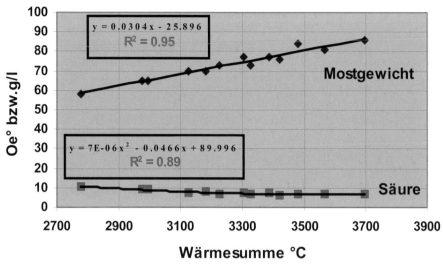

Quelle: Harlfinger und Formayer, 2004

In der Abbildung 21 sind die Regressionsgeraden für die verschiedenen Gebiete und Sorten zusammengefasst. Die Geraden für den Grünen Veltliner sind alle sehr ähnlich, wobei auch hier die Gerade von Mistelbach am niedrigsten liegt. Weiters erkennt man sehr gut, dass die klimatologischen Ansprüche des Zweigelts deutlich höher liegen als beim Grünen Veltliner.

Abbildung 21: *Regressionsgeraden für die verschiedenen Gebiete und Sorten für das Mostgewicht*

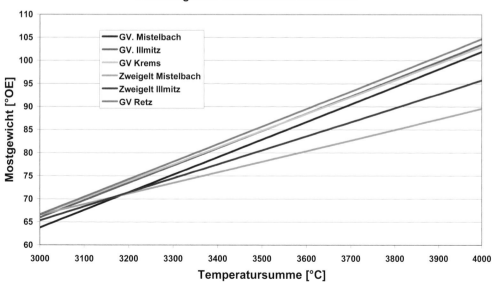

Die Ergebnisse dieser Regressionen bestätigen eindrucksvoll, dass das Temperatursummenverfahren nach Harlfinger sehr gut in der Lage ist, sowohl den Zuckergehalt als auch den Säuregehalt zu reproduzieren.

Die Absolutwerte, die dieses Regressionsmodell liefert, hängen natürlich direkt mit den Probedaten zusammen und gelten demnach nur für Standorte mit den gleichen Randbedingungen (Boden, Unterlage etc.). Verwendet man die hier abgeleiteten Zusammenhänge um flächendeckend aus Temperatursummen Mostgewichte oder Säuregrade abzuleiten, so müssen die Ergebnisse als potenzielle Mostgewichte bzw. Säuregehalte interpretiert werden, die aufträten, wären die Randbedingungen gleich oder sehr ähnlich jenen der Standorte, für die der Zusammenhang abgeleitet wurde. Man erkennt also, ob das Klima im Verhältnis zu den Referenzstandorten günstiger oder ungünstiger ist.

9.4 ÜBERTRAGUNG DER PUNKTDATEN IN DIE FLÄCHE

Da die ADCON-Stationen für die flächige Interpolation der relevanten meteorologischen Faktoren leider nicht verwendet werden konnten, wurde versucht mithilfe der Stationen der ZAMG und indirekt abgeleiteter räumlicher Funktionen ein Interpolationsverfahren für die Temperatursumme zu entwickeln. Die relevanten raumbezogenen Größen für die Interpolation der Temperatursumme sind die Seehöhe und die Strahlung. Die Seehöhenabhängigkeit der Temperatur innerhalb des Weinbaugebietes konnte im Raum Retz durch die Verlegung der ZAMG-Station und der Parallelmessung über 17 Monate gut abgeleitet werden.

9.4.1 Einfluss der Strahlung

Um den Einfluss der Strahlung auf die Temperatur abzuleiten, wurden im Rahmen dieses Projektes einige Sondermessungen am Goldberg im Burgenland, im Raum Mödling und im Raum Retz selbst durchgeführt. Bei diesen Messungen zeigte sich, dass aus kurzfristigen Messungen über einige Wochen kein eindeutiger und übertragbarer Zusammenhang zwischen der Temperatur und der Strahlung hergestellt werden kann. An allen Standorten zeigte sich, dass der Wind einen extrem starken Einfluss auf das Temperaturverhalten hatte. Um hier robuste Funktionen ableiten zu können, müssten zumindest über eine gesamte Vegetationsperiode hinweg sowohl die Temperatur als auch die Strahlung und der Wind für verschiedene Hangausrichtungen und Hangneigungen gemessen werden. Da sich jedoch besonders unter Schönwetterbedingungen lokale thermische Winde ausbilden können, ist selbst dann noch nicht sichergestellt, dass übertragbare Funktionen abgeleitet werden können. Die Erfahrungen und Ergebnisse dieser Sondermessungen konnten daher nicht direkt für die Entwicklung des Interpolationsverfahrens verwendet werden.

Um die unterschiedliche Bestrahlung im Gelände und deren Einfluss auf die Temperatursumme zu quantifizieren, wurde die Globalstrahlung explizit modelliert und der Zusammenhang zwischen Temperatursumme und Globalstrahlung direkt aus den unterschiedlichen Bedingungen im Zeitraum 1984 bis 2003 abgeleitet. Dies ist gerechtfertigt, da die Variabilität von Jahr zu Jahr größer ist als die kleinräumige Differenzierung innerhalb der Weinbaugebiete. In Abbildung 22 ist der Zusammenhang Summe der Globalstrahlung während der Vegetationsperiode (1. April bis 30. September) und der Temperatursumme in Retz Windmühle dargestellt. Hierbei wurde das relative Verhältnis, also die relative Strahlungsanomalie zur relativen Temperatursummenanomalie, aufgetragen. Man erkennt, dass rund 32 Prozent der Variabilität in den Temperatursummen durch die Globalstrahlung erklärt werden können. Dies verdeutlicht, dass die Temperatursumme nach Harlfinger nicht nur ein Maß für die thermischen Eigenschaften einer Region darstellt, sondern auch stark von der Einstrahlung geprägt ist. Weiters erkennt man in der Darstellung, dass eine Reduktion der Globalstrahlung direkt auf die

Temperatursumme übertragen werden kann. Eine Strahlungsreduktion von einem Prozent führt zu einer Reduktion der Temperatursumme um 0,94 Prozent.

Zur Modellierung der Einstrahlungsbedingungen für den Raum Retz wurde ein digitales Höhenmodell von Österreich[1] mit 10 m Auflösung herangezogen, aus dem die Information über Hangausrichtung und Hangneigung ermittelt werden konnte. Die Modellierung der Globalstrahlung erfolgte mit der GIS-Applikation „Solar Analyst" für ArcView. Dieses Strahlungsmodell berechnet die Globalstrahlung differenziert nach direkter und diffuser Sonnenstrahlung unter Berücksichtigung der Hangneigung und -ausrichtung und der Abschattung (Fu and Rich 2004). Das Modell berechnet die Strahlungsflüsse mit halbstündiger zeitlicher Auflösung. Die Anpassung an österreichische Bedingungen erfolgte durch den Vergleich mit gemessenen Globalstrahlungsflüssen an mehreren österreichischen Stationen. Um dieses komplexe Modell mit einer annehmbaren Laufzeit für den Raum Retz betreiben zu können, wurde das digitale Höhenmodell auf 50 m aufintegriert. Die Berechnungen selbst wurden dankenswerter Weise von Herrn Andreas Schaumberger von der BAL-Gumpenstein durchgeführt, da diese die Rechenkapazitäten der GIS-Rechner des Institutes für Meteorologie bei weitem überschritten hätten.

Die Globalstrahlung wurde mit dem Solar Analyst für den Zeitraum 1. April bis 30. September berechnet und aufsummiert. Diese Werte wurden dann mit der Globalstrahlung auf einer unbeschatteten Ebene normiert. Das Ergebnis ist in Abbildung 23 dargestellt. Die maximale Überhöhung der Globalstrahlung gegenüber der Ebene beträgt rund sieben Prozent. Die maximale Reduktion beträgt in der Weinbauregion rund 20 Prozent, kann aber in engen Talschluchten wie etwa an der Thaya fast 50 Prozent betragen. Dies ergibt den Reduktionsfaktor aufgrund der räumlichen Strahlungsbedingungen.

Abbildung 22:   Zusammenhang Globalstrahlung – Temperatursumme (relativ) für die Station Retz Windmühle

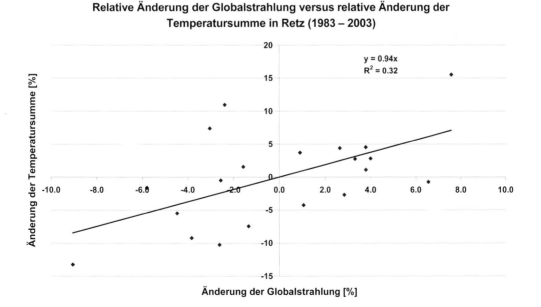

Relative Änderung der Globalstrahlung versus relative Änderung der Temperatursumme in Retz (1983 – 2003)

[1] Mit Genehmigung des Auftraggebers konnte das für ein anderes Projekt des Lebensministeriums (Forschungsprojekt Nr. 1282) zur Verfügung gestellte Höhenmodell auch für das gegenständliche Projekt genutzt werden.

Abbildung 23:   Strahlungsbedingungen im Raum Retz während der Vegetationsperiode relativ zur
Einstrahlung auf eine unbeschattete Ebene

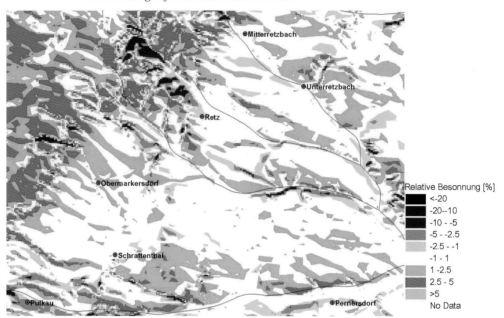

9.4.2   Bestimmung des Seehöheneffektes

Zur Bestimmung des Seehöheneffektes auf die Temperatursumme wurden die in Kapitel 9.3.2 beschriebenen Vertikalgradienten für Temperaturmittel, Maximum und 14 Uhr Wert verwendet. Diese Gradienten wurden in 50-m-Schritten auf die Tageszeitreihe der Station Windmühle für den Zeitraum 1984 bis 2003 angewandt und jeweils die Temperatursumme neu berechnet. In Abbildung 24 ist der zeitliche Verlauf der Temperatursumme für verschiedene Seehöhen dargestellt. Man erkennt, dass die Zeitreihen einigermaßen parallel zueinander verlaufen. Berechnet man aus den einzelnen Jahren und den verschiedenen Höhenstufen die Vertikalgradienten, so zeigt sich doch eine gewisse Streuung zwischen den Jahren, die mit der Seehöhe etwas zunimmt, dennoch sind die Mittelwerte über die Jahre relativ konstant mit der Höhe. Für die Interpolation der Temperatursumme wurde ein mittlerer Gradient von 500 °C pro 100 m verwendet. Dies entspricht einer sehr raschen Abnahme der Temperatursumme mit der Höhe, was großteils mit der Zunahme des Windeinflusses im Übergang vom Flachland zu den umliegenden Hügeln zu erklären ist. Daher darf diese Interpolation nur für die ersten 200 bis 300 m über dem Flachland interpretiert werden.

Abbildung 24: Verlauf der Temperatursummen in Retz in Abhängigkeit von der Seehöhe

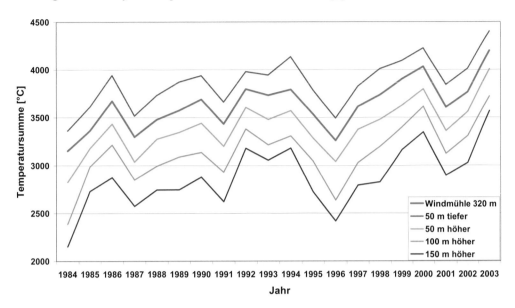

*Abbildung 25: Seehöhenabhängigkeit der Temperatursumme in Retz in verschiedenen Höhenstufen.
Rot ist der Mittelwert der 20 Jahre und die Balken zeigen die Streuung innerhalb der
Jahre*

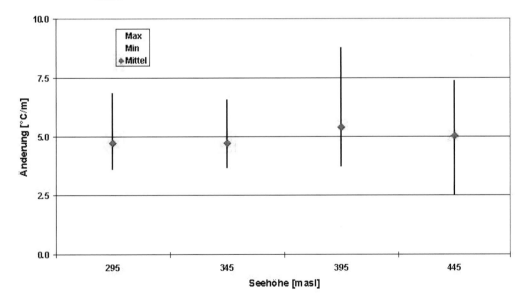

9.4.3   Interpolation der Temperatursumme

Für die Interpolation der Temperatursumme wurde das mittels Seehöhenmodell aus den Temperatursummen an den Messstationen interpolierte Temperaturfeld mit dem Strahlungsfaktor multipliziert. In Abbildung 26 bis Abbildung 28 sind die Ergebnisse für das Mittel der Jahre 1984 bis 2003 und die beiden Extremjahre 1984 (kalt) und 2003 (warm) dargestellt. In Abbildung 26 erkennt man sehr gut den Übergang vom Weinviertel zum Waldviertel, aber auch feinere Strukturen wie Flussläufe und Hügel sind erkennbar. Das zugrunde liegende GIS beinhaltet noch viel mehr Details, da alle 50 m ein Wert berechnet wurde, die jedoch durch die Verwendung von 100 °C-Farbschritten in dem für den Weinbau relevanten Bereich in der Darstellung nicht aufgelöst werden. Vergleicht man die Mittelkarte mit den beiden Extremjahren, erkennt man die große interannuelle Variabilität.

Abbildung 26:   Räumliche Verteilung der Temperatursumme im Raum Retz. Mittel 1984 – 2003

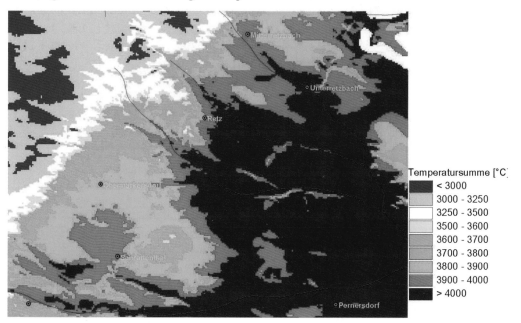

Abbildung 27:   Räumliche Verteilung der Temperatursumme im Raum Retz. Jahr 1984

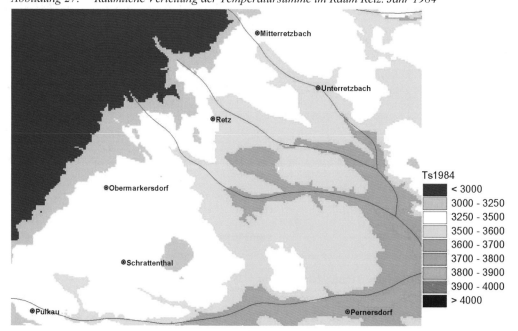

Abbildung 28:   Räumliche Verteilung der Temperatursumme im Raum Retz. Jahr 2003

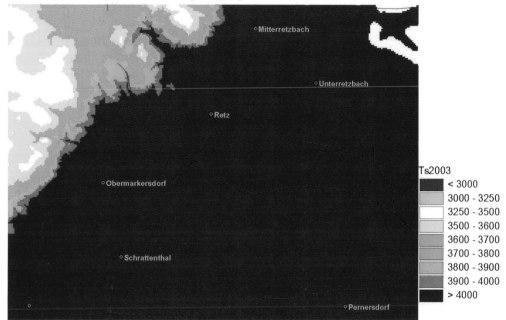

9.4.4   Interpolation des potenziellen Mostgewichtes

Wie in Kapitel 9.3.3 gezeigt, kann diese Temperatursumme mittels Regression direkt in Zucker- bzw. Säuregehalt umgerechnet werden. Für die Interpolation im Raume Retz wurde die lineare Regression für den Grünen Veltliner der Riede Retz-Altenberg zur Berechnung des potenziellen Mostgewichtes verwendet. Wie bereits erwähnt, dürfen diese Mostgewichte nur relativ interpretiert werden. Um die Absolutwerte für einen konkreten Standort zu bestimmen, müssen die anderen Einflussfaktoren auf die Mostqualität mit denen auf der Riede Retz-Altenberg verglichen und zueinander in Relation gestellt werden.

In Abbildung 29 bis Abbildung 31 sind wieder die Ergebnisse für das Mittel (1984 – 2003) und die Extreme dargestellt. In den Abbildungen sind Werte über 20 °KMW nicht mehr aufgelöst. Die Regression zwischen Temperatursumme und Mostgewicht erfolgte in einem Wertebereich von 13 bis 19 °KMW und gilt daher streng genommen nur in diesem Bereich. Werte von 20 °KMW und mehr kennzeichnen daher Gebiete, wo nicht die ganze Temperatursumme des Jahres benötigt wird, um einen ausreichenden Zuckergehalt zu erreichen und früher mit der Lese begonnen werden kann.

Generell kann gesagt werden, dass im Mittel in den Jahren 1984 bis 2003 die thermischen und Strahlungsbedingungen im Raume Retz sehr gut geeignet für den Weinbau waren. Hier wirkt sich der Temperaturanstieg seit dem Zeitraum 1961-1990 positiv aus. Im extrem kühlen Jahr 1984 hingegen wurde es in einigen Rieden schon kritisch, wohingegen im Jahre 2003 Weinbau sogar im Waldviertel möglich gewesen wäre.

Abbildung 29:   Mittleres potenzielles Mostgewicht im Raum Retz für die Jahre 1984 bis 2003.

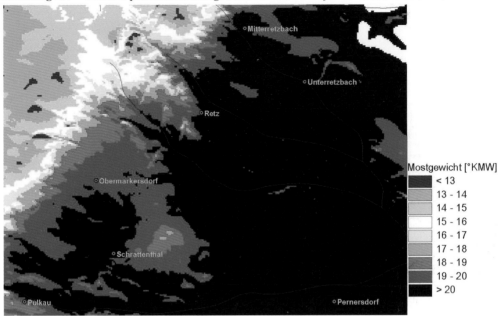

Abbildung 30:   Potenzielles Mostgewicht im Raum Retz für das Jahr 1984

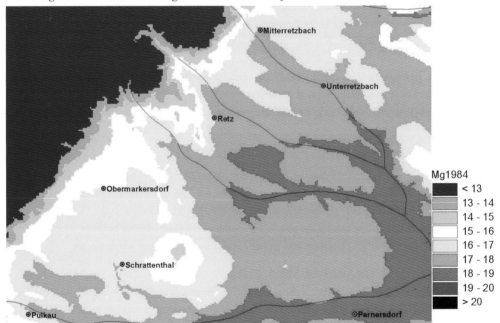

Abbildung 31: Potenzielles Mostgewicht im Raum Retz für das Jahr 2003

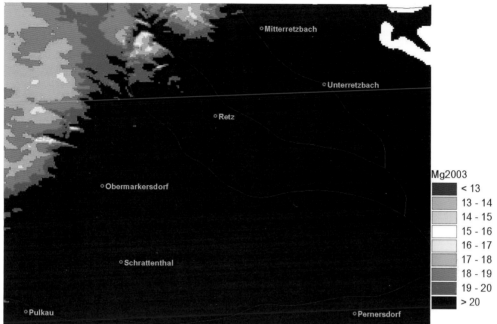

9.4.5   Problem Frost

Die mittels Interpolation gewonnenen Karten der Temperatursumme und des Mostgewichtes implizieren umso günstigere Bedingungen für den Weinbau je tiefer eine Fläche liegt. Dies ergibt sich aus den verwendeten Seehöhenabhängigkeiten. Diese wurden jedoch nur für den Zeitraum April bis September berechnet und die Minimumstemperatur wurde nicht berücksichtigt. Der limitierende Faktor für den Weinbau im Flachland um Retz ist jedoch nicht die während der Vegetationsperiode akkumulierte Temperatursumme, sondern die Frostgefahr. Sowohl Starkfröste im Winter als auch Spätfröste während des Austriebs können zu Schwierigkeiten führen. Die räumliche Ausweisung von frostgefährdeten Gebieten nur anhand meteorologischer Daten ist nahezu unmöglich, da die Windverteilung unter Schwachwindsituationen und die Nebelbildung wesentliche Faktoren sind. Diese Ausweisung kann daher nur qualitativ erfolgen. So sind das Flachland und hier speziell Beckenlagen besonders frostgefährdet, da diese meist windschwach sind und da sich hier die abfließende Kaltluft der umliegenden Hügel sammelt. In einer Kartierung von Starkfrostschäden des Winters 1997 konnte Volopich (1998) zeigen, dass im Raume Retz nur Gebiete bis zu einer Seehöhe von rund 250 m mit 100 % Frostschäden betroffen waren. In einer Auswertung der Station Windmühle und Retz-Stadt (Abbildung 32) ergibt sich ein Frostrisiko für die Station im Flachland in der Zeit vom 20. April bis zum 10. Mai von rund 67 % also etwa zweimal in drei Jahren. Für die Station Windmühle, etwa 60 m über dem Tal, hingegen nur rund 18 %. Da jedoch die Station Retz Stadt nur von 1984 bis 1995 und Retz Windmühle nur von 1995 bis heute Daten lieferte, können diese Wahrscheinlichkeiten nicht direkt verwendet werden, da es in diesem Zeitraum auch einen deutlichen Erwärmungstrend gab. Grob kann man jedoch abschätzen, dass das Spätfrostrisiko im Talbereich etwa doppelt so hoch ist wie an den darüber liegenden Hängen.

Abbildung 32:   Frostrisiko im Raum Retz im Talbereich und ~ 60 m über dem Tal für den Zeitraum
20. April bis 10. Mai

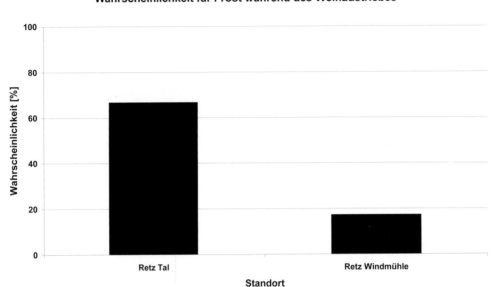

9.5   SCHLUSSFOLGERUNGEN UND AUSBLICK

Mit dem Temperatursummenverfahren nach Harlfinger konnte ein zuverlässiger Indikator für die topoklimatischen Bedingungen für den Weinbau zur Verfügung gestellt werden. Mittels Regressionsmodellen kann die jährliche Variabilität von Zucker- und Säuregehalts reproduziert und sogar der Reifeprozess innerhalb des Jahres nachvollzogen werden. Dieser starke Zusammenhang zwischen Temperatursumme und Reifeprozess lässt vermuten, dass auch andere phänologische Stadien der Weinentwicklung, wie Austrieb und Blühbeginn, gut mit Temperatursummenansätzen nachmodelliert werden können.

Dieses Verfahren ist auch gut für die räumliche Interpolation geeignet, da die Temperatursumme eine starke Höhenabhängigkeit besitzt und die Globalstrahlung ein bestimmender Faktor ist. Die Interpolationsmethode ist auch auf andere österreichische Weinbaugebiete übertragbar. Notwendig hierfür sind jedoch zeitlich aufgelöste Informationen über die Mostqualität, wie sie etwa vom REBPROG-Programm geliefert wurden. Weiters benötigt man Informationen über die vertikalen Temperaturgradienten innerhalb des Weinbaugebietes. Diese Messungen müssen mit hochwertigen meteorologischen Stationen durchgeführt werden, da speziell das Temperaturmaximum extrem empfindlich auf Strahlungsfehler reagiert. Hierzu sollten in erster Linie Stationen der ZAMG verwendet werden. Sind keine oder ist nur eine solche Station zur Verfügung, sollte zumindest während einer Vegetationsperiode eine Messung durchgeführt werden. Die Berechnung des Strahlungseinflusses kann mittels des Strahlungsmodells „Solar Analyst" und eines hochaufgelösten digitalen Höhenmodells mit hinreichender Genauigkeit berechnet werden.

Danksagung

Die Autoren bedanken sich für die zahlreichen Informationen und fruchtbaren Diskussionen mit den Mitarbeitern der weinbaulichen Einrichtungen in Eisenstadt, Klosterneuburg, Krems und Retz. Besonders zu Dank verpflichtet sind wir Herrn Ing. Fiedesser (Weinbauschule Retz) für die Unterstützung bei der Arbeit mit den ADCON-Stationsdaten und Herrn Pollak (Weinbauschule Retz), der uns bei der Aufarbeitung der historischen Mostanalysen wesentlich unterstützt hat. Weiters danken wir Herrn Schaumberger (BAL-Gumpenstein) für die GIS-Unterstützung bei der Berechnung des Strahlungseffektes. Der Zentralanstalt für Meteorologie und Geodynamik sei für die Bereitstellung der meteorologischen Daten gedankt. Abschließend wollen wir uns noch beim Bundesministerium für Land- und Forstwirtschaft, Umwelt und Wasserwirtschaft für die finanzielle Förderung im Rahmen des Forschungsprojektes Nr. 1265 und allgemein für die Unterstützung des Projektes bedanken.

9.6   LITERATUR

Fu Pinde and P.M. Rich (2004): Design and Implementation of the Solar Analyst: an ArcView Extension for Modeling Solar Radiation at Landscape Scales. http://gis.esri.com/library/userconf/proc99/proceed/papers/pap867/p867.htm

Harlfinger O. und G. Knees (1999): Klimahandbuch der österreichischen Bodenschätzung. Teil 1. Universitätsverlag Wagner. 196 pp.

Harlfinger, O. (2002): Klimahandbuch der österreichischen Bodenschätzung. Teil 2. Strahlung, Weinbau, Phänologie. Universitätsverlag Wagner. 259 pp. ISBN: 3-7030-0376-6

Harlfinger O. und H. Formayer (2004): The mesoclimatic conditions for viniculture in Austria. Vortrag O.I.V. Congress, Vienna.

REBPROG (2004): http://www.hblawo.bmlf.gv.at/dienstleistungen/reifeverlauf2001-2003.htm

Volopich R. (1998): Anwendung eines GIS zur ökologischen Charakterisierung von Weinbaustandorten im Retzer Weinbaugebiet. Diplomarbeit an der Grund-und Integrativwissenschaftlichen Fakultät, Universität Wien, 172 pp.

10 Der Weingarten als Tourismusresort: Robuste Strategien der Einkommenssicherung für die Zukunft

von Susanne Kraus Winkler*

10.1   WEIN UND TOURISMUS

Erfolgreicher Weintourismus basiert grundsätzlich auf der Zusammenarbeit von Wein- und Tourismuswirtschaft. Dieser Artikel befasst sich mit der Betrachtung, wie diese Zusammenarbeit heute gestaltet werden muss und ob Wein als touristisch marktfähiges Produkt für eine Weinregion als Nischenthema noch ausreicht, beziehungsweise unter welchen Bedingungen mittels Weintourismus in einer Region erfolgreich und nachhaltig Ganzjahrestourismus aufgebaut werden kann.

10.1.1   Entwicklung des Weintourismus in Österreich

Weinregionen sind größtenteils ländliche Regionen, die im Wettbewerbsdruck zwischen den verschiedenen Destinationen mehr denn je eine klare Positionierung aufweisen müssen. Weinregionen liegen immer in schönen Naturlandschaften, die ein hohes Maß an authentischer Qualität bieten und von tiefer Regionalität geprägt sind, und haben hier als besonders stark ausgeprägte Kulturlandschaften gegenüber anderen ländlichen Gebieten meist einen klaren Vorteil.

Schon seit dem Ende der 80er Jahre ist ein thematisiertes weintouristisches Angebot, vor allem in Niederösterreich, Teil der Marketingstrategie der Tourismuswerbung gewesen. Größte Herausforderung dabei war jedoch schon damals, die Aufbereitung eines marktfähigen touristischen Angebots. Die Gründe dafür sind vielfältig und liegen vor allem auch in der Struktur der involvierten Partner. Die sich immer intensiver entwickelnde hochwertige Weinkultur sprach für eine neuartige Aufbereitung eines weintouristischen Angebots, welches bis dahin hauptsächlich vom persönlich geprägten Weineinkaufsausflug dominiert war. Ausschlaggebend waren sicher auch die Entwicklung zu Qualitätsweinen nach dem Weinskandal in Österreich und der beginnende Generationenwechsel im Bereich der Winzerfamilien.

Umgekehrt waren zu Beginn die größten Herausforderungen für die regionalen Marketingverantwortlichen, wie auch für die regionalen Anbieter, vom Weinbaubetrieb bis hin zur Gastronomie und Hotellerie, vor allem die Kleinstrukturiertheit der Winzer und deren bisher nur wenig auf touristische Bedürfnisse ausgerichtetes Verständnis für eine neue Angebotsentwicklung. Die ersten Versuche, jederzeit abrufbare und interessante sowie vielfältigere weintouristische Angebote zu schnüren, scheiterte oft an dem Unwillen und dem Unverständnis der beteiligten Partner in der Region. Betrachtet man die historische Entwicklung der ersten Weinstraßen in Österreich bis in die 90er Jahre, erhält man ein gutes Zeugnis davon.

Es war relativ schnell klar, dass eine nachhaltige und langfristig fruchtbare Entwicklung eines gut vermarktbaren weintouristischen Angebots nicht nach den bisher üblichen Kriterien möglich war. Bisher ging es meist darum, die einzelnen Anbieter und deren Angebote intelligent zu verknüpfen und entsprechend professionell in den touristisch relevanten Märkten zu kommunizieren.

---

* LOISIUM Hotel Betriebs GmbH & Co. KG

Das funktionierte so in den Weinregionen nicht, da die regionale Weinwirtschaft nicht nur kein Know-how im Aufbereiten passender Angebote hatte, sondern auch größtenteils der Wille und die Bereitschaft, sich auf einer neuen Ebene, die sich nicht nur auf Weinbau und Weinhandel bezog, stärker als bisher zu engagieren und zu involvieren.

Dementsprechend langsam, mühsam und schwerfällig war letztlich auch in den folgenden 20 Jahren die wirklich touristisch professionelle Entwicklung eines Weintourismus, wie wir ihn heute in einigen der Kerngebiete der österreichischen Weinanbaugebiete sehr erfolgreich beobachten können.

Ähnliches konnte auch in anderen europäischen Weindestinationen, hier sind vor allem Frankreich, Italien und Spanien sowie Portugal zu nennen, beobachtet werden.

10.1.2   Weinregionen in Österreich

In Österreich finden derzeit weintouristische Aktivitäten in fast allen Weinregionen des Landes statt, wobei man hier bemerken muss, dass einige der Regionen Wein als innovatives touristisches Zusatzangebot erst relativ spät in das bereits vorhandene touristische Angebot integriert haben.

Welche Ausgangslage für Weintourismus bietet nun das Weinland Österreich?

Österreich ist ein kleines Weinland, geprägt von vielen kleinen Weinproduzenten. Derzeit zählt man seitens der Österreichischen Weinmarketing GmbH rund 20.000 Winzer, die mit 250 Millionen Litern jährlich nicht mal 1 % zur weltweiten Weinerzeugung beitragen.

Die Rebfläche in Österreich umfasst rund 51.000 Hektar, die sich zum größten Teil in den östlichen und südöstlichen Landesteilen befinden. Die Verteilung zwischen Weiß- und Rotwein fällt eindeutig zugunsten des Weißweins aus: 70 % sind mit den 22 für Qualitätsweinerzeugung zugelassenen weißen Rebsorten bestockt. Der Rotweinanteil (13 Sorten) ist in den letzten Jahren auf Grund des Klimawandels auf 30 % angewachsen. (Österreichische Weinmarketing GmbH)

Ein Phänomen, das sich seit rund zehn Jahren mit den nun ersten hochwertigen Rotweinen in klassischen Weißweingebieten klar zeigt. Einer der Pioniere im Kamptal war hier Willi Bründlmayer, der schon frühzeitig auf rote Reben auf Grund des von ihm beobachteten Klimawandels in dieser Region setzte. Die innovativen Winzer der Region zogen schnell mit und mittlerweile hat fast jeder namhafte Winzer, vor allem jene der jüngeren Generation im Kamptal, auch beachtliche Rotweine im Sortiment.

Der größte Teil der österreichischen Weinproduktion wird im Inland konsumiert. 73 % des österreichischen Weinkonsums sind heimische Weine.

Über die Hälfte der Gesamtrebfläche entfällt auf Betriebe mit über fünf Hektar Rebfläche, diese Betriebe sind auch im Export mittlerweile sehr leistungsfähig. Es gibt jedoch kaum Betriebe, die im internationalen Vergleich als groß gelten (mehr als 200 Hektar).

„Österreich ist mittlerweile ein Land der Qualitätsweine, etwa zwei Drittel der Weine sind Qualitätsweine – und einige davon gehören zu den besten der Welt bei Weiß, Rot und Süß!" (www.weinreisenaustria.at).

10.1.3   Die touristische Vermarktung von Weinregionen in Österreich: Der Status quo

Was die Weinregionen betrifft ist, sind für Weinreisen touristisch im "Weinland Österreich" die Weinanbaugebiete in den Bundesländern Niederösterreich und Burgenland mit insgesamt zwölf Weinbaugebieten und das "Steirerland", bestehend aus den drei steirischen Weinbaugebieten, relevant. Die Bundeshauptstadt Wien ist eine eigene Weinbauregion mit immerhin fast 700 Hektar Rebfläche, vermarktet das Thema Wein aber nur im Kontext des städtischen Gesamtangebots. Unter "Bergland Österreich" sind die übrigen Bundesländer zusammengefasst, in denen sich verstreut kleinere Rebflächen befinden, die jedoch touristisch nicht relevant sind.

Abbildung 1:   Weinregionen Österreich

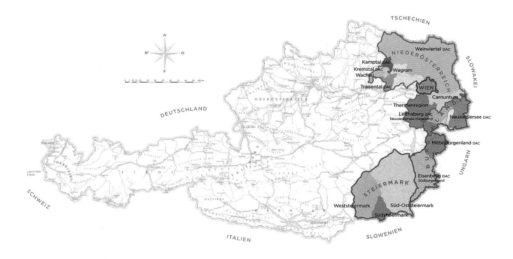

Quelle: © ÖWM (Österreichische Weinmarketing GmbH)

Was man bei der Vermarktung von bestimmten Weinregionen jedoch gerade in den letzten Jahren beobachten konnte ist, dass sich Österreich am internationalen Markt eher mit Namen von erfolgreichen Winzern und in bestimmten Nischen mit Weinsorten wie dem Grünen Veltliner als Kultrebsorte, als über die Namen seiner Weinregionen Bekanntheit geschaffen hat. Derzeit ist es bei der touristischen Vermarktung eines weintouristischen Angebots einer Weinregion oft einfacher, über die bekannten Winzer der Region Interesse zu wecken, als über den Regionsnamen per se.

Österreich kann daher bei der internationalen touristischen Marktaufmerksamkeit in punkto Weintourismus derzeit noch immer nicht mit der entsprechenden Weinregion als touristisches Zugpferd punkten, wie dies bei Namen wie z.B. Toskana, Bordeaux oder ähnlichen möglich ist, sondern muss sich hier über andere weinthemenspezifische Inhalte vermarkten und ins Gespräch bringen. Ausnahmen dazu sind Urlaubsregionen, wie der Neusiedlersee, die sich als Urlaubsregion Bekanntheitsgrad schaffen konnten und Wein dann als eines von mehreren Themen mit vermarkten.

Meist ist es daher eine Verknüpfung von mehreren touristisch relevanten Themen, die eine Region als Urlaubsdestination bekannt gemacht haben. Der Wein als Thema hat dann oftmals die Rolle eines Zusatzprodukts bekommen, das man gerne als Ergänzung in Anspruch nimmt.

10.2   WEIN ALS MARKTFÄHIGES TOURISTISCHES THEMENPRODUKT?

10.2.1   Der Weingarten aus der touristischen Perspektive

Wenn man von den ursprünglichen ersten touristischen Schritten der Weinwirtschaft mit den üblichen Weinverkostungen beim Winzer, zwecks Förderung des Ab Hof Verkaufs, und den damit im Zusammenhang stehenden Kellerbesuchen mit kleinen gastronomischen Angeboten absieht, haben sich erste touristische Produkte in den meisten Weinregionen eher abseits der Winzerangebote entwickelt.

Das Beherbergungsangebot in Weinregionen bestand überwiegend aus kleinen privaten Pensionen oder Privatzimmervermietern, die in erster Linie ein touristisches Basisangebot, nur fokussiert auf Nächtigung und Frühstück, darstellten. Dieses erfüllte rein den Zweck, dem Wein einkaufenden Gast Infrastruktur in Form von Übernachtungsmöglichkeiten anzubieten. Dazu kamen einige wenige Winzer und regionale Gastronomen, die ein besonderes Genussangebot kreierten, bei welchem Wein und Essen kombiniert und auf hohem Niveau angeboten wurde.

Das Interesse des Winzers, Gästen auch Nächtigungsmöglichkeiten zu bieten, bestand zu Beginn einzig darin, die Wahrscheinlichkeit des Weineinkaufs zu erhöhen und damit einfach seinen Wein besser zu verkaufen. Man war sogar eher an einer möglichst kurzen Aufenthaltsdauer interessiert, da dies die Anzahl der an Weinkauf interessierten Gäste und damit die Menge der verkauften Flaschen erhöhte.

Erst mit der Zeit und dem sich verändernden Gästeverhalten entstand eigentlich nachfragegetrieben ein sich immer weiter entwickelndes touristisches Angebot rund um das Thema Wein. Heute kann man sagen, dass zahlreiche Winzer und Tourismusanbieter weltweit in vielen Regionen bereits erfolgreich einen Schulterschluss in der Angebotsentwicklung gemacht haben und damit das Weinthema in vielen Facetten und anspruchsvoll für jede Jahreszeit aufbereitet haben, bzw. ein überregional vermarktbares und ganzjähriges Tourismusangebot erfolgreich zu platzieren versuchen.

Wein ist ein Thema, das grundsätzlich keinem Ablaufdatum unterliegt, seit Jahrhunderten aktuell ist, sich mit jeder Ernte neu erfindet, sich jedem Lifestyle anpassen kann, viele Facetten hat, kreativ für alle Jahreszeiten aufbereitet werden kann und innovativ entwickelt auch für alle touristischen Zielgruppen geeignet scheint.

So gesehen haben sich die für dieses Thema typischen Kriterien, wie die ursprünglich für Weinreisen stark auf die Vegetationsperiode der Reben ausgeprägte Saisonalität, die Hauptausrichtung auf Wein als alkoholisches Getränk und die kurze Aufenthaltsdauer und die damit einhergehende geringe regionale Wertschöpfung, in neue ganzjahresfähige und vielfältig ausgerichtete Reisemotive umwandeln lassen.

Weingartenidylle, Weinstock & Reben, Wein als Naturpflanze, die Kunst des Weinmachens, Geschichten und Mythen des Weins, die Besonderheit des Erlebnisses der Weinregion als außergewöhnliche Naturlandlandschaft, das sportliche Erleben dieser Naturlandschaft, das kontemplative Erleben dieser Naturlandschaft, Wein als alkoholisches aber auch nichtalkoholisches Getränk, Weinseligkeit, Wein als weltweites und sehr traditionelles Thema, die ganze Emotion des Weines, die unterschiedlichsten Wirkungen von Trauben und Wein, von Anti Aging in zahlreichen neuartigen Kosmetik- und Spaprodukten bis zu gesundheitsförderlichen Wirkungen, Wein und Architektur, Wein und Kultur, Wein und Genussempfinden in verschiedensten Ausprägungen, alles das hat heute Einzug ins touristische Angebot gefunden.

Mit dieser innovativen Aufbereitung des Gesamtthemas Wein im touristischen Kontext mutiert der Weingarten auch zum Tourismusresort und ermöglicht allen involvierten Partnern eine neue wirtschaftliche Basis und damit einhergehend eine wertschöpfungsorientierte Regionalentwicklung.

Herausforderung dabei ist die Beibehaltung eines hohen Innovationsgrades in der laufenden Produkt- und Angebotsentwicklung und eine relativ hoch ausgeprägte touristische Professionalität in der Umsetzung und dies in allen Bereichen der gesamten Dienstleistungskette der Weinregion. In einigen aufstrebenden Weinregionen, wie dies zum Beispiel die Südsteiermark ist, ist dies als noch am Anfang der Wachstumskurve befindlich zu beurteilen.

Nachhaltig, überregional und ganzjährig vermarktbarer Weintourismus bedarf einer strategischen Gesamtentwicklung des weintouristischen regionalen Angebots und ist nicht mit einigen Weinfesten in der Hochzeit der Weinernte getan, die zugegebener Maßen große Aufmerksamkeit erregen können, jedoch nur punktuelle und kurzfristige Nachfrage auslösen.

Die Aufgabe besteht also darin, auch in Regionen, die vordergründig von Wein geprägt sind, eine gut vernetzte touristische Infrastruktur und eine entsprechende touristische Dienstleistungskette aufzubauen, die ein ausreichend interessantes und vielfältiges Erleben des Weinthemas auf allen Angebotsebenen ermöglicht, da ganzjährig verkaufbare Weinreisen eines hoch intelligenten touristischen Produkts bedürfen, dessen Entwicklung nur mit der Gesamtentwicklung der Region einhergehen kann und nicht nur von einzelnen Angebotsträgern alleine langfristig erreicht und erhalten werden kann.

10.2.2   Kriterien für eine erfolgreiche Angebotsentwicklung

Wein als alleiniges touristisches Angebotsmerkmal ist nachhaltig nur bedingt für den Erfolg einer touristisch zu vermarktenden Region ausreichend.

Alle touristischen Marktrecherchen und Untersuchungen haben gezeigt, dass eine überregionale Vermarktbarkeit einer Weinregion als erfolgreiche und nachhaltige touristische Ganzjahresdestination nur durch das Vorhandensein und die Nutzung eines weiterführenden regionalen Angebotspotentials entsteht.

Als wesentlichste Kriterien für eine erfolgreiche weintouristische Entwicklung können folgende genannt werden:

Die Weinregion sollte überregionale Bekanntheit haben und über eine ausreichend große Anbaufläche verfügen. Weinbaugebiete unter 5.000 ha bzw. oftmals unter 10.000 ha Weinanbaufläche haben es schwer, im internationalen Kontext beachtet zu werden, wenn nicht andere wesentliche Urlaubskriterien dominierend sind.

Neben den klassischen Weinangeboten (Weinverkostungen, Weinseminare, Kellerbesuche etc.) müssen auch entsprechend attraktive touristische Zusatzangebote in ausreichendem Maße verfügbar sein (Kultur, Sport, Natur, Erlebnis, Meer, See etc.).

Das Weinangebot selber muss großteils über touristische Kombinationsangebote (Rad & Wein, Wandern & Wein, Kultur & Wein etc.) attraktiv aufgeladen und angeboten werden.

Es bedarf der Bereitschaft aller Anbieter in der Weinregion, eine Ganzjahresdestination zu entwickeln und zu betreiben.

Es bedarf eines entsprechend ganzjahresfähigen Hotelangebots mit Destinationscharakter. Ohne dieses ist eine ganzjährige überregional erfolgreiche Vermarktung der Weinregion schwer oder kaum aufbaubar.

Die verkehrstechnische Erreichbarkeit der Weinregion stellt ebenso ein Kriterium für die erfolgreiche touristische Vermarktung dar. Die Nähe zu Ballungsräumen bzw. zu international angebundenen Verkehrsmitteln (Flug, Bahn, Autobahn) erleichtern die Vermarktung und verringern das Risiko und den Marketingaufwand.

Es bedarf eines strategischen Masterplans für die touristische Regionsentwicklung und die damit einhergehende laufende Weiterentwicklung des Angebots und der Zielgruppenfokussierung.

Es bedarf eines äußerst professionell aufbereiteten Regionalmarketings in den definierten Zielmärkten mit einem entsprechend dotierten Marketingbudget, welches von allen involvierten Partnern mitgetragen wird.

10.3   WERTSCHÖPFUNGSPOTENTIALE DES WEINTOURISMUS AM BEISPIEL DER ÖSTERREICHISCHEN WEINSTADT LANGENLOIS

Die Weinstadt Langenlois liegt im südlichen Teil des Kamptals, rund 75 km von Wien und ca. 5 km von Krems an der Donau und der UNESCO Welterberegion Wachau entfernt. Langenlois verfügt über rund 8.000 Einwohner und ist seit jeher vom Weinbau geprägt. Die Weinanbaufläche beträgt rund 3400 ha (inklusive der zur Großgemeinde Langenlois gehörenden Orte). Der wichtigste Wirtschaftszweig war und ist sowohl in Langenlois selbst als auch in den einzelnen Orten der Gemeinde immer schon der Weinbau. Langenlois ist die größte Weinbaugemeinde Österreichs und hat zahlreiche bekannte Winzer und Lagen, die hoch beachtete Qualitätsweine erzeugen. Dennoch hat sich bis vor rund zehn Jahren die Stadt kaum mit einer anspruchsvolleren touristischen Aufbereitung des Weinthemas auseinander gesetzt.

Erst durch die Eröffnung der LOISIUM Weinerlebniswelt im Jahr 2003 und des LOISIUM Wine & Spa Resorts im Jahr 2005 kam es hier zu einer spannenden und relativ dynamischen neuen Entwicklung der Stadt Langenlois inklusive seiner Umgebung, zu einer auch touristisch äußerst beachteten und qualitativ neu positionierten Weindestination. Es konnten sowohl die Nächtigungszahlen als auch die Verkaufszahlen in den örtlichen Vinotheken und die Tagesbesucher überproportional gesteigert werden. Darüber hinaus hat die Stadt Langenlois mit einem strategischen Masterplan 2007-2012 eine Neuausrichtung ihrer Positionierung, sowohl was das touristische Angebot als auch das gesamte Freizeitangebot für die regionale Bevölkerung betrifft, neu aufbereitet und damit einen Schritt in eine sehr erfolgreiche Destinationsentwicklung geschafft. Als Resultat haben sich andere regionale Anbieter von touristischen Freizeiteinrichtungen neu und als Ganzjahresbetriebe positioniert. Es wurden zahlreiche Investitionen in diese touristischen Angebotsbausteine, wie das Gartenthema, welche mit den Kittenberger Erlebnisgärten oder der Arche Noa in Schiltern hochwertige Angebotsbausteine liefern, getätigt und ein interessanter Ganzjahresbogen mit Events und Veranstaltungen rund um das Thema Wein seitens des örtlichen Tourismusverbands entwickelt. Die Gastronomie im Ort hat sich neu ausgerichtet, es entstanden hochwertige regionale Top-Wirte und Top-Heurige, die nunmehr das ganze Jahr geöffnet sind. Langenlois ist auch im Bereich Sport neue Wege gegangen, es wurden zahlreiche beschilderte Nordic Walking Routen und spezielle Weingartenwege eröffnet, es haben sich Anbieter für Mountainbike und Segwaytouren in den Weingärten gefunden. Die Nächtigungen konnten von rund 20.000 im Jahr 2001 auf rund 60.000 im Jahr 2012 nachhaltig gesteigert werden. Der Anteil der Tagesbesucher beträgt mittlerweile rund 300.000. Durch den Tages- und Aufenthaltstourismus konnte in Langenlois eine direkte Wertschöpfung von 16,5 Mio. Euro (Quelle: Strategiekonzept Langenlois 2007-2013 Edinger Tourismus Beratung) erzielt werden, indirekt ergaben sich somit eine Wertschöpfung von rund 20 Mio. Euro sowie rund 300 zusätzliche indirekte Arbeitsplätze durch den Tourismus.

Darstellung der Entwicklung der Weinverkäufe in der örtlichen Regionsvinothek vor und nach der Eröffnung der LOISIUM Weinerlebniswelt:

Abbildung 2:   Umsatz und Absatz Ursin Haus Langenlois

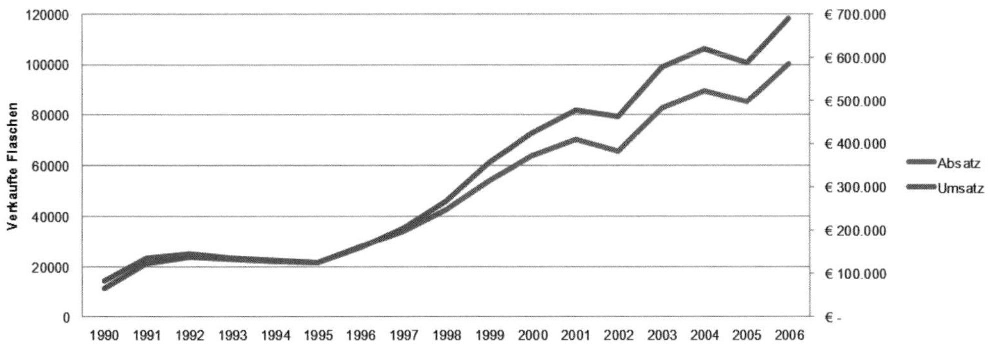

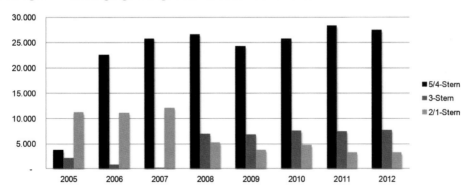

Quelle: Ursin Haus

Aus der Darstellung kann ersehen werden, dass mit der Eröffnung der LOISIUM Weinerlebniswelt, welche ebenso über eine Niederösterreich Vinothek verfügt, die örtliche Winzervinothek ihre Flaschenverkäufe auf Grund der neuen Besucherströme und der neuen Bekanntheit der Destination überproportional steigern konnte.

Abbildung 3:   Nächtigungen Langenlois nach Jahren und Betriebsart

Quelle: Statistik Austria

Langenlois verfügte bei den gewerblichen Beherbergungskategorien über ein mehrheitlich ausgeprägtes 1- und 2-Sterne Bettenangebot. Mit der Eröffnung des LOISIUM Hotels hat sich dies in ein mehrheitlich 4-Sterne und 3-Sterne Bettenangebot umgewandelt, womit die Tagesausgaben der Nächtigungsgäste und somit auch die touristische Wertschöpfung um ein Mehrfaches gesteigert werden konnte.

Abbildung 4:   Nächtigungen Langenlois nach Jahren und Betriebsart inkl. sonstiger Unterkünfte

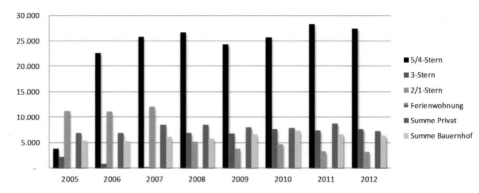

Quelle: Statistik Austria

Betrachtet man alle Beherbergungskategorien, gewerblich und nichtgewerblich, so konnten sich die nichtgewerblichen Bettenanbieter, wie die Privatzimmervermieter und Urlaub am Winzerhof, weiterhin gut behaupten und somit ihren Anteil am Nächtigungstourismus beibehalten, was für dieses Segment, bezogen auf die regionale Nachhaltigkeit, positiv zu beurteilen ist. Es wird somit deutlich dargestellt, dass die ursprünglichen Zielgruppen weitestgehend erhalten blieben und neue Zielgruppen in großem Ausmaß erfolgreich angesprochen werden konnten.

10.4   BEST PRACTICE BEISPIELE – INTERNATIONALE LANDMARKARCHITEKTUR, WEINERLEBNISWELTEN UND WEINHOTELS MIT DESTINATIONSCHARAKTER ALS ÜBERREGIONAL WIRKSAME MARKETINGWERKZEUGE

10.4.1   Die LOISIUM Weinerlebniswelt und das LOISIUM Wine & Spa Resort in Langenlois / Kamptal

Das Thema Wein gehört zu den nachhaltigen und zeitlosen Lifestylethemen der heutigen Gesellschaft. Die Kombination Wein und moderne Architektur erheben zusätzlich den Anspruch des außergewöhnlichen Genusserlebnisses der modernen Gesellschaft. Das Thema Wein mittels moderner Architektur zu inszenieren und hierfür eine Angebotsplattform in den führenden Weingegenden zu schaffen, liegt auf der Hand.

Aus dieser Überlegung heraus, wurde mit dem LOISIUM Wine & Spa Resort in einer der führenden österreichischen Weißweinregionen entlang der Donau ein in seiner Gesamtheit einzigartiges Projekt erfolgreich am touristischen Markt 2003 bzw. 2005 eingeführt.

Die Angebotselemente bestehen aus der 2003 eröffneten LOISIUM Weinerlebniswelt, welche neben dem vom US Architekt Steven Holl entworfenen Besucherzentrum mit Vinothek, Sektbar und Veranstaltungsräumen auch Zugangsgebäude für das unterirdische 900 Jahre alte inszenierte Kellerlabyrinth (ehemalige Weinkeller) ist. In diesem bekommen Besucher auf einer 90-minütigen Tour Weinwissen und Weinmythen interessant und spannend aufbereitet vermittelt. Derzeit besuchen pro Jahr rund 75.000 Besucher die LOISIUM Weinerlebniswelt. Die LOISIUM Weinerlebniswelt ist auch Austragungsort der jährlich stattfindenden LOISIARTE, eines zeitgenössischen Musik- und Literaturfestivals, sowie zahlreicher saisonaler Events.

Teil des Weinresorts sind auch das im Frühjahr 2005 eröffnete barocke Winzerhaus, welches das Weinthema in traditioneller Art museal und interaktiv für den Besucher erlebbar macht, und der

Sektkeller des Produktionsbetriebs von einem der führenden Weingüter der Region, dem Weingut Steininger. Ein kleiner Heuriger im Innenhof dieses wunderschön renovierten Winzerhauses und zwei barocke Verkost- bzw. Seminarräume bieten Platz für kleine Veranstaltungen und hochwertige Weinverkostungen in kleinerem Rahmen. Die angesprochenen Zielgruppen des Ausflugszentrums sind vorrangig alle Arten von touristischen Gruppen, aber auch Gäste der zahlreichen vinophilen Veranstaltungen und Besucher der Vinothek. Die Zielmärkte sind sowohl der gesamte mitteleuropäische Raum, als auch Nordeuropa, Japan und die USA.

Neben der LOISIUM Weinerlebniswelt wurde im Herbst 2005, entsprechend dem Resortgedanken, ein ebenso von US Architekt Steven Holl entworfenes, viel beachtetes Architekturhotel als 4-Stern Superior Wine & Spa Resorthotel geschaffen. Die Kapazität des Hotels umfasst 82 Zimmer, ein gehobenes Weinrestaurant „Vinyard", die „Holl Bar" mit Weinbibliothek am offenen Kamin und als Highlight das 1000 m² große LOISIUM Wine Spa mit zwölf Treatmentkabinen, Sauna, Fitness und einem ganzjährig beheizten Outdoor-Pool zwischen den Weinstöcken. Darüber hinaus gibt es ein Konferenzzentrum mit vier Tagungsräumen und in Summe 300 m² Bankettfläche.

Die angesprochenen Zielgruppen des LOISIUM Wine & Spa Resorts sind gehobene Wein- und Spa-Touristen aus dem In- und Ausland sowie kleine Weingruppen und gehobene Tagungs- und Incentivegruppen. Das Hotel ist Mitglied der Designhotel Gruppe. Das LOISIUM Wine & Spa Resort Langenlois im Kamptal wird als Ganzjahresbetrieb geführt. Die Lage des Resorts ist mitten in den Weinbergen von Österreichs größter Weinstadt Langenlois, am Tor zur UNESCO Kulturerberegion Wachau bzw. nur 50 Minuten von Wien entfernt.

Durch die Verbindung von Tradition und Moderne, die Einbindung eines international hoch beachteten Architekten sowie die Nutzung ausgefallener zeitgenössischer Architekturformen (Bilbaoeffekt) konnte innerhalb sehr kurzer Zeit eine ungewöhnlich hohe Marktaufmerksamkeit des Produktes und der Marke „LOISIUM" in einer vorher touristisch wenig bekannten und genutzten Region erreicht werden. Der Plan ist, unter der Marke LOISIUM weitere Weinresorts in Europa zu entwickeln. 2012 wurde das 2. LOISIUM Wine & Spa Resort mit Vinothek und 105 Zimmern als 4-Stern Hotel an der südsteirischen Weinstraße eröffnet.

Generell sollen die geplanten Wein Resorts als sinnvoll für die gesamte Region bewertet werden und

die lokale Weinkompetenz mit einem neu geschaffenen Weinhandelsangebot umsetzen,

eine neuartige Weinplattform für die regionalen Winzer schaffen,

das bestehende regionale Hotelangebot aufgrund ihrer Positionierung sinnvoll ergänzen,

zur generellen Verbesserung des Beherbergungsangebots in der Region beitragen,

neue, attraktive Gästezielgruppen ansprechen,

eine hohe Umwegrentabilität mit sich bringen (hohe Tagesausgaben der definierten Zielgruppen),

neue direkte und indirekte Arbeitsplätze schaffen und die lokale Wirtschaft beleben (Weinhandel, Winzer, Geschäfte, Gastronomie, …),

die Entwicklung neuer touristischer Angebote in Kooperation mit dem LOISIUM fördern,

ein ganzjahresfähiges Angebot in der Region entwickeln und

das Image der Region überregional aufbauen und erfolgreich vermarkten.

Das Projekt wurde mit zahlreichen internationalen Awards ausgezeichnet und auch im Rahmen der EU Open Days 2008 in Brüssel als Best Practice Beispiel präsentiert.

Abbildung 5:   LOISIUM Weinerlebniswelt Langenlois

© *LOISIUM*

Abbildung 6:   LOISIUM Wine & Spa Resort Langenlois

© *LOISIUM*

10.4.2   MARQUES DE RISCAL, ELCIEGO, SPAIN

Das Marques de Risqual Hotel ist ein von Frank Gehry sehr interessant gestaltetes Hotel. Es ist eine architektonische Sehenswürdigkeit und gleichzeitig eine touristische Destination. Das Hotel verfügt über 32 Doppelzimmer und elf Suiten. Es bietet Michelin-Stern Gastronomie, Rooftop Lounge und Bibliothek mit Panoramablick, Seminarraum im Weinkeller, Fitness und Indoorpool und vor allem das von der bekannten französischen Weinkosmetikmarke Caudalie gemanagte Wein Spa mit Caudalie Signature Treatments in 14 Treatment Kabinen. Das Hotel eröffnete 2006 und zieht seit damals sowohl Liebhaber von Weinkultur als auch Architekturinteressierte an. Das Hotel gilt als Destination selbst. Gäste kommen nicht nur in die Region Rioja und suchen sich dann dort ein Hotel, sie wählen die Region bewusst wegen des Hotels. Das Hotel hat die Bekanntheit der Region immens gesteigert. Die Nächtigungsstatistiken haben sich in El Ciego merklich erhöht (www.marquesderiscal.com, www.elciego.es).

10.4.3 LES SOURCES DE CAUDALIE, FRANCE

Les Sources de Caudalie, im Smith Haut Lafitte Schloss und Weingarten im Bordeaux gelegen, wurde 1999 als das erste Wein- und Spahotel seiner Art eröffnet. Das 49-Zimmer-Hotel (40 Doppelzimmer, neun Suiten) bietet sowohl Michelin-Stern Gastronomie („Le Grand Vigne") als auch landestypische Gastronomie, Outdoor Jacuzzi und Pool mit Thermalwasser aus der eigenen Quelle gefüllt, Fitness und einen 3-Loch-Golfplatz. Das Highlight des Hotels ist das Caudalie Vinotherapie Spa mit seinen Signature Treatments. Die von den Eigentümern entwickelte Weinkosmetikmarke Caudalie wird mittlerweile weltweit erfolgreich über Apotheken und Spas verkauft und bietet auch ein Weinspakonzept an anderen Standorten weltweit an. Les Sources de Caudalie hat sich über die Jahre hinweg einen sehr guten Ruf aufbauen können und gilt als sehr bekannte Hoteldestination im Bordeaux und ist Weltmarkführer, was Vinotherpie betrifft. Es bietet zusätzlich Weinverkostungen im Schloss, Weintouren und Kochkurse und ist Mitglied bei den Small Luxury Hotels (www.sources-caudalie.com)

10.4.4 CAVAS WINE LODGE Mendoza, Argentina – Hotel mit Destinationscharakter

Die Cavas Wine Lodge ist ein familiengeführtes, international führendes und viel beachtetes Luxus Weinresort in Argentinien. Als Mitglied der Relais et Chateaux Gruppe bietet es ein auf Vinotherapie fokussiertes Spa (red grape scrub, Malbec bath, white wine moisturising, massages), organische Küche und Kulinarik und Outdoor-Weindiners auf der Terrasse, im Weingarten oder in der privaten Villa. Mit nur 14 Zimmereinheiten ist die Cavas Wine Lodge ein sehr individuelles, persönliches Wein Resort. Das Hotel hilft bei der Planung von Weintouren (circa 25 Weingüter liegen in der unmittelbaren Umgebung des Hotels) per Rad, privatem Fahrer oder Leihwagen. Dazu werden Fahrradverleih, Jogging Strecken, Yoga Stunden, Golf, Ziplining, Rafting, Reiten und andere Aktivitäten vom Hotel angeboten bzw. organisiert. Die Cavas Wine Lodge steht in der Region Mendoza für einen Leitbetrieb, der einen wesentlichen Beitrag für die touristische Ausrichtung des Weinangebots leistet (www.cavaswinelodge.com)

10.5 BEST PRACTICE BEISPIELE – TOURISTISCH ERFOLGREICHE WEINREGIONEN

10.5.1 Beispiel Wein und Natur/Sport: La Rioja, Spanien

Die Weinbauregion Rioja gehört zu den bedeutendsten Weinbauregionen in Europa. Sie ist in Zentralspanien gelegen und umfasst circa 61.000 Hektar. Viele der Weinkellereien (Bodegas) haben in den letzten Jahren eine außergewöhnliche Präsentation ihrer Produktionsstätten und ihrer Weine aufbereitet, die touristisch intensiv vermarktet werden (Beispiele: Marques de Riscal – El Ciego, Bodega Ysios – Alava, Bodega Irius). Die Region Rioja verlässt sich nicht auf das Weinthema oder auf Weintourismus per se, sondern vermarktet sich in erster Linie über eine große Anzahl an Aktivsportarten. Dies reicht von Klettern über Höhlenkunde, Mountainbiken, Wintersportarten, Paragleiten, Kanufahrten, Canyoning, Reiten, Jagdsport, Fischerei bis zu Golf. Wein wird in dieser Region vor allem in Verbindung mit Aktivitäten in der Natur angeboten („Sport zwischen den Weinstöcken") und auch touristisch vermarktet. Dinieren in unberührter Natur, Erkunden der Flora und Fauna etc. Erst in zweiter Linie wird das Thema Weinkultur touristisch als Zusatzangebot angeführt: Kellereibesichtigungen, Verkostungskurse, Vermittlung von Weinwissen, Weinfeste, Weinmuseen, Architektur rund um Wein etc.

Als dritter großer Themenschwerpunkt wird im Rioja Wein und Kultur kombiniert angeboten, kulturell interessante Sehenswürdigkeiten der Region, wie Kirchen, Klöster und Museen, Burgen, Handwerkskunst, Kunststile, Feste und Traditionen, Sprachen, archäologische Stätten und nicht zuletzt der Jakobsweg, wurden entsprechend aufbereitet in die Angebotsentwicklung integriert (www.lariojatourism.com, www.rioja-welt.de).

10.5.2   Beispiel Wein und Kultur/Geschichte: Le Bordeaux, Frankreich

Das Weinbaugebiet Bordeaux mit 121.000 Hektar ist weltweit das größte zusammenhängende Weinanbaugebiet für Qualitätswein (Anteil circa 70 %) und gehört daher auch zu den führenden Regionen, was die Entwicklung weintouristischer Angebote betrifft. Durch die jahrelange Weintradition ist eine beachtliche Substanz vorhanden, die schon seit Jahren bestens touristisch vermarktet wird. Der Schwerpunkt des touristischen Angebotes liegt hier vor allem in der Kombination von Wein und Kultur. Da die Weinbauregion bis zur die Stadtgrenze der Stadt Bordeaux reicht, die mit ihren 230.000 Einwohnern das wirtschaftliche und geistige Zentrum im Südwesten Frankreichs darstellt, lässt sich diese Angebotskombination Wein und Kultur weltweit besonders erfolgreich touristisch vermarkten. Ein Großteil der Altstadt wurde 2012 zum UNESCO Weltkulturerbe ernannt, zahlreiche historische Gebäude dienen als Zeitzeugen aller architektonischen Epochen. Der ehemalige Hafen „port de la lune" steht bereits seit 2007 auf der UNESCO Weltkulturerbe-Liste. Als Angebote findet man Besichtigungen, Exkursionen, Weinproben, Führungen, Museen, Festivals etc. Die gesamte Region ist bekannt und beliebt für seine zahlreichen touristischen Zentren, wie z.B. den mittelalterlichen Ort St. Emilion, die zu den bedeutenden kulturellen und vinophilen Tourismusstätten in Frankreich gehören. Die Stadt Bordeaux und die gesamte Region haben vor allem in den letzten Jahren begonnen, ihr touristisches Angebot sehr modern und erlebnisreich strategisch neu zu entwickeln, und verstanden es auch, dieses entsprechend den heutigen Vermarktungskriterien professionell aufzubereiten. Zahlreiche neue vinophile Erlebniswelten sind noch in Planung und werden der Region Bordeaux hier weiter einen Vorsprung als Destination im internationalen Weintourismus garantieren (www.bordeaux-tourisme.com)

10.5.3   Beispiel Natur, Sport und Wein: Mendoza, Argentinien

In Mendoza, Argentiniens bekanntester Weinregion mit über 150.000 Hektar, wird Wein als ein Angebotselement von vielen betrachtet. Mendoza (die Provinz) ist eine sehr weitläufige Region, durch die Nähe zu den Anden und mit dem knapp 7.000 Meter hohen Aconcagua verfügt die Region über ein breites Angebot an Wintersport sowie alle Arten von Bergsport im Sommer. Hiking, Mountainbiken, Rafting, Klettern, Jeepsafaris, Canoeing, Trekking etc. werden angeboten. Ecotourismus und Thermen spielen hier ebenso eine touristische Rolle. Das kulturelle Angebot beschränkt sich auf Konzerte, Tangoabende etc. Einen besonderen Platz nimmt Gay Tourism ein: In Argentinien werden Homosexuelle gezielt als Zielgruppe angesprochen, für die eigene Festivals und ähnliches organisiert werden. Das Weinthema wird klassisch interpretiert. In 1.200 Bodegas (Weingütern) gibt es Angebote, die von Weinverkostungen über Weinkurse (Ernte, Produktion, Kellerführungen etc.), Weindiners, Weinfeste bis zu Weintraditionen reichen (www.turismo-mendoza.gov.ar).

Eine überblicksartige Zusammenfassung der Positionierung der einzelnen internationalen Weinregionen stellt sich wie folgt dar. Die Größe der Kugeln entspricht der Weinanbaufläche.

Abbildung 7: Positionierung internationaler Weinregionen

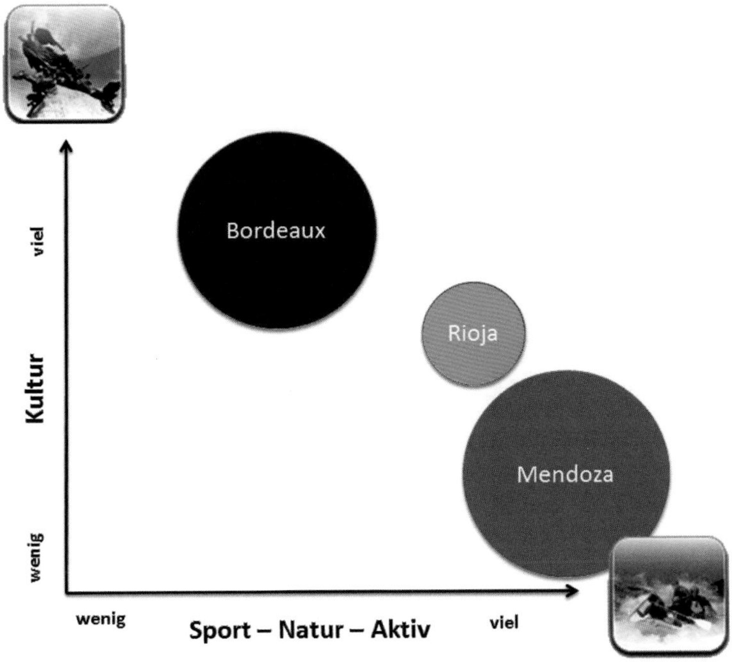

Quelle: Eigene Darstellung

10.6 RESÜMEE

Wein als regionales Alleinstellungsmerkmal im touristischen Kontext ist in den letzten Jahren als Nischenthema äußerst erfolgreich eingesetzt und aufbereitet worden. Touristisch erfolgreiche Weindestinationen sind geprägt von einer äußerst professionellen und über das Thema Wein hinausgehenden Marketingstrategie und dem Vorhandensein von ausreichender touristischer Infrastruktur, die den Ansprüchen der Zielgruppen von heute im Wettbewerb der Destinationen entsprechend starke Reisemotive entgegensetzen konnte. Das Thema Wein kann touristisch, bei ausreichend vorhandener Innovationskraft und professioneller Umsetzungskraft aller Partner, ganzjährig aufbereitet werden und auch unterschiedlichste Reisemotive zu den unterschiedlichen Jahreszeiten ansprechen. Professionalität in der Umsetzung ist dabei der Schlüssel zum Erfolg. Landmarkangebote, wie Weinwelten, Architekturhotels, überregional bekannte Kulturstätten und hochwertige Veranstaltungsangebote können, neben einer ausreichend guten touristischen Basisinfrastruktur vor Ort, die Marktkraft einer Weindestination überproportional erhöhen und den Erfolg aller Partner unterstützen. In keinem Fall unterschätzt werden darf jedoch auch die verkehrstechnische Erreichbarkeit der Region aus den Kernzielmärkten. Je weiter entfernt von den Kernzielmärkten, umso stärker und vielfältiger muss das touristische Gesamtangebot der gesamten Region sein.

11 Index